U0160960

可穿戴光电显示科技

主　编　杨柏儒
副主编　秦　宗　刘佰全

科学出版社

北　京

内 容 简 介

本书内容包含可穿戴显示在光学、电学、结构力学等学科中的基本知识，并介绍了自发光、反射光、柔性方面的器件理论，进一步探讨了在"穿"和"戴"方面的工艺与系统级实现原理，并广泛整理了来自国际信息显示学会(SID)的最新显示技术的研究进展和国际上知名度较高的公司对可穿戴显示的技术与应用布局。本书对可穿戴显示领域中相关的知识体系、学术研究进展、行业发展情况进行了通盘的介绍。

本书可供显示技术相关专业的本科生、研究生，以及对本行业有兴趣的研究者参考使用。

图书在版编目（CIP）数据

可穿戴光电显示科技 / 杨柏儒主编. —北京：科学出版社，2022.10
ISBN 978-7-03-073438-9

Ⅰ. ①可⋯ Ⅱ. ①杨⋯ Ⅲ. ①显示–光电子技术 Ⅳ. ①TN27

中国版本图书馆 CIP 数据核字（2022）第 189135 号

责任编辑：潘斯斯　张丽花 / 责任校对：王　瑞
责任印制：张　伟 / 封面设计：蓝正设计

科 学 出 版 社　出版
北京东黄城根北街 16 号
邮政编码：100717
http://www.sciencep.com

天津市新科印刷有限公司 印刷
科学出版社发行　各地新华书店经销

*

2022 年 10 月第　一　版　　开本：787×1092　1/16
2023 年 8 月第二次印刷　　印张：14 1/2
字数：344 000

定价：79.00 元
（如有印装质量问题，我社负责调换）

前　言

随着物联网、人工智能与元宇宙科技应用的到来，可穿戴电子设备被认为是继手机移动终端之后的颠覆式科技变革，而显示器作为人机交互中信息传递的主要端口，在可穿戴的应用领域扮演着至关重要的角色。可穿戴显示面向"解放双手"的应用需求，可身穿、可头戴，甚至可以贴附在皮肤上的形态多变性，就成为显示器关键的研究目标。可穿戴显示是一门跨学科、跨专业的研究，它需要光学的知识来研究器件的结构与人眼的感知原理，需要材料的知识来研究器件的操作原理与制造工艺，需要电学的知识来研究器件的驱动与系统的结合原理。此外，可穿戴显示是一门有别于经典科学的研究，很多的最新进展在经典的书籍中还没有被详细整理，需要仰赖可穿戴显示相关的期刊、会议论文和产业现状，因此，本书整理了大量的国际信息显示学会(SID)的文献与已发表的产业专利，便于读者高效地获取可穿戴显示的最新进展。

本书主要面向的读者群体是本科高年级学生、研究生、刚进入显示领域的工程师，以及对可穿戴显示技术有兴趣的跨界研究人员。本书着重介绍可穿戴显示的基本技术知识、来自 SID 的最新显示技术研究进展，以及可穿戴显示技术在高科技企业中的应用三大方面。

本书共 9 章，主要内容如下：第 1 章概述可穿戴显示的应用潜力与当前的技术进展。第 2~4 章介绍可穿戴显示在光学、电学、结构力学方面的基本知识。第 5~7 章深入介绍可穿戴显示在自发光、反射光、柔性方面的器件知识。第 8 章着重介绍头戴型可穿戴显示的系统级实现原理。第 9 章着重介绍织物型可穿戴显示的器件与工艺原理。

本书编写人员分工如下：第 1 章由杨柏儒、宋林峪、刘云鹤、吴鑫灶、刘杰编写，第 2 章由秦宗、程云帆、王泽宇、邹国伟、杨文超编写，第 3 章由杨柏儒、范启天、史锦滔、曾正、吴梓毅、张高帆编写，第 4 章由杨柏儒、陆皓、朱思穆、吴梓毅、张高帆、古逸凡编写，第 5 章由刘佰全、古逸凡、罗青云编写，第 6 章由杨柏儒、刘广友、李卓航、杨明阳、舒豪、古逸凡编写，第 7 章由刘佰全、古逸凡、罗青云编写，第 8 章由秦宗、董家麒、梁宏浩、林晨阳编写，第 9 章由杨柏儒、王婷、邱志光、熊峰、古逸凡、彭丽莎编写。感谢课题组的成员对本书的支持。

在本书编写过程中，作者深感学识有限，加之时间仓促，故疏漏之处在所难免，恳请广大读者和同行指正。

杨柏儒

2022 年 4 月

目　　录

第1章 绪 论

显示技术从阴极射线管发展到平板显示,进一步发展到高分辨率与柔性显示,如图 1-1 所示,设备越来越轻薄,性能要求越来越高,功能越来越多元,并且在元宇宙的应用环境中,未来的可穿戴显示将提供更无感的人机互动体验。其中,"可穿戴"可以是"穿"在身上的织物,也可以是"戴"在头上的显示设备。针对这些前沿的应用,就需要理解并整理当今的技术资料,作为后续发展的基石。因此,本书着重介绍与整理可穿戴显示的基本科技知识,来自国际信息显示学会(SID)的最新显示技术研究进展,以及国际大厂对可穿戴显示的技术与应用布局三大方面。

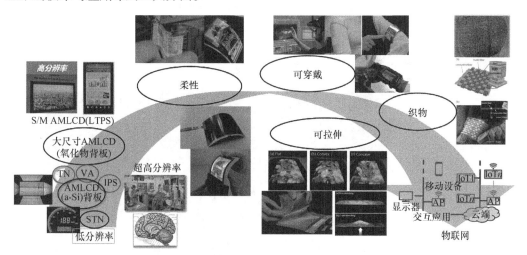

图 1-1 可穿戴光电显示技术发展里程碑[1-11]

本书的结构安排如下:

第 1 章概述整个可穿戴显示在应用上的潜力与在技术上的进展;

第 2~4 章开始介绍可穿戴显示技术在光学、电学、结构力学上的基本知识;

第 5~7 章深入介绍可穿戴显示在自发光、反射光、柔性方面的器件知识;

第 8 章着重介绍可"戴"(头戴型)显示的系统级实现原理;

第 9 章着重介绍可"穿"(织物型)显示的器件与工艺原理。

1.1 可穿戴光电显示设备

1.1.1 可穿戴显示设备的定义

在史蒂文·斯皮尔伯格导演的科幻电影《头号玩家》中,主角穿戴着虚拟现实游戏套装穿梭在虚拟游戏和现实世界之中;在电影《钢铁侠》中,主角利用头盔上的共形

(conformal)透明显示技术，可以同时处理现实世界与虚拟世界的信息流。这些电影激起了人类对可穿戴光电显示科技的好奇与应用上的畅想，因此很多人会问，在这个世界上真的存在这些"黑科技"吗？或者，这些"黑科技"离我们到底还有多远？为了回答这些问题，本章将从可穿戴光电显示科技的技术现状开始介绍，并概览本书相关光电知识体系，从材料、结构、器件、工艺、系统等更深的层次与更多元的视角来探讨这些"黑科技"从发展到落地还有多远。

经过了半个多世纪一代代科学家的努力，可穿戴显示技术得到了长足而充分的发展，尤其是近些年来随着物联网、元宇宙等新兴技术的出现，可穿戴显示技术步入了一个新的快速发展期，可穿戴显示设备开始大量进入人们的视野之中。2015 年，日本森口松下公司的 Hideki Ohmae 等制作了一款柔性可拉伸的 LED 驱动显示屏[12]；2017 年，Meta 的 Bhowmik 提出第二代沉浸式光学透明的交互式 AR 显示系统[13]；2017 年，韩国三星公司报道了一款 9.1 英寸(1 英寸 = 2.54 厘米)的基于 LTPS 技术的柔性可拉伸 AMOLED 显示器[14]；2020 年，韩国国立首尔大学的 Young Jin Song 等用可互连的 OLED 和导电纤维编制了一款 OLED 织物显示器[15]；2021 年，韩国高等科学技术学院的 Kyung Cheol Choi 团队使用 OLED 织物显示技术为新生儿光疗黄疸病[16]……图 1-2 展示了国际信息显示学会(SID)关于可穿戴光电显示技术最新的研究进展。

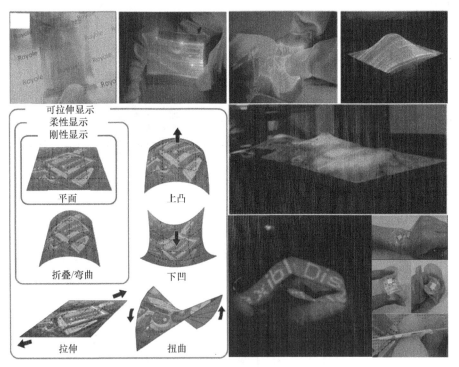

图 1-2　国际信息显示学会(SID)可穿戴光电显示技术最新研究进展[17-21]

那么，到底可穿戴显示技术在未来生活中会扮演什么样的角色？通常"可穿戴"要求设备具有可弯曲(共形)、轻薄、耐用性强、便携性好、防水、防腐蚀、具有人体皮肤亲和性等特点，"显示"则要求显示画质好、分辨率高、功耗低、寿命长等。本书探讨的

"可穿戴显示"则需要将上述两者融合,既具备穿戴属性,也能保证良好的显示效果。目前主流的可穿戴光电显示技术有柔性有机发光二极管(organic light-emitting diode,OLED)显示、柔性织物显示、柔性反射式电子纸显示、可穿戴虚拟现实(virtual reality,VR)与增强现实(augmented reality,AR)显示等。可穿戴显示设备的外形可以随着使用需求而千变万化,应用领域非常广泛。此外,随着电子科学技术的不断进步与完善,可穿戴光电显示技术还可以与运算、传感、生物、通信技术结合,形成功能更为强大、体验更加舒适的终端设备,并在未来的元宇宙世界与应用场景中重新定义前所未见的应用领域。

1.1.2 可穿戴显示在现实生活中的应用场景

随着物联网浪潮与元宇宙趋势的发展,人类与周围事物乃至机器的沟通将更加流畅,未来的交互将不需要拿着笔记本电脑和手机,也不需要戴着厚重的头盔与面罩。不久的将来,随着显示技术与传感技术的迭代,人机交互的模式将产生颠覆式的改变。

其中,可穿戴显示设备可佩戴在人类的面部与身体,机器人与运输器的体表等用来进行视频通话、地图定位、路线规划等,也可以是穿在身上具有显示功能的编织类衣物,戴在手上可以投影的戒指,贴在皮肤上可以监测心率、血压、血糖等身体健康状况的电子皮肤等。理论上它可以应用于人体的任何部位、任何与生活息息相关的物品上,取代手机、计算机等终端产品,让人们解放出双手去做其他事情。

1.2 可穿戴显示设备面临的机遇与挑战

1. 机遇

柔性可穿戴显示将带来全新的人机交互方式,是一项需要多学科、多领域交叉综合的技术,其发展离不开互联网、传感、显示技术、生物医疗等领域的发展。21 世纪是信息技术迅速变革的重大历史时期,可穿戴显示设备已广泛应用于交通、医疗、教育、通信等领域。据 IDTechEx Research 预测,2025 年,柔性可拉伸电子产品的行业利润将达到 50 亿美元,而可穿戴显示设备行业的利润也将随着这一趋势逐年攀升。

虽然经过多年的发展,我国柔性显示与光电子产业的规模已在全球举足轻重,但全产业链发展极不均衡,关键材料对外依存度较高,面临被制约风险。对于国内的厂商而言,要想把握好行业机遇,打破国际垄断,需要重点关注以下几个方面:加强人才引进与培育,增强企业自主创新能力与技术积累,强化企业在全球相关行业的话语权与参与感;加强产业链在原材料、生产设备、制造工艺等方面的转型升级。推进如柔性 OLED 显示、柔性织物显示等形成产业规模,并勇于探索未来显示技术的发展和需求,积极做好前瞻性的产业布局。对于广大的青年学者而言,则要打牢基础,勇于探索科技前沿,提升我国在可穿戴光电显示技术领域的影响力。

2. 挑战

可穿戴显示设备发展巨大的机遇背后,也有着诸多的挑战,主要有以下几点。

　　(1) 技术落地场景与商业模式尚不成熟：虽然元宇宙话题的兴起，带来了众多的可能，但截至本书完稿，相关的商业模式与结算机制仍没有比较普及的运行模式。

　　(2) 技术发展的瓶颈：从材料、器件、工艺、系统等角度来看，虽然在学术上已经有很多的相关文章发表，但量产技术与可靠性还有很大的瓶颈需要突破。

　　(3) 用户的不适感：以目前的技术，不管贴肤式的器件，还是头戴式的系统，在用户的体验上以及异物感的消除上，还有十分大的改进空间。

　　(4) 用户隐私面临泄露的问题：未来可穿戴设备可以持续地收集海量个体数据，如身份、位置和健康情况等个人信息。确保信息不外泄是重要的研究方向。

　　(5) 与其他相关技术的兼容，如边缘计算、数字孪生、区块链、数字货币等。

　　综上所述，可穿戴光电显示技术将带来人机交互模式巨大的变革，有机遇也有挑战。本书为读者在可穿戴显示领域中相关的知识体系、学术界研究进展、行业发展情况进行了通盘的介绍。

参 考 文 献

[1] HONG Y, LEE B, OH E, et al. Stretchable displays: from concept toward reality [J]. Information display, 2017, 33(4): 6-38.

[2] KIM S, SHIN J M, HONG J H, et al. Three dimensionally stretchable AMOLED display for freeform displays[J]. SID symposium digest of technical papers, 2019, 50(1): 1194-1197.

[3] KIRYUSCHEV I, KONSTEIN S. Tiled display on a textile base [J]. SID symposium digest of technical papers, 2020, 51(1): 1833-1835.

[4] LI W Y, CHIU P H, HUANG T H, et al. The first flexible liquid crystal display applied for wearable smart device [J]. SID symposium digest of technical papers, 2015, 46(1): 98-101.

[5] MA R, RAJAN K, SILVERNAIL J, et al. Wearable 4-inch QVGA full color video flexible AMOLEDs for rugged applications [J]. SID symposium digest of technical papers, 2009, 40(1): 96-99.

[6] SABO J, FEGERT T, CISOWSKI M S, et al. Evaluation of displays and hmis for internet of things (IoT)[J]. SID symposium digest of technical papers, 2017, 48(1): 1174-1177.

[7] STAFF E. Products on display at display week 2019 [J]. Information display, 2019, 35(3): 35-52.

[8] STEUDEL S, VAN DER STEEN J L P, NAG M, et al. Power saving through state retention in IGZO-TFT AMOLED displays for wearable applications [J]. Journal of the society for information display, 2017, 25(4): 222-228.

[9] TAJIMA R, MIWA T, OGUNI T, et al. Genuinely wearable display with a flexible battery, a flexible display panel, and a flexible printed circuit [J]. SID symposium digest of technical papers, 2014, 45(1): 367-370.

[10] VERPLANCKE R, CAUWE M, VAN PUT S, et al. Stretchable passive matrix LED display with thin-film based interconnects [J]. SID symposium digest of technical papers, 2016, 47(1): 664-667.

[11] WANG J, JÁKLI A, GUAN Y, et al. Developing liquid-crystal functionalized fabrics for wearable sensors [J]. Information display, 2017, 33(4): 16-20.

[12] OHMAE H, TOMITA Y, KASAHARA M, et al. Stretchable 45×80 RGB led display using meander wiring technology [J]. SID symposium digest of technical papers, 2015, 46(1): 102-105.

[13] BHOWMIK A K. Recent developments in virtual-reality and augmented-reality technologies[J]. Information display, 2017, 33(6): 20-32.

[14] HONG J H, SHIN J M, KIM G M, et al. 9.1-inch stretchable AMOLED display based on LTPS technology [J]. Journal of the society for information display, 2017, 25(3): 194-199.

[15] SONG Y J, CHO H E, SONG H Y, et al. Wearable organic light-emitting diode displays-from fibers to textiles [J]. SID symposium digest of technical papers, 2020, 51(1): 1149-1151.

[16] CHOI S, NA Y, LEE J, et al. Textile-OLEDs with high wearing comfort used for fashion displays and phototherapy applications [J]. SID symposium digest of technical papers, 2021, 52(S1): 279.

[17] CHOI S, KWON S, LIM M S, et al. Clothing-shaped organic light-emitting devices (OLEDs)for wearable displays [J]. SID symposium digest of technical papers, 2018, 49(1): 486-488.

[18] JEON Y, CHOI H R, KWON J H, et al. Wearable photobiomodulation patch using attachable flexible organic light-emitting diodes for human keratinocyte cells [J]. SID symposium digest of technical papers, 2018, 49(1): 279-282.

[19] JO S C, HONG J H. Stretchable display in the era of the 4 th industrial revolution [J]. SID symposium digest of technical papers, 2021, 52(1): 741-742.

[20] KANG J, LUO H, TANG W, et al. Enabling processes and designs for tight-pitch micro-LED based stretchable display [J]. SID symposium digest of technical papers, 2021, 52(1): 1056-1059.

[21] YOON J, HONG Y. Soft and reconfigurable wearable LED display using soft modular blocks [J]. SID symposium digest of technical papers, 2020, 51(1): 1808-1810.

第 2 章　显示科技的基本光学原理

显示系统是一种通过可见光向用户传送信息的光电子信息系统。考虑信息的传送过程，显示系统与绝大部分通信系统类似，也包含发射机、接收机、信道三个主要的子系统。显示系统中发射机的作用，是将光源发出的光通过寻址驱动(addressing)和调控(modulation)转化为时空调变的信息流。显示系统的接收机为人眼视觉系统(human vision system，HVS)，人眼视觉系统将光信号转为生物电信号，并进一步传导至大脑视觉皮质(visual cortex)形成视觉认知。对应人眼视觉系统的波长响应特性，显示系统中信息的载波为可见光。

基于广义通信系统的概念，表 2-1 对比了显示系统与常见的射频通信系统、光纤通信系统。可见，显示科技的研究范畴可依上述概念大致分为针对发射机、接收机、信道特性的研究。

表 2-1　显示系统与射频通信系统、光纤通信系统的对比

项目	显示系统	射频通信系统	光纤通信系统
发射机	显示器	天线	发光/激光二极管
接收机	人眼视觉系统	天线	光电二极管
信道	自由空间	自由空间	光波导
载波波长	0.38~0.78μm	1mm~30km	0.85/1.3/1.55μm
强度信息感知	能	能	能
频率信息感知	能	能	能
相位信息感知	否	能	能
偏振信息感知	否	能	能

可穿戴显示系统作为一种有望广泛应用于物联网、元宇宙等的新型显示系统，其发射机实质为各类平板、柔性、可穿戴显示器，本书将于第 5~8 章详细讨论。接收机即人眼视觉系统，其对空间、时间、强度、波长信号的响应特性以及 3D 视觉形成机理对可穿戴光电显示系统的设计有重要的指导意义。而关于信道的研究，可大致分为针对光的度量方法与传播特性的研究，前者对应于光度学与色度学，后者对应于几何光学与物理光学。

图 2-1 展示了可穿戴显示系统的研究架构。本章重点讨论可见光在信道中的度量与传播，以及作为接收机的人眼视觉系统。其中，基础光学原理在各类应用光学、物理光学教材中已经有详细讲解，本章将会直接引用部分理论。

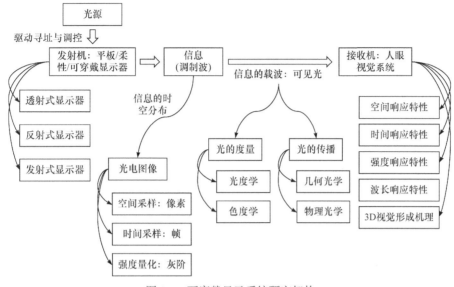

图 2-1 可穿戴显示系统研究架构

2.1 光 的 度 量

电磁波的波长范围很广，波长由长至短，对应于无线电波、微波、红外线、可见光、紫外线、X 射线、γ 射线等，如图 2-2 所示。人眼视觉系统能感知的电磁波谱称为可见光谱，波长范围为 380～780nm，即频率为 0.4～0.7pHz 的电磁波。显示器工作于可见光谱

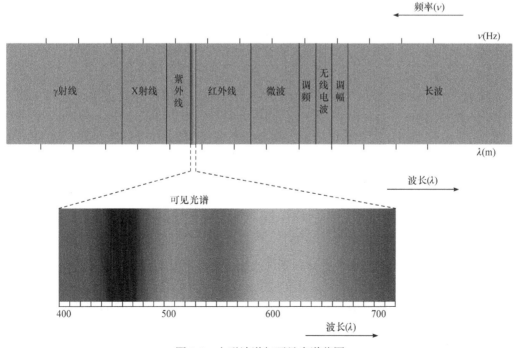

图 2-2 电磁波谱与可见光谱范围

内，例如，国际照明委员会(CIE)规定红、绿、蓝三原色光的波长分别为 700nm、546nm、435nm，当这三原色光的相对亮度比例为 1.0000：4.5907：0.0601 时就能产生白光[1]。

人眼视觉系统的感知强度取决于特定波长处的光功率及其空间分布，感知到的颜色取决于光的频率，对应光度学与色度学两门学科。光度学与色度学定义了显示系统中光信号的度量方法，构成了显示系统性能评价的基础，本章将对其进行讨论。

2.1.1　光度学

1. 电磁波与可见光谱

对于任意波长的电磁波，其功率都可以以瓦特(Watt，W)为单位进行度量，相应的度量技术构成了辐射度学(radiometry)。但是，人眼只对可见光波段(380~780nm)有响应，

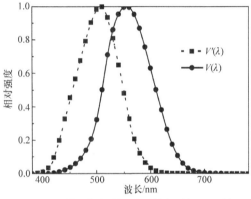

且对不同波长的光的响应度不同,辐射度学中的计量方法无法准确反映人眼的视觉特性。因此，以人眼对光信号的感知为基础，显示、照明等与人类用户关联紧密的学科更常使用光度学(photometry)来度量可见光。

光度学的核心是人眼对不同波长的光的响应,以相对视见函数(luminous efficiency function 或 luminosity function)表征,如图 2-3 所示[2]。明视觉下($V(\lambda)$)，人眼感受效率的峰值为 555nm，暗视觉下 ($V'(\lambda)$)，偏移到 507nm。

图 2-3　明视觉和暗视觉下的相对视见函数

相比于辐射度学，光度学专注于可见光谱，定义了光通量、发光强度、照度、亮度等光度学单位表征光的强弱，与显示科技联系紧密，以下将一一介绍。

1) 光通量

光通量(luminous flux)是人眼感受到的总亮度，常用符号 Φ 表示，单位为流明(lumen)，缩写为 lm。对于一个具有一定光谱功率分布(spectrum power distribution，SPD)的光源，其光通量可以通过光谱功率分布与相对视见函数做内积得到，如式(2-1)所示。式(2-1)的物理含义，即光源在特定波长上以瓦计量的功率与对应的响应率相乘，并逐波长累加(波长间隔无限小时的累加即为积分)。图 2-4 给出了一个 LED 光源光通量计算的实例[3]。

$$\Phi = \langle \mathrm{SPD} \cdot V(\lambda) \rangle = K_{\mathrm{CD}} \int_{380\mathrm{nm}}^{780\mathrm{nm}} \mathrm{SPD} \cdot V(\lambda) \, \mathrm{d}\lambda \tag{2-1}$$

式中，$V(\lambda)$ 为人眼的相对视见函数，表征人眼对不同波长的光的敏感程度；SPD 为光谱功率分布，表征光源在不同波长上的功率分布；K_{CD} 为一个常数，称为最大光谱光视效能，表示明视觉下最敏感波长(555nm)处，每瓦光功率对应的流明数。对于明视觉，K_{CD} 为 683lm/W；对于暗视觉，这个常数变为 1700lm/W，且峰值波长偏移到 507nm[4]。

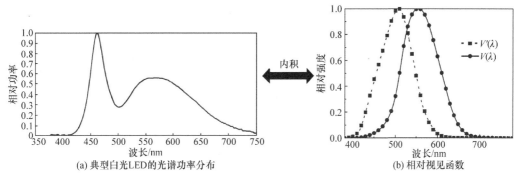

(a) 典型白光LED的光谱功率分布　　(b) 相对视见函数

图 2-4　光通量计算实例：白光 LED

基于光通量的定义，光源发出的总光通量与自身消耗的电功率之比称为发光效率(luminous efficacy)，简称光效，单位为流明/瓦(lm/W)。依据定义，光效的计算如式(2-2)所示。光效是光源的重要指标，光效越高，表明照明或显示设备将电能转化为人眼可利用的光的能力越强。

$$\eta = \frac{\Phi}{E} = \frac{\Phi}{\Phi + P} \tag{2-2}$$

式中，η 为光效；Φ 为光源总光通量；E 为光源的电功率；P 为光源损耗的能量，主要是发热量。

随着显示科技的发展，显示光源的光效也在一直提升。例如，早期用于液晶显示器背光的冷阴极管，其光效只有数十流明/瓦，而如今的发光二极管(LED)光源的光效已超过 100 lm/W。

2) 发光强度

发光强度(luminous intensity)[5]表示在给定方向上光源向单位立体角内发出的光通量，单位为坎德拉(candela)，缩写为 cd，也可以记为流明/立体角(lm/sr)。依据定义，发光强度的微分形式如式(2-3)所示。发光强度表征光源在一定方向范围内发光的可见光谱的强弱，即光通量的空间密度。图 2-5 形象地展示了发光强度的定义。

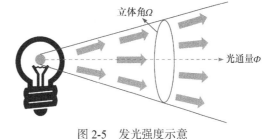

图 2-5　发光强度示意

$$I(\theta) = \frac{\mathrm{d}\Phi}{\mathrm{d}\Omega} \tag{2-3}$$

$I(\theta)$ 为方向角 θ 上的发光强度，$\mathrm{d}\Phi$ 为立体角微元 $\mathrm{d}\Omega$ 内的光通量。其中，立体角表征一个锥体所围成的空间范围,定义为该锥体对应的球面面积与半径的平方的比值,如式(2-4)所示。立体角的单位为球面度(steradian)，缩写为 sr。显然，一个完整球面的立体角为 4π，半球面的立体角为 2π。

$$\Omega = \frac{A}{r^2} \tag{2-4}$$

式中，Ω 为立体角；A 为一个锥体对应的球面面积；r 为球的半径。

坎德拉是国际单位制的七大基本单位之一。1948 年，第十三届国际计量大会对其进行了定义，后经修改，于 1979 年第十六届国际计量大会上通过了新的定义，即坎德拉是一光源在给定方向上的发光强度，该光源发出频率为 540 × 10^{12}Hz 的单色辐射光，且在此方向上的辐射强度为 1/683W/sr。其中，频率为 540 × 10^{12} Hz 的可见光，即前面所述的亮视觉下人眼视觉系统最灵敏的波长 555nm。

3) 照度

照度(illuminance)为表示接收面明亮程度的物理量，定义为入射在接收面面元上的光通量与该面元面积的比值，如图 2-6 所示。依据定义，照度的计算如式(2-5)所示。照度的单位为勒克斯(lux)，缩写为 lx，也可记为 lm/m^2。

$$E = \frac{d\Phi}{dA} \tag{2-5}$$

式中，E 为照度；dA 为接收面上的面元；$d\Phi$ 为入射到该面元上的光通量。

实际中，常需要利用光源的发光强度来计算接收面上的照度分布，其计算公式可以通过这两个单位的基本定义推导得到。如图 2-7 所示，接收面上 A 点附近的面元为 dA，dA 在入射光方向上的投影为 dS，而 dS 与照明距离 r 的平方的比值即为发光强度定义式中的立体角。因此，接收面上某点的照度可以通过式(2-6)计算得到。

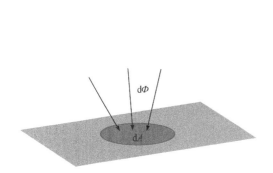

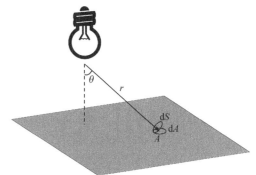

图 2-6　照度示意图　　　　　　　图 2-7　由光源发光强度计算接收面上一点 A 的照度

$$E_A = \frac{d\Phi}{dA} = \frac{d\Phi \cdot \cos\theta}{dS} = \frac{d\Phi \cdot \cos\theta}{d\Omega \cdot r^2} = \frac{I(\theta)\cos\theta}{r^2} \tag{2-6}$$

式中，E_A 为接收面上 A 点的照度；$d\Phi$ 为入射到 A 点附近面元 dA 的光通量；dS 为面元 dA 在入射方向上的投影；$I(\theta)$ 为光源在入射方向上的发光强度；r 为光源到 A 点的距离；光源和 A 点的连线与接收面法线的夹角为 θ。

4) 亮度

本节介绍的最后一个光度学单位是亮度(luminance)。亮度与观察者所处的方位有关，如图 2-8 所示，定义为观察方向上的发光强度与发光面积在观察方向上的投影的比值，其计算式如式(2-7)所示。注意，亮度的定义依赖于观察方向的确定，而不能简单地用发光强度除以发光面积。依据定义，亮度的单位是坎德拉/米 ^{2}(cd/m^2)，这个单位也记作尼特(nit)，两者等价。亮度与人眼的感知亮度正相关，是显示科技中最重要的光度学单位。

在部分科技文献中，亮度也称为辉度。表 2-2 展示了常见光源与环境的亮度数值。

$$L = \frac{I(\theta)}{\mathrm{d}S \cdot \cos\theta} = \frac{\mathrm{d}\Phi}{\mathrm{d}\Omega \cdot \mathrm{d}S \cdot \cos\theta} \tag{2-7}$$

式中，L 为亮度；$I(\theta)$ 为观察方向上的发光强度；$\mathrm{d}S$ 与 $\cos\theta$ 的乘积为发光面元在观察方向上的投影。这里的投影，可以理解为观察者"看到"的发光面元是实际面元在视线方向的投影。

表 2-2　常见光源与环境的亮度[6]　　　　　　　　　　(单位：nit)

名称	亮度	名称	亮度
阳光直射	3.0×10^9	白炽灯	$2\times10^6\sim2\times10^7$
晴朗的天空	3000	低压钠灯	7.5×10^4
多云的天空	2000	荧光灯	1.2×10^4
夜空	0.001	蜡烛的火焰	7500

2. 光度学各单位关系

图 2-9 直观展示了光通量、发光强度、照度、亮度四个光度学单位的联系与区别。光通量表征光源发光的总量，这个总量在单位立体角内的量即为发光强度。对于接收面，单位面积上接收到的光通量为照度，而光源(或接收面反射入射光后形成的二次光源)在相对观察者的方向上，单位投影面积的发光强度即为亮度。表 2-3 汇总了这四个量的符号与单位，以便于记忆。

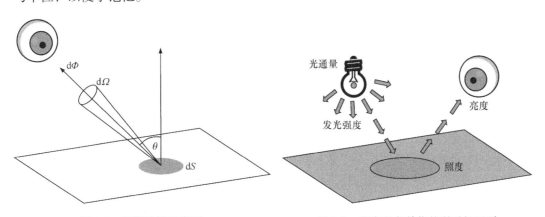

图 2-8　亮度计算示意图　　　　　图 2-9　光度学各单位的联系与区别

表 2-3　基本光度量的名称、符号、定义方程

名称	符号	定义	单位名称	单位符号
光通量	Φ	光谱密度分布与相对视见函数的积分	流明	lm
发光强度	I	单位立体角内的光通量	坎德拉	cd 或 lm/sr
照度	E	单位面积上的光通量	勒克斯或流明每平方米	lux 或 lm/m²
亮度	L	单位投影面积上的发光强度	尼特或坎德拉每平方米	nit 或 cd/m²

2.1.2　色度学

色度学(colorimetry)是一门对人类色觉进行测量的学科，对于彩色显示器的评价至关重要。色度学的基础是心理物理学实验——色匹配实验。使用该实验，可将任意的可见光谱功率分布等效为三个参考刺激(stimulus)的线性组合，从而定量地描述人类色觉。国际照明委员会(CIE)制定的一系列色度学标准是现代色度学发展的里程碑。本节介绍显示科技中常用的色度学知识，更多的色度学理论，请参阅专门的色彩科技书籍。

1. 色彩匹配实验

托马斯·杨在 1802 年就指出，眼睛包含三种不同类型的传感器来检测不同波长的光。大约 50 年后，赫尔曼·冯·亥姆霍兹进一步提出，人眼有三种视锥细胞，分别对短波(430～450nm)、中波(530～550nm)、长波(560～580nm)敏感，如图 2-10 所示，人眼的色彩感知是三种视锥细胞共同作用的结果[7]。

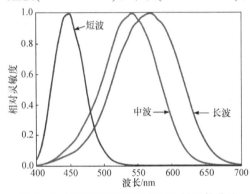

图 2-10　三种视锥细胞的相对视敏函数曲线

进一步地，格拉斯曼于 1854 年基于牛顿的颜色混合研究提出格拉斯曼颜色混合定律[8]，具体包括：①人的视觉只能分辨颜色的三种变化，即明度、色调、饱和度；②在由两种色光组成的混合色中，若一种色光连续变化，则混合的色光也连续变化；③视觉上相同的颜色是等效的，与其光谱组成无关，在颜色混合中可以互相代替；④混合色的亮度为各成分亮度的总和——亮度相加定律。

格拉斯曼颜色混合定律的实质即人眼视觉系统对色彩为一个线性系统，所以，任意颜色可以表示为多个基色的线性组合。并且，考虑到人眼具有三种色觉感受细胞，基色的数量一般为 3。基于该线性性质，色度学通过色彩匹配实验建立了理论基础。色彩匹配实验的基本过程如图 2-11 所示，观察者通过一个 2°视场角的观测窗口观察投影屏幕。屏幕被分为两个投影区域：一个区域用于投影待测试的光，另一个区域则是用于投影三种基本光的混合光(这里为红、绿、蓝三种基本颜色)。观察者改变三种基本光的强度，直到屏幕上两部分的颜色无法被区分，此时记录下三种基本光的强度。以式(2-8)表示[9]：

$$C = R(\text{R}) + G(\text{G}) + B(\text{B}) \tag{2-8}$$

式中，C 为待匹配颜色；R、G、B 分别代表红、绿、蓝基本光的强度，称为三刺激值(tri-stimulus)。

色彩匹配实验中，有时无论如何调整基本光的强度都无法使它们的混合光与待测色光相匹配。此时允许观察者在待测色光一侧混入一种或两种基本光，使得最终结果左右平衡。这个过程相当于在右侧投影"负"的基本光。

2. CIE 1931 RGB 与 CIE 1931 XYZ 系统

CIE 1931 RGB 系统规定了如图 2-12(a)所示的匹配任一波长的光所需要光谱三刺激值

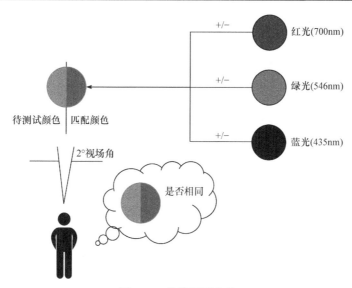

图 2-11 色彩匹配实验

$\bar{r}(\lambda)$、$\bar{g}(\lambda)$、$\bar{b}(\lambda)$。使用该三原色进行色彩匹配实验，并经式(2-9)所示的坐标转换，可以得到任意色光的色品坐标(r, g, b)。但是，在 CIE 1931 RGB 系统中，"红光"原色$\bar{r}(\lambda)$在部分波长范围内具有负值，这不便于理解和计算。因此，需要找到另外的三原色，使其三刺激值没有负值。寻找新的三原色并不需要另一轮主观实验，而只需要采取线性转换的方法，将 RGB 颜色系统的三坐标值转换至另一颜色空间[10]。

$$\begin{cases} r = R / (R+G+B) \\ g = G / (R+G+B) \\ b = 1-r-g = B / (R+G+B) \end{cases} \tag{2-9}$$

CIE 在 1931 年推出了 CIE 1931 XYZ 颜色系统，其"假想"的三原色$\bar{x}(\lambda)$、$\bar{y}(\lambda)$、$\bar{z}(\lambda)$如图 2-12(b)所示。该系统中，色彩匹配函数全为正数。RGB 系统到 XYZ 系统的转换方程如式(2-10)所示。

$$\begin{bmatrix} \bar{x}(\lambda) \\ \bar{y}(\lambda) \\ \bar{z}(\lambda) \end{bmatrix} = \begin{bmatrix} 2.7689 & 1.7517 & 1.1302 \\ 1.0000 & 4.5907 & 0.0601 \\ 0.0000 & 0.0565 & 5.5943 \end{bmatrix} \begin{bmatrix} \bar{r}(\lambda) \\ \bar{g}(\lambda) \\ \bar{b}(\lambda) \end{bmatrix} \tag{2-10}$$

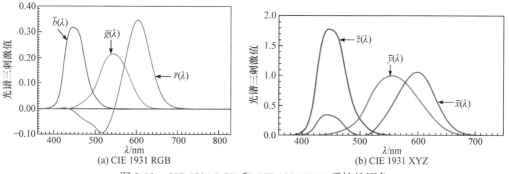

图 2-12 CIE 1931 RGB 和 CIE 1931 XYZ 系统的原色

对于一具有光谱功率分布 $\Phi(\lambda)$ 的色光,其 CIE 1931 XYZ 的三刺激值 X、Y、Z 由式(2-11)计算,该式实质为待匹配色光在原色上的投影。相应地,式(2-12)给出了 CIE 1931 XYZ 下色品坐标的计算方法:

$$\begin{cases} X = \int \overline{x}(\lambda)\Phi(\lambda)\mathrm{d}\lambda \\ Y = \int \overline{y}(\lambda)\Phi(\lambda)\mathrm{d}\lambda \\ Z = \int \overline{z}(\lambda)\Phi(\lambda)\mathrm{d}\lambda \end{cases} \tag{2-11}$$

$$\begin{cases} x = X/(X+Y+Z) \\ y = Y/(X+Y+Z) \\ z = Z/(X+Y+Z) \end{cases} \tag{2-12}$$

式中,X、Y、Z 为颜色的三刺激值;$x+y+z=1$ 为定值。因此,仅知道色度坐标中的两个值,如 x 和 y,就可以得出第三个值 z。并且,$\overline{y}(\lambda)$ 经过精心设计,与相对视见函数完全一致,因为 Y 值实质为色光的亮度[10,11]。

已知某色光的三刺激值 X、Y、Z,根据三刺激值得到色坐标,就可以将光谱色的坐标点连接起来形成光谱轨迹,光谱轨迹以及连接光谱轨迹两端点的直线所构成的马蹄形称为 CIE xy 色品图,如图 2-13 所示。该色品图有如下几个性质[12]:

(1) 色品图包含了一切物理上能实现的颜色;

(2) 光谱轨迹上的颜色饱和度最高;

(3) 光谱轨迹末端 700~780nm 的光谱光的色坐标是一个定值 $x=0.7347$,$y=0.2653$,色品图上表现为 1 个点。

CIE 1931 XYZ 颜色模型是独立于设备的(device-independent)色彩空间,即对于不同显示设备,色光都有唯一确定的 X、Y、Z 三刺激值和 x、y 色坐标。而数字图像文件中常用的 sRGB、HSL 等色彩空间,其

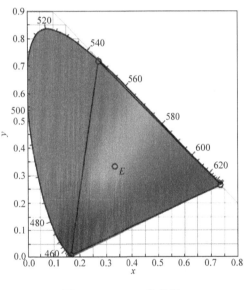

图 2-13　CIE xy 色品图

对应的色光依赖于设备的硬件特性(device-dependent)。例如,sRGB 色彩空间下,同样的色坐标在不同的显示器上极有可能对应不同的色光。

3. CIE 1976 L*a*b* 均匀色彩空间

CIE 1931 XYZ 色度系统解决了颜色的定量描述与计算问题,但是在颜色区分方面却有一定的不便利性。在色品图上,每一点都代表一种确定的颜色,理论上与附近点代表的颜色不同。但实际上,人眼无法区分非常小的颜色差异,只有当两个颜色点之间有足够的距离时,颜色差别才能被辨识。人眼视觉感知不到的颜色变化的最大范围称为颜色

的宽容度。颜色的宽容度越大, 辨色能力就越差。麦克亚当在 CIE xy 色品图上选择了 25 个代表色点, 研究确定它们的颜色宽容量, 如图 2-14 所示。可见, CIE 1931 XYZ 是一种色彩感知不均匀(perceptually nonuniform)的色彩空间, 几乎无法用色品图上点的欧拉距离表征颜色差异。

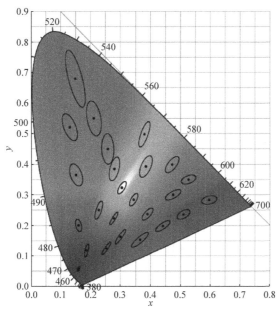

图 2-14　麦克亚当颜色宽容量示意图(宽容量为实际放大 10 倍)

为了准确再现色彩并量化色彩差异, CIE 相继提出了多种感知均匀(perceptually uniform)的色彩空间, 其中 CIE 1976 L*a*b*是最有代表性的之一。它是一个独立于设备的对立色彩空间, 如图 2-15 所示。在这个色彩空间中, 相等的距离大致代表相等的色差。因此, 许多行业组织都使用 CIE 1976 L*a*b*来定义色差标准。

CIE 1976 L*a*b*均匀色彩空间的色坐标计算方法为

$$\begin{cases} L^* = 116 f\left(\dfrac{Y}{Y_n}\right) - 16 \\ a^* = 500\left[f\left(\dfrac{X}{X_n}\right) - f\left(\dfrac{Y}{Y_n}\right)\right] \\ b^* = 200\left[f\left(\dfrac{Y}{Y_n}\right) - f\left(\dfrac{Z}{Z_n}\right)\right] \end{cases} \quad (2\text{-}13)$$

式中

$$\begin{cases} f(\alpha) = (\alpha)^{\frac{1}{3}}, & \alpha > \left(\dfrac{24}{116}\right)^3 \\ f(\alpha) = \dfrac{841}{108}\alpha + \dfrac{16}{116}, & \alpha \leqslant \left(\dfrac{24}{116}\right)^3 \end{cases}$$

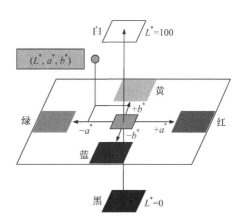

图 2-15　CIE 1976 L*a*b*均匀色彩空间示意图

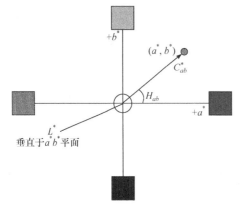

图 2-16　CIE 1976 L*a*b*色彩空间中彩度与色调角示意图

$$\alpha = \frac{X}{X_n}, \frac{Y}{Y_n}, \frac{Z}{Z_n}$$

其中，X、Y、Z 分别为颜色的三刺激值；X_n、Y_n、Z_n 是完全漫反射体的三刺激值，并规定 $Y_n = 100$。

CIE 1976 L*a*b*色彩空间中，$L^* = 116\sqrt[3]{Y/Y_n} - 16$，称为颜色的明度，$C_{ab}^* = \sqrt{(a^*)^2 + (b^*)^2}$，称为颜色的彩度，$H_{ab} = \arctan(b^*/a^*)$，称为色调角[13]，如图 2-16 所示。

在该系统中，两种色彩的色差按式(2-14)计算，即两点的欧拉距离。

$$\Delta E_{ab}^* = \sqrt{(L_1^* - L_2^*)^2 + (a_1^* - a_2^*)^2 + (b_1^* - b_2^*)^2} \tag{2-14}$$

2.1.3　显示系统评价指标

现代显示器的多种评价指标即基于上述光度学与色度学知识。

1. 均匀度与视角

1) 均匀度

显示器的缺陷会导致屏幕各点亮度和色彩不一致，如背光照明的不均匀性、面板工艺缺陷等。为了表征亮度的均匀性，将屏幕上最小与最大亮度的比值定义为均匀度(uniformity)。实际中，常用亮度计测量屏幕上 9 个特定点的正向亮度，并从中获取最小与最大亮度，称为 9 点测量法，如图 2-17 所示。合格的显示器通常须具有 0.75 或 0.8 以上的均匀度。

基于 9 点测量法，也可以进行显示器色度均匀度的测度[14]，如式(2-15)所示。有时，使用类似的 16 点测量法[15,16]。

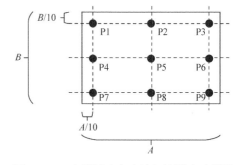

图 2-17　9 点测量法亮度均匀性测试示意图

$$\Delta u'v' = \frac{\sum \sqrt{(u_i' - u_0')^2 + (v_i' - v_0')^2}}{N} \tag{2-15}$$

式中，(u_i', v_i') 为各个测量点的 CIE 1976 L*u*v*色坐标；(u_0', v_0') 是参考点的色坐标，可以为屏幕中心或指定的颜色；N 为测量点数(对应图 2-17，$N = 9$)。

2) 视角

视角(viewing angle)是指显示器可以为观察者提供可接受的视觉性能的最大角度。由于显示器在不同方向上的性能可能不同，因此常用水平视角和垂直视角独立表征。

实际中，最常用的视角是由亮度定义的，一般定义为亮度下降到正向值的 1/2 或 1/3 的角度[17,18]。

为了更全面地表征显示器的性能，有时会采用更复杂的视角锥(viewing cone)概念。视角锥实际为所有观察方向上的视角的集成，形如一个顶点在屏幕上倒置的圆锥，如图 2-18 所示。根据应用需求，可以采用亮度、色度、对比度等不同性能来定义视角锥[19,20]。

图 2-18　视角锥示意

2. 对比度与动态范围

对比度(contrast radio，CR)用于衡量显示器的最大和最小亮度之间的差异，即最白的白色和最深的黑色之间的区别，如式(2-16)所示。对比度通常被记为一个比值(如 1000∶1)。对比度是显示器的重要评价标准之一，具有高对比度的显示器可以提供更舒适的图像和更易辨识的内容，如图 2-19 所示。

$$CR = \frac{L_{white}}{L_{black}} \tag{2-16}$$

式中，L_{white} 和 L_{black} 分别为显示器工作在最亮和最暗时的亮度。

更深的黑色

更真实的彩色

彩图2-19

(a) 低对比度　　　　　　　　　　　　　　　　(b) 高对比度

图 2-19　分别具有低对比度和高对比度的显示图像[①]

对比度又可分为静态对比度与动态对比度。静态对比度指显示器能同时产生的最亮与最暗亮度之比。动态对比度是随时间变化的最亮与最暗颜色的亮度比。相比原生的静态对比度，动态对比度可以通过机械、电子、软件等手段提升，一般远高于静态对比度。因此，市售产品通常只宣传动态对比度。但是，由于对比度增强技术无法标准化，动态对比度通常不会在不同的显示设备之间比较。

在 LCD 中，即使显示黑色信号，液晶的透过率也不会为零，即存在光泄漏，因此，LCD 的静态对比度受限，通常只能达到数百比一。而 OLED、micro-LED 等自发光显示

① 图片来源：https://pid.samsungdisplay.com/en/learning-center/white-papers/high-contrast-ratios-bring-your-vision-to-life。

器的黑色画面不会产生任何光,对比度可以非常高[21]。

由于显示器工作于一定的环境光之下,环境光也会影响显示器的对比度。例如,在太阳光下,显示器外表面反射的阳光会导致显示内容难以辨认。因此,考虑显示器反射的环境光,定义环境对比度(ambient contrast radio,ACR),如式(2-17)所示。根据定义式,在高亮环境下,环境对比度会降低。为了获得更高的环境对比度,一方面需要增加显示器的原生对比度,另一方面需要减少显示器对环境光的反射[22]。

$$ACR = \frac{L_{\text{white}} + L_{\text{ar}}}{L_{\text{black}} + L_{\text{ar}}} \tag{2-17}$$

式中,L_{ar}表示环境光亮度。

对比度尚不能完全表征显示器还原真实影像的能力,这是因为显示器还需要尽量匹配人眼能感受的亮度范围,即动态范围(dynamic range)。人眼完整的动态范围非常广,为0.001~20000nit,因此显示器不仅需要具有高的对比度,还需要具有足够高的峰值亮度(peak luminance)。传统显像管时代,电视机的标准亮度仅有100 nit,现代 LCD 和 OLED 显示器的峰值亮度可以达到数百尼特,都与人眼的感知范围有巨大差距。为了显示更真实的影像,高动态范围(high dynamic range,HDR)的概念应运而生。相比传统的标准动态范围(standard dynamic range,SDR)显示器,HDR 显示器需要产生范围更广的亮度信号,如图 2-20 所示。

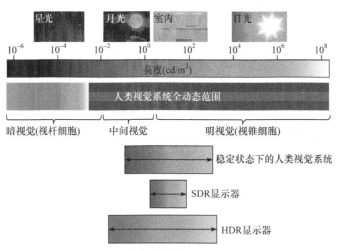

图 2-20 人眼动态范围与 SDR、HDR 显示器

除了亮度,HDR 标准对色深亦有规范。SDR 色深为 8bit,即红、蓝、绿三色各有256 (2^8)种量化数值,共 $256 \times 256 \times 256$(约 1600 万)种颜色。而 HDR 需要 10bit 的色深,可呈现 $2^{10} \times 2^{10} \times 2^{10}$(约 10.7 亿)种颜色。HDR 对于细节的表现及影像的还原度远胜 SDR。

3. 色域

显示器的色域为其能显示的色彩范围,通常以 CIE xy 色品图上三基色所包围的区域表征。色域越大，则显示器能显示的色彩越丰富。图 2-21 示意了常用的色域标准，包括 sRGB、Adobe RGB、NTSC、DCI-P3 等。其中，DCI-P3 具有比 sRGB 宽 26% 的色域，常被用于高端多媒体设备[23]。

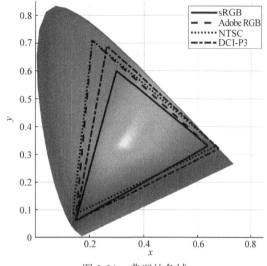

图 2-21　典型的色域

4. 刷新率与帧率

显示器的刷新率(refresh rate)是其硬件在 1s 内更新缓冲区的次数，也就是时间分辨率。帧率(frame rate)是一秒内图像源向显示器提供整帧新数据的次数。刷新率可能不等于帧率。例如，一般 LCD 的刷新率为 60Hz，但帧率可能为 30FPS(frame per second)。LCD 基于"采样-保持"的驱动背板工作，因此像素内容不会从一帧闪烁到另一帧，不需要最低刷新率以消除刷新引起的闪烁。但 CRT 的余辉时间很短，需要足够高的刷新率以维持无闪烁的画面，一般应高于 85Hz。LCD 虽然无需高刷新率以维持静态画面，但高刷新率可以使得运动更加平滑。通常，常规的电视或桌面 LCD 的刷新率为 60Hz，视频游戏专用的 LCD 刷新率可达 120 Hz 甚至 180Hz。对于一些特殊应用，如场色序 LCD，其刷新率需要达到 240 Hz 甚至更高[24-26]。

2.2　光 电 图 像

除了以可见光作为载体外，信息还需要有序的时空组织方式，即图像(image)和视频(video)。现代数字显示器离不开对时空调变信息的采样与量化，对应于空间采样，强度量化与时间采样，产生了像素、灰阶、帧三个重要的概念。

像素是对连续空间信号的采样，在满足奈奎斯特采样定律的前提下，采样数越大，图像分辨率越高。灰阶是对连续亮度信号的量化，即将最亮与最暗之间的亮度变化区分为有限份，以便于数字信号的传输与处理，灰阶就代表了由最暗到最亮之间不同亮度的层级，中间层级越多，所能呈现的画面就越细腻。帧是对连续时间信号的采样，对于视频信号，采样频率越高，则显示器的刷新率越高，越难以观察到闪烁现象。

2.2.1　空间信号采样：像素

1. 信号的采样与重建

显示器具有有限个像素，像素对二维连续空间强度信号进行采样[27,28]。采样数越高，图像越细腻。图 2-22 展示了不同空间采样数(即分辨率)对应的显示效果。

在上述空间信号采样过程中，像素大小就是从连续信号到离散信号的采样周期。数字显示器的采样也要遵循奈奎斯特采样定理，即当采样频率大于 2 倍的信号带宽时，被采样的模拟信号才不会发生失真，否则会发生混叠(aliasing)失真[29,30]，如图 2-23 所示。为防止混叠，需对输入显示器的连续图像信号进行低通滤波，尤其在像素密度较低的情况下。

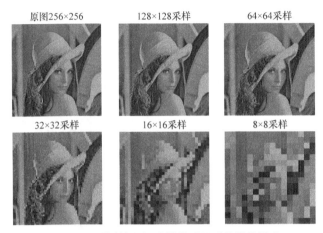

图 2-22　不同的空间采样数对显示效果的影响

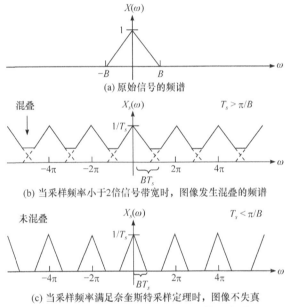

图 2-23　不同采样频率下对应的信号频谱

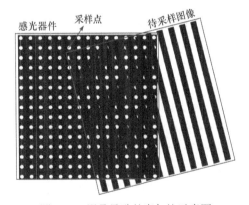

图 2-24　混叠导致的摩尔纹示意图

图 2-24 中正放着的规律分布圆点的正方形表示感光器件,白色原点表示采样点;斜放着的黑色条纹正方形表示待采样图像。在两者的叠加部分,可以清晰地看到数条较粗的条纹,这些条纹称为摩尔纹,摩尔纹在原始图像中并不存在,为混叠的产物。

在像素对空间信号进行采样后,还需以像素发光区域为重建函数对原始二维空间信号进行重建[31],如图 2-25 所示。

为将采样与信号重建的过程公式化,图 2-26 示例了全色和 RGB 垂直条纹显示器的典型像素结构。全色像素的几何布局可以像素函数 $p(x, y)$ 描述。$p(x, y)$ 为像素孔径函数 $a(x, y)$ 与二维狄拉克脉冲序列的卷积，如式(2-18)所示。狄拉克脉冲序列又被称为 shah 函数。

$$p(x, y) = a(x, y) \otimes \text{shah}\left(\frac{x}{f_{xs}}, \frac{y}{f_{ys}}\right) \tag{2-18}$$

其中，二维狄拉克函数表示为

$$\text{shah}\left(\frac{x}{f_{xs}}, \frac{y}{f_{ys}}\right) = \sum_{n_y=-\infty}^{\infty} \sum_{n_x=-\infty}^{\infty} \delta\left(x - \frac{n_x}{f_{xs}}, y - \frac{n_y}{f_{ys}}\right) \tag{2-19}$$

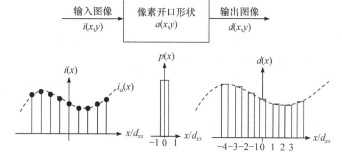

图 2-25　显示器空间采样与信号重建

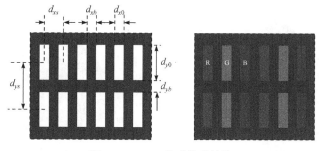

图 2-26　RGB 典型像素结构

水平(x)和垂直(y)方向上周期性像素重复的空间采样频率为

$$(f_{xs}, f_{ys}) = \left(\frac{1}{d_{xs}}, \frac{1}{d_{ys}}\right) \tag{2-20}$$

在式(2-19)中，整数索引 n_x 和 n_y 指示像素在 x 和 y 方向上的位置。通常，孔径函数为像素的发光区域形状。在垂直条纹像素的情况下，该函数可以写成二维矩形函数，如式(2-21)所示。

$$a(x, y) = \text{rect}\left(\frac{x}{d_{x0}}, \frac{y}{d_{y0}}\right) \tag{2-21}$$

最终，观察者接收的显示信号可以通过输入的离散图像信号 $i(x, y)$ 与像素孔径函数 $a(x, y)$ 的卷积表示，如式(2-22)所示。

$$d(x, y) = i(x, y) \otimes a(x, y) \tag{2-22}$$

离散图像信号 $i(x,y)$ 通常通过采样频率 $f_{xs}=1/d_{xs}$ 被采样为模拟图像信号 $i_a(x,y)$；因此，根据奈奎斯特采样定理，模拟图像信号 $i_a(x,y)$ 的频带应该小于 $f_{xs}/2$。

$$a(x,y)=\mathrm{rect}\left(\frac{x}{d_{xs}},\frac{y}{d_{ys}}\right)，\text{边长为 } d_{xs}, d_{ys}$$

像素形状对重建信号的质量有影响，图 2-27 分别以 4 种典型的孔径形状效果说明：矩形、圆形、菱形、等边三角形。三角形具有 y 轴对称性，其他形状具有径向对称性。对于相同的像素亮度，和矩形孔径相比，所有其他形状的发射区域具有相同的值 $0.4d_{xs}d_{ys}$，即都具有 40%开口率。式(2-23)代表了使用矩形函数 $\mathrm{rect}(\cdot)$ 和单位阶跃函数 $\varepsilon(\cdot)$ 的四种形状(按矩形、菱形、圆形和三角形的顺序)的数学公式[31]：

(a) 像素形状为矩形、菱形、圆形和等边三角形，所有像素区域都具有相同的40%填充因子[32, 33]

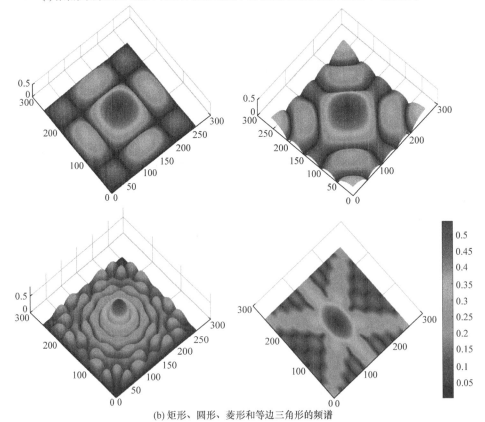

(b) 矩形、圆形、菱形和等边三角形的频谱

图 2-27　不同像素开口形状及对应的信号频谱

$$a(x,y)=1-\varepsilon(|a\cdot x|+|a\cdot y|-1)\ ,\ 边长为\ a$$

$$a(x,y)=1-\varepsilon(x^2+y^2-r^2)\ ,\ 半径为\ r$$

$$a(x,y)=\mathrm{rect}\left[\frac{x/a}{1-a/2(y+1/a)\cdot\varepsilon(y+1/a)}\right]\cdot\mathrm{rect}\left(\frac{y}{2/a}\right)\ ,\ 边长为\ a \qquad (2\text{-}23)$$

圆形像素的光谱是径向对称的，这种光谱用于传统的阴极射线管(CRT)显示器和数字摄像机的取景器显示，目的是再现自然图像。然而，矩形像素的光谱是方向相关的，矩形像素是现代显示器中最广泛使用的像素形状。与对角线方向相比，水平和垂直方向的基带频谱相对较弱。较弱的基带频谱会对原始图像频谱产生更大的阻尼，应该在不失真的情况下将原始图像频谱最佳地传递给观察者。三角形像素在 x 方向上具有良好的频率特性，但是在 y 方向和对角线方向上具有不适当的高频特性。在菱形的像素开口形状中，可感知的 x 和 y 方向上的谐波带能量已经移动到不可感知的对角线方向，为此，一些显示器制造商已经在显示器中实现菱形的像素开口形状。

2. 子像素渲染

以 LCD 为例，为了生成全色图像，每个全彩色像素由三个空间移位的原色子像素(红、绿、蓝)组成[34]。这些子像素以某种重复的模式排列。如图 2-28 所示的"垂直条纹"排列，在该 LCD 中，每个全彩色像素由 3 个原色子像素垂直排列组成；当释放全彩色像素分组时，这些子像素能给出额外的分辨率。子像素渲染(subpixel rendering, SPR)的基本思想是用更小的子像素填补图像细节, 增加清晰度。如图 2-28(c)所示，显示一条斜边的时候，图 2-28(c)左半部分是全彩色像素渲染的显示分辨率，图 2-28(c)右半部分是子像素渲染的显示分辨率，子像素渲染的分辨率明显高于全彩色像素渲染。

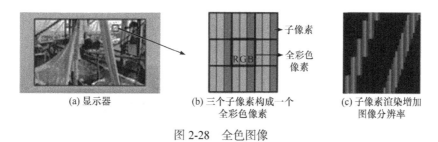

(a) 显示器　　　　(b) 三个子像素构成一个　　　(c) 子像素渲染增加
　　　　　　　　　全彩色像素　　　　　　　　图像分辨率

图 2-28　全色图像

子像素具有比全色像素分辨率更高的空间分辨率，如图 2-29 所示。子像素渲染的理论基础是人眼对彩色信号的截止频率略低于亮度信号，因此，存在空间频率窗口，人眼可以分辨亮度信号，但无法分辨彩色信号，如图 2-30 所示。若观看距离小于预设的位置，则会在子像素渲染中看到彩色量化噪声；反之，若观看距离太大，添补的彩色子像素无法进入人眼的亮度空间截止频率范围之内，分辨率无法获得提升[35]。子像素渲染用于几乎所有现代显示器，尤其是文本显示。

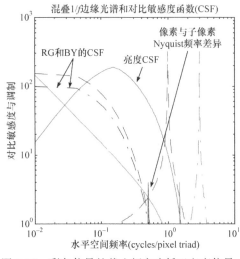

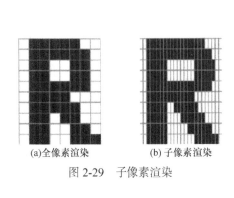

(a)全像素渲染　　　(b)子像素渲染

图 2-29　子像素渲染

图 2-30　彩色信号的截止频率略于亮度信号，存在空间频率窗口[35]

2.2.2　强度量化：灰阶

经过空间采样，一幅图像便由不同数量的像素构成，每个像素的幅度(亮度)依然需要量化。如图 2-31 所示，一段连续变化的灰度曲线被量化为 4 个等级，这意味着由该信号形成的图像只有 4 种不同的亮度。这样经过强度量化后的像素亮度称为灰阶[36-38]。

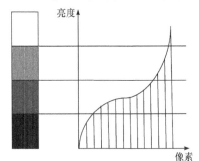

灰阶分辨率表示为灰阶级数，可由式(2-24)表示：

$$L = 2^k \qquad (2-24)$$

式中，L 为灰阶分辨率；k 为每个像素的位数。例如，在图 2-32 中，灰阶级数为 4，位数为 2，每一灰阶值分别存储为"00, 01, 10, 11"。显然，高灰阶

图 2-31　不同像素亮度量化为不同灰阶

分辨率可以表示更多的灰阶，意味着图像表现更细腻，同时也会占用更多的存储空间。图 2-32 示意了不同灰阶级数下的图像。

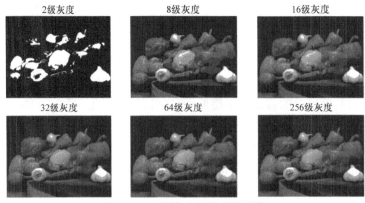

图 2-32　不同灰度级数下的图像

Gamma 曲线定义了像素的数值和实际亮度的关系[39,40]。其函数关系式为

$$f(I) = I^{\text{Gamma}} \tag{2-25}$$

图 2-33 表示了不同的 Gamma 值对应的灰度值与亮度的映射关系。观察可知，当 Gamma<1 时，图像的高光部分被扩展而暗调部分被压缩；当 Gamma>1 时，图像的高光部分被压缩而暗调部分被扩展。如图 2-34 所示，使用不同的 Gamma 值，如 1/2.2(亮部扩展)、1.0(线性响应)、2.2(暗部扩展)，显示同一幅图像。

由于人眼对亮度的感知是非线性的，对暗部的变化非常敏感，对亮部不那么敏感，因此显示设备产生的亮度通常不是输入信号电压的线性函数。传统的 CRT 显示设备输出的亮度约与输出电压的 2.2 次方成比例。为了实现亮度

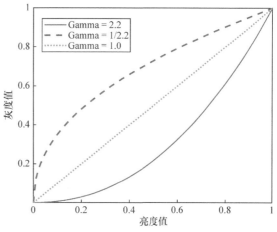

图 2-33　不同的 Gamma 值及其对应曲线

的正确再现，必须补偿这种非线性，在经过 Gamma 矫正(Gamma = 2.2)后，人眼可以观察到更均匀的亮度变化。如图 2-35 所示，在线性强度刺激下，人眼对暗部 0.0～0.1 的变化视觉差距要大于亮部 0.9～1.0 的变化，而经过 Gamma 矫正后，每个灰度块的感知差异几乎相同。

图 2-34　使用不同 Gamma 值显示同一幅图像

图 2-35　线性强度刺激与 Gamma 矫正下的亮度视觉差异

2.2.3　时间采样：帧

一段动态的视频是由时间域上的多幅图像采样组成的，每一幅图像称为帧(frame)[41-44]。相同时间长度的视频由越多帧组成，则视频内容越流畅，也意味着更高的刷新率。2.1.3 节中讲述了具有高刷新率的显示器可以带来更好的体验，一幅图像与另一幅图像如何实

现快速的切换，则与显示器的响应时间息息相关，如图 2-36 所示。

屏幕刷新率	60 Hz	75 Hz	120 Hz	180 Hz	240 Hz
计算	1/60	1/75	1/120	1/180	1/240
最短响应时间	17 ms	13 ms	8 ms	5 ms	4 ms

图 2-36 不同刷新率下的最短响应时间

显示器的响应时间是从一种颜色转换到另一种颜色所需的时间，通常用黑色到白色再回到黑色所需的时间来衡量，以毫秒(ms)表示，一般情况下，灰色到灰色的响应时间要快于黑色到白色的响应时间。

以 60Hz 刷新率的显示器为例，图 2-37 展示了响应时间分别为 8ms 和 4ms 的灰-灰像素转换的差异。图表中的第一行显示了在 8ms 灰色到灰色的响应时间内发生的第一帧和第二帧之间的转换。8ms 后，在该帧的剩余持续时间内(额外的 8.67ms)显示完整的第二帧图像。第二行示意了相同的转换，但为响应时间是 4 ms 的灰色到灰色响应。完整的第二帧在 4ms 后持续显示。在第一帧与第二帧之间的过渡阶段花费的时间越短，拖尾或重影就越少。因此响应时间所需的毫秒数越少，图像和动作就越流畅。对于彩色图像，响应时间是衡量这些像素阻挡红、绿、蓝三色光线所需的时间。如果响应时间太长，在玩游戏和看电影时会出现"模糊"和"重影"，如图 2-38 所示。

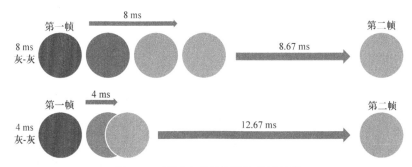

图 2-37 不同响应时间下的帧间过渡

插入黑色帧是一种减少模糊和残像的技术[45-47]。通常 LCD 的刷新率为 60Hz，因此帧速率为 60FPS，这意味着屏幕(帧)每 1/60 s 改变一次。在所描绘的帧之间插入一个黑帧可以减少模糊和残像的出现，如图 2-39 所示。这种技术在家用液晶电视中被广泛采用并且非常有效。

图 2-38 由于响应时间太长而导致运动模糊

图 2-39　在每一帧中插入一个黑帧，使眼睛可以感受更清晰的图像

2.3　人　眼　视　觉

2.3.1　人眼的构造

人眼由角膜、虹膜、晶状体、玻璃体、视网膜等组成[48]，如图 2-40 所示，其基本作用类似凸透镜。光线进入人眼后最终在视网膜上汇聚成像。眼睛的总屈光度约为 60 屈光度(diopter，D)，角膜和晶状体分别提供约 40D 和 20D。晶状体通过睫状肌的收缩和松弛可以改变屈光度，从而实现对不同距离物体的成像。

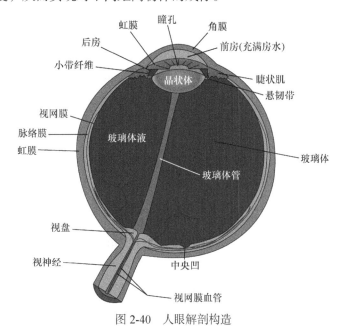

图 2-40　人眼解剖构造

虹膜介于角膜和晶状体之间，其中间有一个可以自动控制大小让光线进入的孔，被称作瞳孔。视神经可以将视网膜接收到的光信号转换为电信号。在正对眼球中心有一块大约 2 mm 的黄色区域称为黄斑，在黄斑的中心有一个小凹称为中央凹[49]。

人眼对入射光的响应依靠视网膜上的两种感光细胞：视锥细胞和视杆细胞[50,51]。其中，视锥细胞分布在狭小的中央凹区域，只对强光比较敏感。视锥细胞包含对长(L)、中

(M)、短(S)三种不同光谱响应的细胞，对应于彩色视觉的形成。视杆细胞分布于中央凹的周围，一般在暗态下工作且只能够感觉到亮度[49]。人眼的视神经在视网膜前面，它们汇集到一个点上穿过视网膜连进大脑，如果物体发出的光线刚好落在这个区域上，视网膜上的感光细胞不能接收到这些光线从而不能形成图像，这个视网膜接收不到光线的区域称为盲点[52]。

视网膜感光细胞中，视锥细胞的空间分辨率较视杆细胞更高。大部分的中央视觉，如阅读，都是由视锥细胞进行的。但视锥细胞在光线暗时不像视杆细胞那么灵敏，夜间视觉会因此而受限。非中心的视觉主要通过视杆细胞提供，因此看到的图像会比较模糊。

人眼无法将入射光正确聚焦于视网膜时，观察到的图像会模糊，这种现象称为人眼的屈光不正[53-55]。如图 2-41 所示，近视是指眼轴过长，入射光聚焦于视网膜之前。远视是眼轴过短，入射光聚焦于视网膜之后。散光是指眼球的子午像面与弧矢像面不重合，无法同时对垂直和水平内容聚焦，与光学中的像散类似。

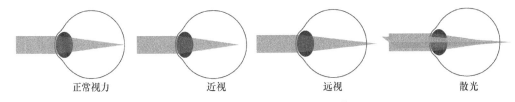

　　正常视力　　　　　　近视　　　　　　　远视　　　　　　　散光

图 2-41　正常视力与近视、远视和散光

在显示系统中，人眼的近视和远视解决方案已经相对成熟，目前，散光问题在显示系统中的解决方法主要有两种：①在系统中外加自由曲面光学元件来补偿人眼的散光，但由于自由曲面的加工工艺较难且成本较高，难以实现量产[56]；②利用计算光学的方法调控光入射眼球的方向，对散光进行预矫正，这一方法只需要开发对应的算法，不需要额外增加器件[57,58]。

2.3.2　人眼的空间与时间特性

1. 人眼空间特性

人眼空间特性最重要的两个参数是分辨率和视场角。

分辨率可以衡量人眼看到的图像的清晰程度[59]。除了用传统的 pixel per inch (PPI)来表示分辨率外，pixel per degree (PPD)和 cycle per degree (CPD)也被用来表征人眼的分辨率。PPD 和 CPD 也称空间分辨率，是指视场角中平均每一度夹角内的像素点或线对数量。

视场角(field of view，FOV)是人眼可观察到图像的角度范围[60]。如 2.3.1 节所述，小角度范围视觉主要由视锥细胞提供，边缘视觉主要由视杆细胞提供。图 2-42 示意了人眼不同视场角的功能划分。

在显示技术中，我们可以利用中央凹分辨率最高的特性，结合凝视追踪(gaze tracking)装置和动态光调控器件，对人眼凝视的区域进行高分辨率渲染，其他区域只需要进行低

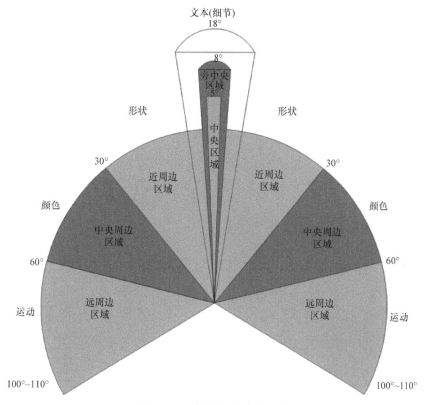

图 2-42　不同视场角功能划分

分辨率渲染，如图 2-43 所示。这样可降低系统总信息通量和计算负担，但相应地增加了动态光学器件，系统复杂性增加。

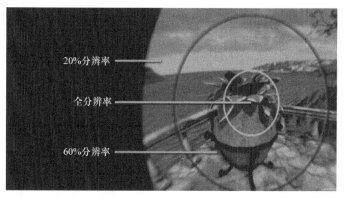

图 2-43　配合人眼视觉情况调整分辨率

人的瞳孔具有有限大小，眼球成像存在光学像差，且感光细胞的密度有限，视神经处理亦存在能力限制。因此，从空间频率域来看，人眼是一个不完美的空间滤波器，整体呈现带通性质[61-63]。人眼空间的高频特性来自光学(眼球衍射、像差)和视锥细胞密度，低频特性来自神经响应。人眼最敏锐处在 5～10CPD，人眼截止频率约为 50CPD。

利用人眼恰好可以将正弦光栅从均匀照明中分辨出来的对比度阈值相对空间频率作图，就可以得到非常重要的对比度敏感函数(contrast sensitivity function，CSF)。如图 2-44 所示，对比度敏感函数的横轴为空间频率，单位为 CPD，纵轴为对比度的倒数，也称对比度敏感度(contrast sensitivity)。对比度敏感函数描述了对比度敏感度随空间频率的变化。它表征了人眼对图像中不同空间频率成分的响应及辨别能力，是对人眼视觉空间频率响应特性的模型化描述。对比度敏感函数一般可分为非彩色及亮度(achromatic/luminance)CSF 和色度(chromatic)CSF 两种。

彩色对比度敏感函数可以描述人眼对颜色的空间敏感特性，如图 2-45 所示。人眼对亮度的空间敏感度呈现带通，对彩色信号呈现低通。彩色信号的空间截止频率略低于亮度信号。

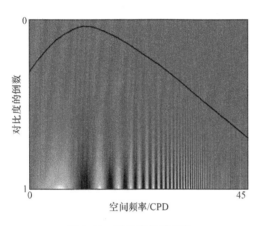

图 2-44　对比度敏感函数

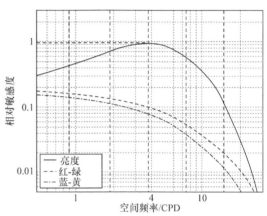

图 2-45　彩色对比度敏感函数

2. 人眼时间特性

当人眼视网膜感知到光的亮度后，即使光消失，在人眼视觉系统中对光的感知仍然会持续一段时间，这就是人眼的视觉暂留(视觉惰性)。一般当亮度消失后，人眼的感知仍能保持 0.05～0.1s。

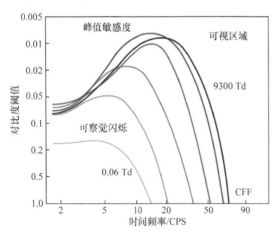

图 2-46　人眼的时域对比度敏感函数

视觉暂留现象意味着人眼在时间上也存在不完美的频率通过特性[64,65]。当光源闪烁的频率大于 15Hz 时，人眼才能有连续的感觉，而达到 60Hz 时，人眼才不会感觉到闪烁。电影、动画等正是利用人眼的视觉暂留现象，用图像连续闪烁让人眼感受到连续的画面。

以人眼能将时间闪烁信号从平滑信号中分辨出来的对比度阈值作为因变量，以时间频率为自变量，可以得到人眼的时域对比度敏感函数(temporal contrast sensitivity function)，如图 2-46 所示，图中，

Td(troland)为视网膜照度，CFF(critical flicker frequecy)为临界闪烁频率。人眼时域特性较为复杂，与空间信号有复杂的耦合关系，一般来说，时域截止频率在 60 Hz 左右。

2.3.3　人眼 3D 视觉

人眼可以被视为一台相机，相机通过传感器记录外界光信息捕获平面的二维图像，但与相机不同的是，视觉系统能通过深度线索(depth cue)感知三维信息[66]，如图 2-47 所示。人眼获取深度线索主要包括两种：一种是心理感知的深度线索，主要有透视、尺寸、纹理等；另一种是生理感知的深度线索，也就是基于人眼生理结构的调节。

图 2-47　深度线索示例

1. 心理感知深度线索

若要从心理感知深度线索获取三维信息，透视是一种方式[67]。透视的方式有三种，线性透视是三维物体之间相对距离的表现。生活中，经常见到线性透视，如图 2-48 所示，水平的铁轨在地平线上会汇聚成一点的错觉就是由线性透视引起的。

图 2-48　线性透视

大气透视指的是从远处观看时大气对物体外观的影响[68,69]。观察的物体从近到远变化时，其内部的标记和细节以及和背景之间的对比度都会逐渐减小。如图 2-49 所示，大气透视会影响物体的颜色，当观察距离增加时，物体颜色会变得不再饱和，并且通常会转向背景色。

　　曲线透视是一种图形投影，一般用于在 2D 曲面上绘制 3D 图像。人的视觉区域是一个大约 60°的圆锥体，它被称为"视觉圆锥"。如图 2-50 所示，一个画面对于人眼观察的视野来说是有限的，如果画面的视野超过了 60°，远端的图像会变得有些失真，这时候利用曲线透视将直线变成曲线，而人眼视网膜也是一个有弧度的球状分布，所以这种有弧度的曲线会让画面变得更加真实。

图 2-49　大气透视

图 2-50　曲线透视

　　物体相对大小也是判断深度的一个重要线索。对于同一物体，离人眼越近，在视网膜中成像视角越大，而视角大小决定了物体成像的大小，这就是近大远小。依此原理可对场景中物体的深度进行判断。如图 2-51 所示，根据车辆的大小关系，可以判断它们所处的深度位置。

　　物体表面的纹理也是我们在观看静态图像时感知深度的一种方式[70]。只有近处物体的细节可以清楚地被观察到，远处物体的细节难以分辨。如图 2-52 所示，观察者可以清楚地看到近处砾石的形状、大小和颜色，而远处的砾石纹理则无法清晰区分。

图 2-51　相对大小

图 2-52　纹理

物体间的遮挡关系也可以作为深度感知的一个依据[71]。如图 2-53 所示，两个不透明物体前后放置，后面的物体会存在不可见的部分。人类的大脑将部分遮挡的物体理解为位于比插入物体更远的地方。

图 2-53　遮挡

当人眼观看运动的物体时，运动视差可提供三维信息，具体是通过比较场景中不同

图 2-54 运动视差

元素的相对运动提供深度线索[72]。运动视差是一种单目深度线索，是由物体在人的视网膜上移动的相对速度所引起的。视差这个术语指的是位置的变化。运动视差产生于观察者在环境中的运动。如图 2-54 所示，坐在车上向车窗外看时，路旁的树飞快闪过，但是远处的房子移动得更慢，由此可以判断房子和树的深度关系。运动视差也是现在 VR 头戴显示器中让人们感受最强烈的一个深度线索。

乘客运动的方向   相对运动

运动立体感(depth from motion)是一种从图像在视网膜上移动的距离获得的深度线索[73]，具体是指一个点通过它尺寸的膨大或者缩小能够给人一种这个点在从远到近或者从近到远运动的感觉。

2. 生理感知深度线索

人眼具有调节(accommodation)作用。人眼观看不同深度的物体时，通过控制睫状肌收缩调节晶状体厚度，从而改变屈光度以聚焦到不同位置，最终在视网膜上呈现清晰的像[74]，如图 2-55 所示。

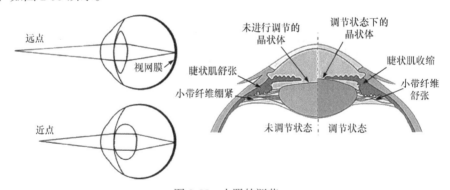

图 2-55 人眼的调节

调节是单眼对深度的感知，而人一般是双眼共同工作，双目视差就成为人双眼感受深度线索的主要方式。由于人的双眼有一定的瞳孔距离，一般成人的瞳孔距离为 65mm，所以在观看一幅场景的时候会有一定的视差。如图 2-56 所示，将手放在人眼前分别睁开左眼和右眼看到手的位置有一定的差异。物体越远，双眼看到两幅图像之间的距离就越远。

辐辏是一种眼动型的双目深度线索[75]，如图 2-57 所示，当人双眼注视在物体上时，双目会旋转一定的角度来使得同一物体在左右眼的视网膜图像相同。观看越近的物体，双目的转动角度越大。辐辏可以由双目视差触发，也可以由其他的机制触发，当物体的距离小于 10 m(大于 0.1 屈光度)时，辐辏能够发挥有效作用。

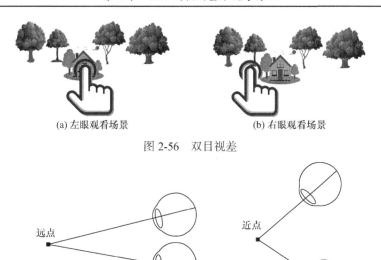

(a) 左眼观看场景　　　　(b) 右眼观看场景

图 2-56　双目视差

远点　　　　　　　　近点

图 2-57　辐辏

不同的深度线索具有不同的作用范围[76]。如图 2-58 所示，刻度采用对数刻度，X 轴表示距离观察者的距离，Y 轴表示可测量最小距离的变化与距离的比值，例如，0.1 表示在 10m 时能识别 1m 范围内的变化。深度线索的作用区域可分为三个空间，Personal Space 定义为身体到 2m 范围内，Action Space 定义为 2～30m 的范围内，而 Vista Space 定义为 30m 以外的范围。较近的 Personal Space 中，几乎所有深度线索都会发挥作用，较远的 Vista Space 中，只有部分深度线索会发挥作用。

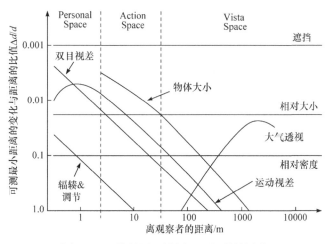

图 2-58　不同距离下影响 3D 视觉的因素

在自然环境中观察不同位置的事物时，神经会自动地调节眼球的转动，这就是辐辏。但是为了使视网膜上成像清晰，还需要通过调节作用，让双眼的焦点落在观察的事物上。一般来讲，辐辏和调节总是协调一致的，看景物时能自然地在视网膜上生成清晰的图像。

然而，在使用传统的头戴显示器(简称头显)时，情况却不同。如图 2-59 所示，在传统头显的设计中，虚拟图像聚焦在远离眼睛的固定深度处，而虚拟对象的深度以及由此产生的双目视差随内容而变化，这导致在辐辏调节反馈回路中产生冲突的信息。即传统的头显要求用户的双眼调节始终聚焦在显示器显示的面板处，而辐辏则随着虚拟图像的变化不断调整，所以双眼的这种自然的神经耦合行为就被破坏了，这就是辐辏调节冲突(vergence accommodation conflict，VAC)[77,78]。辐辏调节冲突会引发视觉上的不适感，还会导致人眼的感知深度出现错误，对于一些观看者来说，长时间观看还可能会引起身体不适。

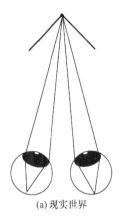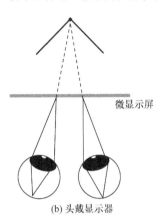

(a) 现实世界　　　　　　　　　　　　　　　(b) 头戴显示器

图 2-59　辐辏调节冲突

辐辏调节冲突在观看 3D 电影时并不明显，因为 3D 电影会符合一定限制条件，即视差在 1°以内，较容易实现。然而，在 VR 和 AR 应用中，这些约束限制难以实现。大部分头显需要实时地显示周围的各种对象。在使用头显的时候，我们会时不时地在场地内走动并不断地切换角度来观察四周的环境变化。所以 3D 电影中的避免辐辏调节冲突的方法就很难应用到头显中，因此，使用头显时就很容易出现辐辏调节冲突。

2.4　光 的 传 播

依据与光发生作用的物体尺度不同，光的传播可用几何光学、物理光学或量子光学进行分析。几何光学将光视为直线，主要关注的是光的大尺度的传播问题，包括在平面镜、透镜等光学元件下光线的几何特性，如焦点、主光轴、会聚、发散，尤其是物体在光学元件下的成像问题。物理光学以麦克斯韦方程组为基础，研究了光在电介质表面的反射和折射，系统地讨论了光的衍射、干涉问题，以及光的偏振等问题。量子光学将光看作粒子，以量子的观点去研究光的产生、传输、检测以及与其他物质之间的相互作用。这三者之间不相矛盾，彼此印证。在实际运用时，考虑量子级的光学分析时采用量子光学，当量子数量多到可以采用统计学的方式进行分析时，采用物理光学，如果假设波长无限小再去进行问题分析，则主要采用几何光学。

基础光学在诸多教科书中已有非常详细的讲述，本节挑选光学在当前显示研究中的运用，而非系统地论述光学知识。例如，基于几何光学研究头戴显示器的成像系统，基于物理光学研究波导型 AR 显示器中的光栅等。

2.4.1　可穿戴显示中的几何光学

在可穿戴显示中，最主要涉及的几何光学内容是折射和反射。斯涅耳定律(Snell's Law，也称折射定律)定量地描述了折射现象，入射角和折射角满足：

$$\frac{\sin\theta_1}{\sin\theta_2} = \frac{n_2}{n_1} \tag{2-26}$$

式中，θ_1 为入射角；θ_2 为折射角；n_1 为介质 1(入射介质)的折射率；n_2 为介质 2(出射介质)的折射率。

1. 全反射

当光线从高折射率介质进入低折射率介质时，如果光线的入射角大于某个临界角，则折射光线不再存在，所有的入射光线将会直接被反射，这就是全反射(totally internal reflection，TIR)[①]，如式(2-27)和图 2-60 所示。

$$i_c = \arcsin\frac{n_2}{n_1} \tag{2-27}$$

显示科技中，全反射有广泛的应用。例如，回复反射器(retro-reflector)是一种利用反光片或反光晶格内部全反射工作的器件，在一定入射角的范围内，反射光沿入射光的反方向返回。自行车尾灯即利用回复反射器以提醒后车。回复反射器还可用于组成体三维显示系统。如图 2-61 所示，光源发出的光依次经过反射型偏光片、回复反射器、反射型偏光片，于空间中一点重新汇聚，观察者可以看到漂浮于半空中的 3D 图像。

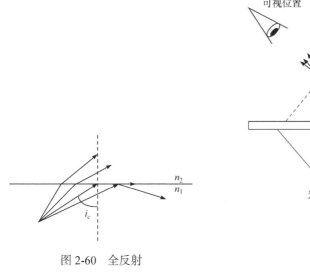

图 2-60　全反射

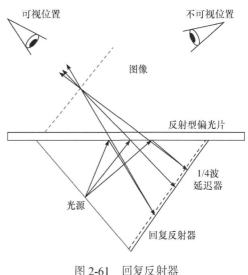

图 2-61　回复反射器

AR 头显中的光波导是另一个利用全反射的显示科技实例。如图 2-62 所示的光波导 AR 头显，显示片源发出的光经过光栅的耦合后进入光波导，在其中利用全反射的原理进

---

① 此处不考虑物理光学中的倏逝波效应。

行传播，最终传输到人眼前方完成显示。这个过程中光波导通过全反射传输光线，将光路折叠进平面化的光波导中，显著减小了系统体积。

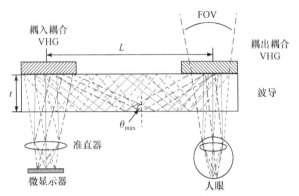

图 2-62　利用全反射原理的光波导 AR 头显

2. 渐变折射率

前面探讨的折射和全反射都是基于光传输介质均匀的情况，也就是材料各处的折射率是恒定不变的。根据费马原理，如果材料的折射率是变化的，那么光将不会沿着直线传播。利用这一性质，我们可以控制材料的折射率来控制光的传播方向，渐变折射率就是其中之一。例如，液晶透镜是一种电控调焦的新型光学元件[79]。根据施加的外部电压，液晶透镜内可以形成特定非均匀的电场，而液晶分子所处位置的电场不同，偏转的角度也不同，从而不同位置的有效折射率也不同，因此可形成渐变折射率的液晶透镜。液晶透镜广泛应用于 3D 显示成像等领域。

3. 光学扩展量守恒

光在显示系统中传播时，若不发生散射、分光等非序列传播行为，则存在光学扩展量守恒。光学扩展量是描述具有一定孔径角和截面积光束的几何特性，通常用 U 表示，其二维和三维形式如式(2-28)所示。

$$U_{2D} = 2dn\sin\theta$$
$$U_{3D} = \pi n^2 A\sin^2\theta$$

(2-28)

光学扩展量守恒揭示了在显示系统中，若只通过传统光学设计，则视场角和眼盒无法同时获得提升。常见的打破光学扩展量守恒的方法有波导型头显中使用的出瞳复制(exit pupil duplication)及散射。

4. 像差

实际中的光学系统所成的像与近轴光学所获得的结果不同，这样的偏离被称为像差。像差一般存在两大类：单色像差和多色像差。单色像差是指在单色光下也会产生的像差，主要包括球面像差(球差)、彗形像差(彗差)、像散、像场弯曲(场曲)和畸变，如图 2-63 所示。多色像差简称色差，由于不同颜色(波长)的可见光在材料中折射率不同，从而传播光路也不同，因此产生像差。它可分为位置色差(纵向色差)和放大色差(横向色差)两种。详细的像差理论，可参考各类几何光学教材。

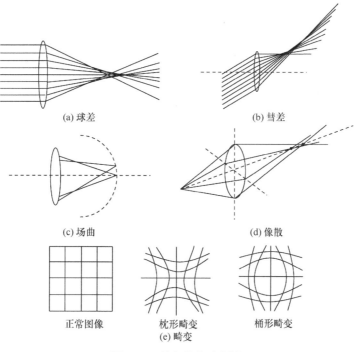

(a) 球差

(b) 彗差

(c) 场曲

(d) 像散

正常图像　　枕形畸变　　桶形畸变
(e) 畸变

图 2-63　单色像差示意图

5. 自由曲面

传统光学元件多采用球面外形，消除像差需要多片元件联合使用。随着光学加工技术的发展，非球面乃至自由曲面光学元件已得到广泛应用。可穿戴显示设备中，用于成像的自由曲面是指不具有旋转对称性的光学曲面(或不能是旋转对称曲面的一部分)，一般用于头戴显示器、车载抬头显示器系统等。车载抬头显示器系统是成像自由曲面的重要应用方向之一[80]。图 2-64 示意了自由曲面在车载抬头显示器中的作用。目前，自由曲面光学的设计、加工、检测仍具有较大挑战性，是显示科技研究的热点方向。

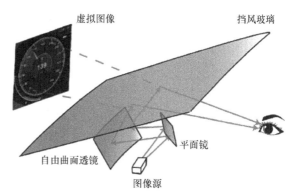

虚拟图像　　挡风玻璃

自由曲面透镜　　平面镜

图像源

图 2-64　平视显示器(HUD)的示意图

2.4.2　可穿戴显示中的物理光学

1. 菲涅耳公式

菲涅耳公式描述了光通过两个折射率不同的介质时，反射光和透射光的情况。如图 2-65 所示，假设反射比为 $R(0 \leqslant R \leqslant 1)$，则对应的透射比 $T = 1-R$。对于 P 偏振光和 S 偏振光，

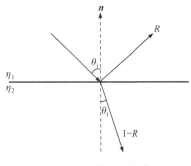

图 2-65　菲涅耳公式

它们的反射比并不同，由式(2-29)所示的菲涅耳公式描述。

$$R_S = \left(\frac{\eta_1 \cos\theta_i - \eta_2 \cos\theta_t}{\eta_1 \cos\theta_i + \eta_2 \cos\theta_t} \right)^2$$

$$R_P = \left(\frac{\eta_1 \cos\theta_t - \eta_2 \cos\theta_i}{\eta_1 \cos\theta_t + \eta_2 \cos\theta_i} \right)^2$$

(2-29)

式中，θ_i 是入射角；θ_t 是出射角；η_1 和 η_2 分别是入射前后的介质的折射率。

2. 光的干涉与衍射

光的干涉指的是光波在空间中相遇时相互叠加的现象，这会导致叠加后有些区域始终加强，另一些区域始终削弱。

衍射是波遇到障碍物时，会偏离原来的传播方向的一种现象。光是电磁波，因此也会出现衍射的情况。光传播过程中遇到障碍物(小孔、缝隙)时，会偏离直线传播，并进入障碍物的几何阴影区内，这就是光的衍射。使光发生衍射的带小孔或带狭缝的光屏、光栅等统称衍射屏。光通过任何障碍物都能发生衍射，但是只有障碍物和光的波长尺寸能相比拟时才能观察到明显的衍射现象。

根据与接收屏距离的不同，光的衍射主要有两种类别——菲涅耳衍射和夫琅禾费衍射，它们又被称为近场衍射和远场衍射。当接收屏与衍射屏之间的距离较近时，光发生的是菲涅耳衍射，这一能发生菲涅耳衍射的区域被称作近场区。当接收屏与衍射屏之间的距离足够远时，光发生夫琅禾费衍射，这一区域则被称作远场区。

判别衍射类型可利用式(2-30)所示的菲涅耳数。

$$F = \frac{a^2}{L\lambda}$$

(2-30)

式中，a 是孔径的尺寸；L 是孔与观察屏之间的距离；λ 是光的波长；当 F 近似大于 1 时，属于菲涅耳衍射，远小于 1 时属于夫琅禾费衍射。

衍射的计算如图 2-66 所示。发生衍射的孔径 Σ 位于 $\xi\eta$ 平面，点 P 位于 xy 平面，平行光从 $\xi\eta$ 平面左侧垂直打入，沿 Z 轴传播。Σ 上任意一点 Q 到 P 的距离为 r，连线与 Z 轴夹角为 θ，可以知道 $\cos(\boldsymbol{n}, \boldsymbol{r}) = \cos\theta = z/r$，利用衍射公式并转换到直角坐标系中，再采用菲涅耳近似对 r 做近似处理，即可得到菲涅耳衍射的数学表达式。详细的计算推导过程在其他光学教材中已有论述，这里不再赘述。得到的菲涅耳衍射的表达式如下：

$$\tilde{E}(x,y) = \frac{\exp(\mathrm{i}kz)}{\mathrm{i}\lambda z} \iint\limits_{\Sigma} \tilde{E}(\xi,\eta) \exp\left\{ \frac{\mathrm{i}k}{2z}\left[(x-\xi)^2 + (y-\eta)^2 \right] \right\} \mathrm{d}\xi \mathrm{d}\eta$$

对于夫琅禾费衍射，其推导过程与菲涅耳衍射相同，只是对 r 的近似处理不同。最终得到的夫琅禾费衍射的具体表达式为

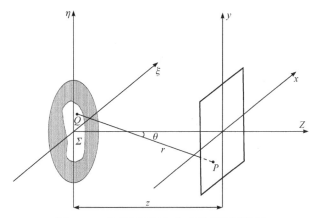

图 2-66　菲涅耳衍射和夫琅禾费衍射计算

$$E(x,y) = \exp\left\{ik\left[z + \frac{1}{2z}(x^2 + y^2)\right]\right\}/(\mathrm{i}\lambda z)\iint\limits_{\Sigma} E(\xi,n)\exp\left[\frac{-\mathrm{i}k}{z}(x\xi + y\eta)\right]\mathrm{d}\xi\mathrm{d}\eta$$

　　在可穿戴显示中，光的衍射的一个重要应用是光栅。在近眼光学系统中会使用到衍射光学器件，光栅是其中使用最多的器件。光经过狭缝后会发生衍射现象。将许多等宽的狭缝等距离地排列成一个整体，便可得到一个基于衍射效应工作的器件，这种器件被称为光栅。现代的一些衍射光栅的单元不是简单的狭缝，这里采用更广义的定义：能使入射光的振幅、相位或二者同时产生周期性空间调制的光学器件称为光栅。

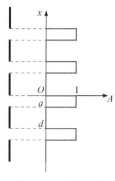

图 2-67　衍射光栅

　　对于一维光栅，如图 2-67 所示，设光栅中每个单元中透光的长度为 a，不透光的长度为 b，将 $d = a + b$ 定义为光栅常数，表示光栅中每个周期的长度。由多缝夫琅禾费衍射公式 $d\sin\theta = m\lambda$，$m = 0, \pm 1, \pm 2, \cdots$ 可知，对于光栅常数 d 一定的光栅，光波经过光栅作用后的衍射角 θ 与波长 λ 有关。在光栅理论中，此式被称为光栅方程。上述的光栅方程仅适用于垂直入射的光波，对于倾斜入射的光波，需要进行修正，修正后的表达式为

$$d(\sin i \pm \sin\theta) = m\lambda, \quad m = 0, \pm 1, \pm 2, \cdots$$

式中，i 为入射角，当观察与入射光同一侧的衍射级次时，上式取正号，反之取负号。

　　从光栅方程中可以得知光栅具有较强的色散本领和色分辨本领，故光栅器件常被应用于光谱分析。在近眼光学系统中，可以使用光栅让光束沿衍射角方向传播，从而实现光波导头显中耦合与解耦合的功能。

3. 超透镜

光的衍射的另一个重要应用是超透镜。

　　由于衍射的限制，无法无限地提升成像系统的分辨率。将透镜等类似的无法消除衍射作用的光学器件称为衍射限制器件。那么，要如何克服衍射的限制并实现更高分辨率的成像呢？目前已有两类方法：①减小照明光的波长。由瑞利判据可知，减小照明光的波长可以缩小可分辨物点的间距。在微纳加工领域中的光刻技术需要将线宽在纳米量级的电路模板成像在基底上，使用的便是紫外光、深紫外光等波长较短的照明光。②设计并使用不受衍射限制的光学器件，从而不受瑞利判据的约束。目前对于无衍射限制的光学元件原理和制作的研究较为热门，其中较为典型的是超材料透镜。

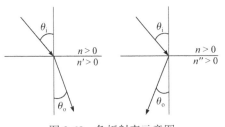

图 2-68　负折射率示意图

　　自然界中存在的各种光学材料的折射率均为正数，倏逝波在常规光学介质中传播时会快速损耗。如图 2-68 所示，假设光学材料的折射率为负数，则倏逝波在传播的过程中会被加强，从而实现完美成像[81]。由折射率 n 的计算式可知：

$$n = \sqrt{\varepsilon_r \mu_r} = \sqrt{\varepsilon_r} \times \sqrt{\mu_r}$$

式中，ε_r 为介质的相对介电常数；μ_r 为介质的相对磁导率。若要使 $n = -1$，则要令 $\varepsilon_r = \mu_r = -1$，但这种物质在自然界中是不存在的。从定义可知，介电常数反映了物体中非自由电子在外界电场作用下的极化程度，这种极化削弱了外界电场的影响。我们可以通过微纳加工技术，制作出特定的金属线阵列。当外界电场处于金属线阵列的谐振频率附近时，金属线阵列会表现出负介电常数的性质。利用相似的原理，可以通过制作微型缺口金属环，使外加磁场在其谐振频率附近时表现出负磁导率的性质。这种通过微结构实现自然物质所不具备的光电性质的新材料被称为超材料(meta-material)。而二维结构的超材料被称为超表面(meta-surface)。

　　理论上，超表面的介电常数与磁导率可以被调整为任意值，从而实现"完美透镜"、无反射透镜等使用普通材料无法制作的特种透镜[82]。

　　使用超表面透镜还可以实现其他传统光学器件无法实现的功能。传统的透镜为恒定折射率或渐变折射率器件，当光波经过它后，其相位变化是连续的。哈佛大学的 Capasso 课题组[83]通过实验证明，通过亚波长尺度的、结构不同的光学天线单元，可以使入射光与之发生共振，从而使入射光的相位发生突变。通过在不同区域设计不同的光学天线阵列，便可以使入射光的不同部分发生不同的相位突变，实现透镜的功能。这种超透镜可以通过设计图案更加灵活地控制透镜的光学性质，同时制成的超透镜极为轻薄，可以更方便地集成到光学系统中，在诸多光学领域中起着越来越重要的作用。

　　目前，超透镜技术的重要研究方向之一是如何让超透镜具有可重构性。Wang 等[84]实现了超表面器件的光学重构。Arbabi 等[85]设计了基于微机电系统(micro-electro-mechanical system，MEMS)的可重构超表面透镜，该超透镜通过改变两片超透镜的间距进行连续变焦，且可以与其他系统集成，对高质量的立体显示有较大的帮助。

　　4. 全息术

　　在日常生活中拍摄的相片只包含拍摄时底片上的光强分布信息，而真实的光波除光强信息外，其相位信息也尤为重要，所以无法通过物理手段根据相片恢复拍摄时光场的分布。那么，有什么办法可以在记录光场强度的同时记录光场的相位信息呢? Gabor 于 1948 年提出了一种新的照相方法以提高显微镜的分辨本领，即通过光的干涉来完整地记录光强与相位信息，观察时通过光的衍射现象再现原始光场[86]。这种照相方法后来被称为全息术。由于光的干涉过程需要高质量的相干光源，全息术在激光器问世后才得到了进一步的发展。

下面简要介绍全息术的基本原理。首先给出双光束干涉条件下接收平面上某点 P 的光强表达式:

$$I(P) = E_1 E_1^* + E_2 E_2^* + E_1 E_2^* + E_2 E_1^*$$

从上式的后两项可知，可将一束未知的波前信息 E_1 用一束已知的波前 E_2 以干涉的形式保存起来，并通过波前转换将 E_1 再现。接下来，将干涉图像看作一面振幅转换屏。为简化推导过程，设其转换函数与干涉光强成正比，即

$$t(x,y) \propto I(x,y)$$

用 E_2 的共轭波前 E_2^* 照射此转换屏，可得转换后的波前为

$$E_{re} = (E_1 E_1^* + E_2 E_2^*)E_2 + E_1 E_2^* E_2 + E_2 E_1^* E_2$$
$$= A_0 E_2 + |E_2|^2 E_1 + E_2^2 E_1^*$$

上式中第二项包含了波前 E_1 的全部信息，第三项包含了其共轭成分。这样，证明了通过光的干涉与衍射可以将任意波前记录与再现，这种技术被称作全息术(holography)，记录波前信息的干涉图样称为全息图像。在接下来的讨论中，将被记录的波前称为物光波前，将记录时与之发生干涉的波前称为参考波前，将重构物光波前时照射转换屏的波前称为再现波前。

在传统的光学全息中，使用光敏材料来记录物光与参考光的干涉图样。当光敏材料比较薄时，得到的全息图像可以近似为透射转换屏，符合前面公式推导的条件，这种全息图被称为薄全息图。薄全息图一般用于立体图像记录与显示。

由于光学材料对波前的调制方式不同，全息图像可分为振幅型全息图与相位型全息图(kinoform，又称相息图)。前者通过调节光学材料的透光率或吸收系数的分布实现对再现波前的振幅调制，后者通过调节光学材料的折射率分布实现对再现波前的相位调制。振幅型全息图容易加工制作，尤其对于静态全息图，通过光刻技术可以极大地提高全息图像的分辨率，但是振幅型全息图会对再现波前的能量有一定损耗。对于相位型全息图，其最大的优点是再现过程中没有共轭像的产生，而且对再现光的能量损耗较小，但是其分辨率难以提升。

根据被记录物光波前的出发位置与全息图像接收平面之间的距离 d 分类，全息图像可以分为菲涅耳全息图、夫琅禾费全息图等。当 d 在几十厘米的数量级时，波前的传播符合菲涅耳衍射条件，故物光场的传播可利用菲涅耳衍射积分计算。这时获得的全息图像被称为菲涅耳全息图，是最常见的全息图记录方式之一。若将被记录的物体拉远，与全息干板的距离非常远，距离达到米的量级以至无穷远，此时波前的传播符合夫琅禾费

条件，物光场的传播可利用夫琅禾费衍射积分计算，获得的全息图被称为夫琅禾费全息图。因为在现实中若将物体移开太远，全息干板上接收到的光强太弱，几乎无法与参考光发生干涉。将物体放在凸透镜的前焦面上，经透镜作用后的图像等效于从无穷远处到达全息平面。若将全息平面放置在凸透镜的后焦面，则此时接收到的是原始图像波前复振幅的傅里叶变换，这种全息图称为傅里叶变换全息图。

传统的光全息显示主要利用光的干涉和衍射记录并还原物体的全部信息，对光源和光学系统要求比较高，并且需要用介质记录干涉条纹，再经历一系列处理才能进行再现。因此光全息技术的应用范围有限，尤其是在现实中不存在的物体的显示和动态显示方面，该技术难以实现。后来科学家选择利用计算机来生成全息图，并用动态相位调制器件(空间光调制器，spatial light modulator，SLM)进行显示，这就是计算全息显示(computer-generated hologram，CGH)[87]。

计算全息显示的原理实际上和光全息显示的原理相似，只是稍有不同。首先计算机也需要获取显示的物体的数据，对于实际存在的物体，可以利用器件采集数据，对于不存在的物体，则需要将3D模型的描述文件输入计算机，使用傅里叶光学中的光信号处理算法计算波前的传播，与设定的参考波前进行干涉计算，产生全息图，最后利用空间光调制器显示。

空间光调制器是一种可编程的新型光调制器件，可根据控制信号的函数关系调制输入的光信号的振幅或相位。其主要有两种类型：硅基液晶(liquid crystal on silicon，LCoS)空间光调制器和数字微镜器件(digital micromirror devices，DMD)空间光调制器。硅基液晶空间光调制器是利用液晶的电光效应对光的相位、偏振态等进行切换，而DMD主要依靠微发射镜阵列[88]。这些微镜可以迅速翻转，使得打在它上面的光束出射角度改变，从而改变整个光束的空间特性。其中，硅基液晶空间光调制器的相位调节范围较大，且可以显示绝对灰度值，但其像素尺寸较大，刷新速度较慢，且对入射光的偏振态和波长敏感。DMD的刷新速度快，像素尺寸小，且对入射光的偏振态和波长没有要求。但是DMD的灰度显示是通过时分复用的方式实现的，不是绝对灰度值。DMD的相位调制范围仅为2 pi。除此之外，DMD芯片的生产专利由德州仪器公司把握，使用成本较高。

5. 光的偏振与晶体光学

由电磁波波动方程可知，电磁波是一种横波，电场的振动方向与磁场的振动方向相互正交。如果在传播过程中电场和磁场的振动方向保持不变，那么称这种光为线偏振光。实际光源中大量的分子和原子组成的电偶极子的振动方向不同，没有特定的方向。此外，由于实际光源中的电偶极子的辐射过程是偶然的，故每次辐射的电磁波初相位是随机的。综上所述，普通光源发出的光具有所有可能的振动方向，且所有振动方向光波出现的概率是均等的。我们把这种光波称为自然光。自然光等效于两列振动方向相互垂直、强度相同且相位没有关联的线偏振光合成。在自然光传播的过程中，某些振动方向的光波可能会被削弱，使得另一些振动方向的光波更占优势，这种光称为部分偏振光。部分偏振光可看作由一束自然光与一束线偏振光组合而成，用偏振度 P 描述部分偏振光的偏振程度：

$$P = \frac{\text{IP}}{\text{It}} = \frac{I_{\max} - I_{\min}}{I_{\max} + I_{\min}}$$

式中，$I_{\max}$ 为偏振幅度最强方向上的光强；$I_{\min}$ 为偏振幅度最弱方向上的光强；IP 为完全偏振光的强度；It 为部分偏振光的总强度。

对于两列偏振光合成的情况，若两列光的偏振方向相互垂直且存在固定的相位差 φ，则其合成的光波也为偏振光。当 $\varphi = 2N\pi, N = 0, 1, 2, \cdots$ 时，合成光波为线偏振光，偏振方向的斜率为正，倾斜角度由两列光波的振幅决定。当 $\varphi = (2N+1)\pi, N = 0, 1, 2, \cdots$ 时，情况类似，但偏振方向的斜率为负。

当 $\varphi \neq N\pi, N = 0, 1, 2, \cdots$ 时，其合成光波的电场矢量与磁场矢量(之后简称这两个矢量为光矢量)会在向前传播的过程中绕传播轴旋转，旋转轨迹为倾斜的椭圆。当 $\varphi > 0$ 时，由于对着传播方向看去光矢量沿逆时针方向旋转，将其称为左旋偏振光。相反，当 $\varphi < 0$ 时，对着传播方向看去光矢量沿顺时针方向旋转，将其称为右旋偏振光。当 $\varphi = (\pm 1/2 + 2N)\pi, N = 0, 1, 2, \cdots$ 时，光矢量旋转的椭圆轨迹的长轴和短轴与两列线偏振光的振动方向重合。特殊地，当两束线偏振光的振幅相等时，光矢量的旋转轨迹为圆形，这种偏振光被称为圆偏振光。

由于确定两束沿 x、y 方向的线偏振光的振幅和相位差即可确定合成后光波的偏振态。忽略公共相因子后，可以使用矢量来描述合成光波的偏振态，这一系列的矢量称为琼斯矢量。由于在研究偏振现象时主要研究的是光强的相对变化，也可以将琼斯矢量归一化。使用琼斯矢量，可以描述前面的各种偏振态。

$$E = \begin{bmatrix} E_x \\ E_y \end{bmatrix} = \begin{bmatrix} a_x \cos(\omega t) \\ a_y \cos(\omega t - \varphi) \end{bmatrix} \rightarrow \begin{bmatrix} a_x \\ a_y \exp(\mathrm{i}\varphi) \end{bmatrix}$$

在实验中，可以使用偏光片检验光波的偏振态。偏光片是使用具有二向色性的晶体制作的光学元件。二向色性指的是某些各向异性晶体对不同振动方向的偏振光有不同吸收系数的性质。对于广泛使用的 H 偏光片，其制作方法是，将聚乙烯醇薄膜在碘溶液中浸泡后在较高的温度下拉伸，再烘干制成。在制作过程中，碘-聚乙烯醇分子沿拉伸方向呈长条形排列，形成导电的长链。入射光波的电场会受到分子链的作用，光矢量振动方向平行于分子链的部分被吸收，而垂直于分子链的部分能够透过。偏光片允许通过的电矢量方向被称为透光轴。

取两片相同的偏光片 P1、P2 进行实验可以判断自然光经过偏光片后变成线偏振光。其中，P1 用于产生偏振光，被称为起偏器；P2 用于检验偏振光，被称为验偏器。当 P1、P2 相对转动时，通过两片偏光片的光强会随二者透光轴的夹角的变化而变化，这种变化可由马吕斯定律描述：

$$I = I_0 \cos^2 \theta$$

式中，I_0 为两片偏光片透光轴平行时透过的光强。

双折射现象是指一束光入射到各向异性晶体后经折射变成两束光的现象。此时两束折射光均为线偏振光。其中，一束折射光遵循折射定律，称作寻常光(ordinary light，也称为 o 光)，折射率恒定。另一束折射光一般不遵循折射定律，称为非常光(extraordinary light，也称为 e 光)，折射率会随 e 光矢量振动方向的变化而变化。方解石是一种典型的各向异性三角晶系晶体，光波入射到方解石晶体后会产生明显的双折射现象。方解石晶体中存在一个特殊的方向，当光在晶体中这一方向传播时不发生双折射，这个方向称为晶体光轴。方解石、石英一类晶体只有一个光轴方向，称为单轴晶体。此外，云母、石膏、蓝宝石等一类晶体存在两个光轴方向，称为双轴晶体。在单轴晶体中，o 光和光轴组成的平面称为 o 主平面，e 光与光轴组成的平面称为 e 主平面。若入射光在光轴和晶体表面法线组成的平面入射，则 o 光和 e 光都在此平面，这一平面称作晶体的主截面。实验证明，o 光的电矢量与 o 主平面垂直，即与光轴垂直；e 光的电矢量在 e 主平面内。当主截面是 o 光和 e 光的共同主截面时，o 光和 e 光的电矢量相互垂直。

波片是另一类被广泛使用的偏振光学元件，由各向异性晶体制成，当一束线偏振光入射到波片中时会发生双折射，被分解为 o 光和 e 光，二者的光矢量方向分别为 x 轴和 y 轴的方向，我们习惯将两条轴称为快轴和慢轴，即光矢量沿快轴传播的速度快，沿慢轴传播的速度慢。由于 o 光和 e 光在波片中的传播速度不同，二者会产生一定的光程差：

$$D = |n_o - n_e| d$$

从而使两束光产生一定的相位差，故波片也称为相位延迟片。较为常见的波片可以产生 $(m+1/4)\lambda, m=0,1,2,\cdots$ 光程差的 1/4 波片，产生 $(m+1/2)\lambda, m=0,1,2,\cdots$ 光程差的 1/2 波片或称为半波片，产生 $m\lambda, m=0,1,2,\cdots$ 光程差的全波片等。其中，线偏振光经 1/4 波片后会变成圆偏振光，圆偏振光或椭圆偏振光经 1/4 波片后会变为线偏振光。圆偏振光经半波片作用后，旋向会反转。线偏振光经半波片后偏振方向会改变，若线偏振光的偏振方向与快轴(慢轴)的夹角为 α，经过半波片后偏振方向会向快轴(慢轴)旋转 2α。

偏振光学器件对光线的作用可以使用数学语言描述。设偏振器件对入射光 E_1 的作用为 G，在线性光学范围内可以将此过程看作线性变换，即可以通过矩阵乘法描述这个过程。使用线性代数思想，可以推导出上述几种偏振器件的变换矩阵，将之称为琼斯矩阵。通过琼斯矩阵和琼斯向量，可以使用更简洁的方式描述偏振器件的作用[89]。

参 考 文 献

[1] POZA A, MARTINEZ J, MELGOSA M, et al. A 2° standard deviate observer from the 1955 Stiles-Burch dataset [J]. Journal of optics, 1997, 28(1): 20.

[2] LEE J H, LIU D N, WU S T, et al. Introduction to flat panel displays [M]. Hoboken: John Wiley & Sons, 2020.

[3] BOYCE P R. The impact of light in buildings on human health [J]. Indoor and built environment, 2010, 19(1): 8-20.

[4] 郝允祥, 陈遐举, 张保洲. 光度学 [M]. 北京: 中国计量出版社, 1988.

[5] NAKAMURA S, MUKAI T, SENOH M. Candela-class high-brightness InGaN/AlGaN double-heterostructure blue-light-emitting diodes [J]. Applied physics letters, 1994, 64(13): 1687-1689.

[6] CHEN J, CRANTON W, FIHN M. Handbook of visual display technology[M]. Berlin Heidelberg: Springer, 2012.

[7] WHITEHEAD L. Solid-state lighting for illumination and displays: opportunities and challenges for color excellence [J]. Information display, 2015, 31(2): 12-20.

[8] 胡威捷, 汤顺青, 朱正芳. 现代颜色技术原理及应用: 光学工程: Modern color science and application [M].北京: 北京理工大学出版社, 2007.

[9] FAIRMAN H S, BRILL M H, HEMMENDINGER H. How the CIE 1931 color-matching functions were derived from wright-guild data [J]. Color research & application, 1997, 22(1):11-23.

[10] WESTLAND S, CHEN J, CRANTON W, et al. The CIE system [Z]. Switzerland : Springer, 2012

[11] SCHANDA J. Colorimetry: understanding the CIE system [M]. Hoboken: John Wiley & Sons, 2007.

[12] RICHTER K. Cube-root color spaces and chromatic adaptation [J]. Color research & application, 1980, 5(1): 25-43.

[13] 张以谟. 应用光学[M]. 4 版. 北京: 电子工业出版社, 2015.

[14] WEST R S, KONIJN H, SILLEVIS-SMITT W, et al. 43.4: high brightness direct LED backlight for LCD-TV [J]. SID symposium digest of technical papers, 2003, 34(1): 1262-1265.

[15] LITTLE W. Tests of screen illumination from motion-picture projectors [J]. Transactions of the society of motion picture engineers, 1920, 4(10): 38-44.

[16] BEAN A. Utilance values and uniformity in a model room [J]. Lighting research & technology, 1975, 7(3): 169-178.

[17] 中华人民共和国信息产业部. 数字电视液晶显示器通用规范: SJT 11343—2006[S]. 北京: 工业电子出版社, 2006.

[18] 中华人民共和国信息产业部. 数字电视平板显示器测量方法: SJT 11348—2006[S]. 北京: 工业电子出版社, 2006.

[19] HONG Q, WU T X, ZHU X, et al. Extraordinarily high-contrast and wide-view liquid-crystal displays [J]. Applied physics letters, 2005, 86(12): 121107.

[20] GAO Y, LUO Z, ZHU R, et al. A high performance single-domain LCD with wide luminance distribution [J]. Journal of display technology, 2015, 11(4): 315-324.

[21] HUANG Y, TAN G, GOU F, et al. Prospects and challenges of mini-LED and micro-LED displays [J]. Journal of the society for information display, 2019, 27(7): 387-401.

[22] 李君浩, 刘南洲, 吴诗聪. 平板显示概论[M]. 北京: 电子工业出版社, 2013.

[23] SONEIRA R M. Display color gamuts: NTSC to Rec.2020 [J]. Information display, 2016, 32(4): 26-31.

[24] LIN F C, HUANG Y P, WEI C M, et al. Color-breakup suppression and low-power consumption by using the Stencil-FSC method in field-sequential LCDs[J]. Journal of the society for information display, 2009, 17(3): 221-228.

[25] MIETTINEN I, NASANEN R, HAKKINEN J. Effects of saccade length and target luminance on the refresh frequency threshold for the visibility of color break-up [J]. Journal of display technology, 2008, 4(1): 81-85.

[26] MORI M, HATADA T, ISHIKAWA K, et al. Mechanism of color breakup on field-sequential color projectors [J]. SID symposium digest of technical papers, 1999, 30(1): 350-353.

[27] HECKBERT P. Color image quantization for frame buffer display [J]. ACM siggraph computer graphics, 1982, 16(3): 297-307.

[28] BRAQUELAIRE J P, BRUN L. Comparison and optimization of methods of color image quantization [J]. IEEE transactions on image processing, 1997, 6(7): 1048-1052.

[29] WATSON E A, MUSE R A, BLOMMEL F P. Aliasing and blurring in microscanned imagery [C]. Infrared imaging systems: design, analysis, modeling, and testing Ⅲ. Orlando, 1992: 242-250.

[30] STONE H S, TAO B, MCGUIRE M. Analysis of image registration noise due to rotationally dependent aliasing [J]. Journal of visual communication and image representation, 2003, 14(2): 114-135.

[31] KIM M C. Fourier-domain analysis of display pixel structure for image quality[J]. Journal of display

technology, 2016, 12(2): 185-194.

[32] JOHNSON G M, FAIRCHILD M D. On contrast sensitivity in an image difference model [C]. IS and TS PICS conference. Oregon, 2002: 18-23.

[33] DALY S J. Visible differences predictor: an algorithm for the assessment of image fidelity[C]. Human vision, visual processing, and digital Display Ⅲ. SPIE, San Jose, 1992: 2-15.

[34] KLOMPENHOUWER M A, DE HAAN G. Subpixel image scaling for color-matrix displays [J]. Journal of the society for information display, 2003, 11(1): 99-108.

[35] DALY S. 47.3: analysis of subtriad addressing algorithms by visual system models [J]. SID symposium digest of technical papers, 2001, 32(1): 1200-1203.

[36] NAWFEL R D, CHAN K H, WAGENAAR D J, et al. Evaluation of video gray-scale display [J]. Medical physics, 1992, 19(3): 561-567.

[37] XU D, RAO L, TU C D, et al. Nematic liquid crystal display with submillisecond grayscale response time [J]. Journal of display technology, 2013, 9(2): 67-70.

[38] BLUME H R, HO A M K, STEVENS F, et al. Practical aspects of grayscale calibration of display systems [C]. Medical imaging 2001: PACS and integrated medical information systems: design and evaluation. San Diego, 2001: 28-41.

[39] LEE P M, CHEN H Y. Adjustable gamma correction circuit for TFT LCD [C]. 2005 IEEE international symposium on circuits and systems (ISCAS). Kobe, 2005: 780-783.

[40] LIN F C, HUANG Y P, LIAO L Y, et al. Dynamic backlight gamma on high dynamic range LCD TVs [J]. Journal of display technology, 2008, 4(2): 139-146.

[41] CHAN S H, WU T X, NGUYEN T Q. Comparison of two frame rate conversion schemes for reducing LCD motion blurs [J]. IEEE signal processing letters, 2010, 17(9): 783-786.

[42] WANG H, WU T X, ZHU X, et al. Correlations between liquid crystal director reorientation and optical response time of a homeotropic cell [J]. Journal of applied physics, 2004, 95(10): 5502-5508.

[43] CHAN S H, NGUYEN T Q. LCD motion blur: modeling, analysis, and algorithm [J]. IEEE transactions on image processing, 2011, 20(8): 2352-2365.

[44] TOURANCHEAU S, BRUNNSTRÖM K, ANDRÉN B, et al. LCD motion-blur estimation using different measurement methods [J]. Journal of the society for information display, 2009, 17(3): 239-249.

[45] SCHU M, RIEDER P, TUSCHEN C. A frame rate conversion IC for 120 Hz flat panel displays[J]. Display devices, 2006(45): 17-19.

[46] HONG S, BERKELEY B, KIM S S. Motion image enhancement of LCDs [C]. IEEE international conference on image processing 2005. Genova, 2005: Ⅱ-17.

[47] ITOH G, MISHIMA N. Novel frame interpolation method for high image quality LCDs [J]. Journal of information display, 2004, 5(3): 1-7.

[48] ARTAL P. Optics of the eye and its impact in vision: a tutorial [J]. Advances in optics and photonics, 2014, 6(3): 340-367.

[49] PUMPHREY R J. The theory of the fovea[J]. Journal of Experimental Biology, 1948, 25(3): 299-312.

[50] WALD G. The receptors of human color vision [J]. Science, 1964, 145(3636): 1007-1016.

[51] JAMESON D, HURVICH L M. Theory of brightness and color contrast in human vision [J]. Vision research, 1964, 4(1): 135-154.

[52] TRIPATHY S P, LEVI D M. Long-range dichoptic interactions in the human visual cortex in the region corresponding to the blind spot [J]. Vision research, 1994, 34(9): 1127-1138.

[53] ARTAL P, GUIRAO A. Contributions of the cornea and the lens to the aberrations of the human eye [J]. Optics letters, 1998, 23(21): 1713-1715.

[54] READ S A, COLLINS M J, CARNEY L G. A review of astigmatism and its possible genesis [J]. Clinical and experimental optometry, 2007, 90(1): 5-19.

[55] ATCHISON D A, SMITH G, WATERWORTH M D. Theoretical effect of refractive error and accommodation on longitudinal chromatic aberration of the human eye [J]. Optometry and vision science : official publication of the american academy of optometry, 1993, 70(9): 716-722.

[56] XIA G, QU B X, LIU P, et al. Astigmatism-corrected miniature czerny-turner spectrometer with freeform cylindrical lens [J]. Chinese optics letters, 2012, 10(8): 081201-1-081201-4.

[57] DORSCH R G, HAIMERL W A, ESSER G K. Accurate computation of mean power and astigmatism by means of Zernike polynominals [J]. Journal of the optical society of America A, 1998, 15(6): 1686-1688.

[58] CARKEET A, NG J H, CHOO J S. Bearing fixing: a new computer algorithm method for subjective determination of astigmatism [J]. Ophthalmic and physiological optics, 2021, 41(5): 1060-1068.

[59] QIN Z, CHOU P Y, WU J Y, et al. Image formation modeling and analysis of near-eye light field displays [J]. Journal of the society for information displcay, 2019, 27(4): 238-250.

[60] NAGATA S. The binocular fusion of human vision on stereoscopic displays: field of view and environment effects [J]. Ergonomics, 1996, 39(11): 1273-1284.

[61] POINTER J S, HESS R F. The contrast sensitivity gradient across the human visual field: with emphasis on the low spatial frequency range [J]. Vision research, 1989, 29(9): 1133-1151.

[62] SACHS M B, NACHMIAS J, ROBSON J G. Spatial-frequency channels in human vision [J]. Journal of the optical society of America, 1971, 61(9): 1176-1186.

[63] CAMPBELL F W, NACHMIAS J, JUKES J. Spatial-frequency discrimination in human vision [J]. Journal of the optical society of America, 1970, 60(4): 555-559.

[64] HESS R F, PLANT G T. Temporal frequency discrimination in human vision: evidence for an additional mechanism in the low spatial and high temporal frequency region [J]. Vision research, 1985, 25(10): 1493-1500.

[65] SNOWDEN R J, HESS R F. Temporal frequency filters in the human peripheral visual field [J]. Vision research, 1992, 32(1): 61-72.

[66] GENG J S. Three-dimensional display technologies[J]. Advances in optics and photonics, 2013, 5(4): 456-535.

[67] MILLER R. Pictorial depth cue orientation influences the magnitude of perceived depth[J]. Visual arts research, 1997: 23(1)97-124.

[68] ZHANG X Y, CHAN K L, CONSTABLE M. Atmospheric perspective effect enhancement of landscape photographs through depth-aware contrast manipulation[J]. IEEE transactions on multimedia, 2014, 16(3): 653-667.

[69] TAI N C, INANICI M. Luminance contrast as depth cue: investigation and design applications [J]. Computer-aided design and applications, 2012, 9(5): 691-705.

[70] YOUNG M J, LANDY M S, MALONEY L T. A perturbation analysis of depth perception from combinations of texture and motion cues [J]. Vision research, 1993, 33(18): 2685-2696.

[71] MAASS S, JOBST M, DOELLNER J. Depth cue of occlusion information as criterion for the quality of annotation placement in perspective views [C]. 10th conference of the association-of-geographic-informati on-laboratories-for-Europe (AGILE). Aalborg, 2007: 473-486.

[72] GIBSON E J, GIBSON J J, SMITH O W, et al. Motion parallax as a determinant of perceived depth [J]. Journal of experimental psychology, 1959, 58(1): 40-51.

[73] DURGIN F H, PROFFITT D R, OLSON T J, et al. Comparing depth from motion with depth from binocular disparity [J]. Journal of experimental psychology human perception and performance, 1995,

21(3): 679-699.

[74] MAIMONE A, WETZSTEIN G, HIRSCH M, et al. Focus 3D: compressive accommodation display [J]. ACM transactions on graphics, 2013, 32(5): 153-1-153-13.

[75] RICHARDS W, MILLER J F. Convergence as a cue to depth [J]. Perception & psychophysics, 1969, 5(5): 317-320.

[76] PIEKARSKI W, THOMAS B H. Augmented reality working planes: a foundation for action and construction at a distance [C]. 3rd IEEE and ACM international symposium on mixed and augmented reality. Arlington, 2004: 162-171.

[77] KRAMIDA G. Resolving the vergence-accommodation conflict in head-mounted displays [J]. IEEE transactions on visualization and computer graphics, 2016, 22(7): 1912-1931.

[78] HOFFMAN D M, GIRSHICK A R, AKELEY K, et al. Vergence-accommodation conflicts hinder visual performance and cause visual fatigue [J]. Journal of vision, 2008, 8(3): 1-30.

[79] ALGORRI J F, ZOGRAFOPOULOS D C, URRUCHI V, et al. Recent advances in adaptive liquid crystal lenses [J]. Crystals, 2019, 9(5): 272.

[80] PAUZIE A. Head up display in automotive: a new reality for the driver [C]. International conference of design, user experience, and usability, Springer. Cham, 2015: 505-516.

[81] PENDRY J B. Negative refraction makes a perfect lens [J]. Physical review letters, 2000, 85(18): 3966-3969.

[82] SHELBY R A, SMITH D R, SCHULTZ S. Experimental verification of a negative index of refraction [J]. Science, 2001, 292(5514): 77-79.

[83] YU N F, GENEVET P, KATS M A, et al. Light propagation with phase discontinuities: generalized laws of reflection and refraction [J]. Science, 2011, 334(6054): 333-337.

[84] WANG Q, ROGERS E T F, GHOLIPOUR B, et al. Optically reconfigurable metasurfaces and photonic devices based on phase change materials [J]. Nature photonics, 2016, 10(1): 60-75.

[85] ARBABI E, ARBABI A, KAMALI S M, et al. MEMS-tunable dielectric metasurface lens[J]. Nature communications, 2018, 9(1): 1-9.

[86] GABOR D. A new microscopic principle [J]. Nature, 1948, 161(4098): 777.

[87] YU Z, JIN G. Computer-generated hologram [D]. Beijing: Tsinghua University, 1984.

[88] DUDLEY D, DUNCAN W, SLAUGHTER J. Emerging digital micromirror device (DMD)applications [C]. Conference on MOEMS display and imaging systems. San Jose, 2003: 14-25.

[89] 梁铨廷. 物理光学[M]. 5 版. 北京: 电子工业出版社, 2018.

第3章 显示科技的基本电学原理

本章主要介绍显示科技的基本电学原理，分为显示驱动和触控等两大部分。显示驱动部分按显示基本驱动原理、电路设计、器件设计的顺序，层层递进地详细介绍屏幕显示的实现方法，并详细比较被动驱动和主动驱动的区别；触控部分介绍三类触控的实现方法与优缺点。本章基于对显示电学原理的介绍，将屏幕显示和触控的实现方法初步呈现出来，结合第 2 章介绍的显示的光学原理，使读者对未来可穿戴显示人机互动的基本实现方案能有一个清晰的认知。

3.1 显示像素的寻址与驱动原理、被动式驱动与主动式驱动

3.1.1 无源驱动

1. LCD 无源驱动原理与寻址

驱动 LCD 与 OLED 通常采用无源矩阵(passive matrix,PM)和有源矩阵(active matrix,AM)。PMLCD 和 PMOLED 在驱动时，每行、每列在高频信号下依次顺序刷新。只要每帧刷新速率快于 60Hz，由于人眼的视觉暂留效应，所看到的将是一帧图像，而不是扫描行、列。

显示器的灰阶显示通常有两种技术方案，分别为脉冲幅度调制(pulse amplitude modulation,PAM)和脉冲宽度调制(pulse width modulation,PWM)。前者通过控制施加在像素上的脉冲幅度，使像素在相同时间内所发生的灰阶变化程度不同；后者单位时间的灰阶变化相同，通过控制施加在像素上的脉冲宽度，使像素在一帧内进行灰阶变化的时间不同。而由于视觉暂留效应，人眼感知的是时间平均亮度 $\overline{L}$：

$$\overline{L} = \frac{\int_{t_1}^{t_2} L(t)\mathrm{d}t}{T}$$

式中，$L(t)$ 为光强随时间的变化；t_2 和 t_1 分别为结束发光时间和开始发光时间；T 为显示一帧图像的时间。无论 LCD 还是 OLED，由于每个像素亮度对电压的响应不是线性的，因此通常采用 PWM 驱动方法显示更多的灰阶。

图 3-1 为 PMLCD 的寻址与驱动原理[1]，LCD 为电压驱动式显示，扫描的条状电极和数据的条状电极作为行、列电极，分别放置在两个玻璃基板上。行、列电极相互垂直排列，每一个交叉点为一个像素，每一个像素区域可视为 LC 材料填充而成的电容。如图 3-1 所示，该 PMLCD 为 NW(normally white)模式，即电压未选中的像素透光，而电压选中的地方不透光。为了方便，在图 3-1 中以左上角为原点，定义第一行第一列的像素为像素(1,1)，第一行第二列的像素定义为像素(1,2)，以此类推。为了在 PMLCD 上显示图 3-1(a)的图案，在第一时间段图 3-1(b)中，先用扫描电压 V_s 选择第 1 行，再在第 1

列施加数据电压 $-V_d$，此时被选中的第一行、第一列像素$(1,1)$的电容得到总电压 $V_s + V_d$，像素$(1,2)$和像素$(1,3)$的电容电压为 $V_s - V_d$，则像素$(1,1)$遮光，而像素$(1,2)$和像素$(1,3)$透光；在第二时间段图 3-1(c)中，先用扫描电压 V_s 选择第二行，再在第二列施加数据电压 $-V_d$，此时被选中的第二行第二列像素$(2,2)$的电容得到总电压 $V_s + V_d$，像素$(2,1)$和像素$(2,3)$的电容电压为 $V_s - V_d$，则像素$(2,2)$遮光，而像素$(2,1)$和像素$(2,3)$透光；第三时间段图 3-1(d)的寻址与驱动原理与第一、二时间段相同。对于未被扫描电压 V_s 选中的像素，其电容电压为 $+V_d$ 或 $-V_d$。通常，LC 对所加电压的均方根(RMS)响应，通过以上三个驱动步骤，以及人眼的视觉暂留效应，使 PMLCD 显示出一帧图 3-1(a)所示的画面。

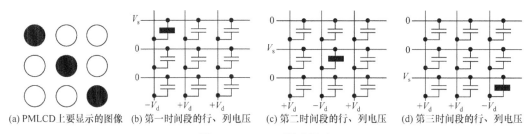

(a) PMLCD 上要显示的图像　(b) 第一时间段的行、列电压　(c) 第二时间段的行、列电压　(d) 第三时间段的行、列电压

图 3-1　PMLCD 驱动展示

2. LCD 无源驱动的局限性

LC 响应所加电压的 RMS 值会受 PMLCD 行数的影响。对于具有 N 行的 PMLCD，在整个扫描帧中，点亮像素只在 $1/N$ 帧时间内电压为 $V_s + V_d$，在剩下的 $1 - 1/N$ 帧时间内电压为 $+V_d$ 或 $-V_d$。同样，在整个扫描帧中，熄灭像素只在 $1/N$ 帧时间内电压为 $V_s - V_d$，在剩下的 $1 - 1/N$ 帧时间内电压为 $+V_d$ 或 $-V_d$。根据上述驱动方案，选中和未选中像素的 RMS 电压公式为[2]

$$\hat{V}_{on}^2 = \frac{1}{N}(V_s + V_d)^2 + V_d^2 - \frac{V_d^2}{N}$$

$$\hat{V}_{off}^2 = \frac{1}{N}(V_s - V_d)^2 + V_d^2 - \frac{V_d^2}{N}$$

通过设置合适的 V_s 和 V_d 值能够得到最优的电压开关比：

$$\frac{\hat{V}_{on}}{\hat{V}_{off}} = \left(\frac{\sqrt{N}+1}{\sqrt{N}-1}\right)^{1/2}$$

该公式称为阿尔特·普列什科方程(Alt-Pleshko equation)，对于逐行扫描模式，将该方程画成曲线得到图 3-2。

从图 3-2 可以看出，PMLCD 的电压开关比随扫描行数 N 的增加而减小，当 N 大于 100 后，电压开关比逐渐趋向 1，即 V_{on} 等于 V_{off}，此时 PMLCD 无法正常驱动。另外，当扫描行数逐渐

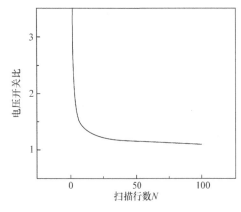

图 3-2　Alt-Pleshko 方程曲线

增大时，LC 的响应时间比每行的扫描时间长，这会导致在下一时间段重置电压前，LC 没有足够的时间达到峰值透过率。此外，由于 PMLCD 的亮度为时间平均亮度，N 增大后一帧时间内点亮单个像素点的电压脉冲宽度也相应减少，显示的亮度总体变暗。因此，当显示器的分辨率增大导致扫描行数 N 也增大时，无源矩阵驱动将不再适用于驱动高分辨率的 LCD。

3. OLED 无源驱动原理与寻址

PMOLED 寻址方式与 PMLCD 类似，但是由于 PMOLED 为电流驱动式显示，在驱动电路上存在差别。图 3-3 为 PMOLED 的寻址与驱动原理[1]，将被扫描行的电平设为低电平(L)，需要显示的数据电极设为高电平(H)，而每个像素为一个有机发光二极管(OLED)。当发光二极管的 P 极为高电平、N 极为低电平时，该发光二极管点亮，其余情况，该发光二极管熄灭。为了显示图 3-3(a)的图像，在第一时间段图 3-3(b)中，采用低电压(L)扫描第一行电极，未扫描的行电极采用高电压(H)，再在第一列电极施加高电压，其余列电极施加低电压，此时，第一行第一列像素(1,1)的发光二极管的 P 极接正电压，N 极接负电压，则该发光二极管点亮。第二时间段、第三时间段的寻址与驱动以此类推。

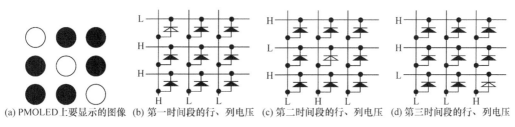

(a) PMOLED 上要显示的图像　(b) 第一时间段的行、列电压　(c) 第二时间段的行、列电压　(d) 第三时间段的行、列电压

图 3-3　PMOLED 驱动展示

4. OLED 无源驱动的局限性

PMOLED 与 PMLCD 类似，同样存在随着分辨率增大而导致的电压开关比减小和 LC 透过率减小的问题。同时，每个像素的开启时间接近或小于每行的扫描时间，因此每个像素的亮度可以在开启时间内达到峰值，但是 OLED 的平均亮度是峰值亮度与行数之比，当行数增大时，为了维持相同的平均亮度，需要通入更大的电流以得到更高的峰值亮度，此时会导致器件寿命的减少以及功耗的增加。

3.1.2　有源驱动

1. 薄膜晶体管 TFT 及其开关特性

正因为无源驱动的显示技术无法满足人们对高显示质量的要求，人们提出了有源驱动的概念。有源驱动的重要器件之一就是薄膜晶体管(thin film transistor，TFT)，TFT 器件和 MOSFET 器件的工作原理几乎一致，主要的区别为 MOS 器件的半导体材料是单晶硅材料，TFT 的半导体材料是薄膜材料且通常迁移率比单晶硅低许多，如图 3-4 所示，TFT 的基本结构与 MOSFET 相似，具有栅极、源极、漏极、沟道和衬底，工作原理也基本一致，通过在栅极施加电压，使沟道形成反型层，从而使沟道导通；此时，当源极和栅极间存在电压差时，源极和漏极之间能够稳定导通电流。

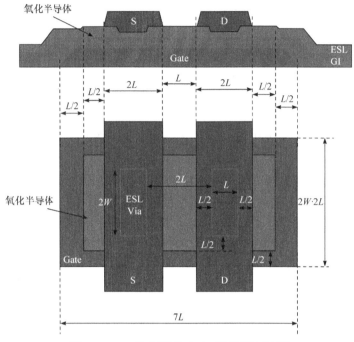

图 3-4　TFT 的截面图(上)与顶端视图(下)[3]

　　TFT 作为电开关器件，在有源驱动中控制电路的导通与否。TFT 的电开关特性通常用转移特性曲线和输出特性曲线表征，图 3-5 是比较典型的 TFT 的电学特性曲线。转移特性曲线为源漏电流与栅极电压的关系曲线(I_{ds}-V_g 曲线)。当 V_g 小于 0V 时，I_{ds} 非常小，此时 TFT 处于截止状态；当 V_g 逐渐增大到 5V 左右时，I_{ds} 迅速增大并趋于饱和，此时 TFT 处于导通状态。输出特性曲线为源漏电流与源漏电压的关系曲线(I_{ds}-V_{ds} 曲线)。当 V_{ds} 较小时，I_{ds} 随 V_{ds} 的增大而增大，此时 TFT 处于线性区；当 V_{ds} 较大时，I_{ds} 并不随 V_{ds} 的增大而继续增大，而是趋向于平稳，此时 TFT 处于饱和区；TFT 的饱和电流也会随着 V_g 的增大而增大。

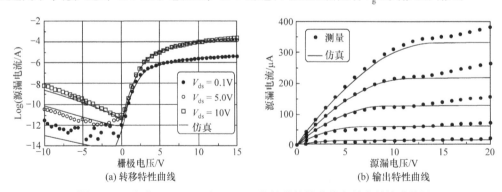

图 3-5　N 沟道 $50 \times 50 \ \mu m^2$ a-Si TFT 的转移特性曲线与输出特性曲线[4]

　　随着人们对屏幕分辨率的要求越来越高，像素点越做越小，部分场景需要 TFT 具有较高的开关速度，因此 TFT 器件的半导体层也需要发展新的材料以保证足够的载流子迁移率，a-Si TFT 仅为 1cm²/(V·s)左右的迁移率已经远远无法满足需求，LTPS(low

temperature poly-silicon，低温多晶硅)、IGZO(indium gallium zinc oxide，氧化铟镓锌)以及
LTPO(low temperature poly-crystalline silicon and oxide，低温多晶氧化物)等性能更加优异
的半导体层材料以及器件结构被一一提出。

首先介绍 LTPS。LTPS 是低温多晶硅技术，由于玻璃面板只能承受 350℃左右的处理温度，
无法在上面生长单晶硅，甚至无法生长多晶硅(600～1000℃)。为了在能大面积生产的前提下
提高半导体载流子迁移率，一个妥协的做法是先使用低温等离子体增强化学气相沉积(PECVD)
生长非晶硅，然后采用激光退火的办法，在很短的时间内在器件内局部区域提高薄膜温度，重
结晶得到多晶硅，LTPS 可以实现高达 100cm²/(V·s)的载流子迁移率。但是这样做出来的 LTPS
由于使用 XeCl 激光退火成本很高，同时保证大面积薄膜均一性难度也比较高，目前只能用在
尺寸相对比较小的面板上，因此目前 LTPS 技术主要用于高分辨率的手机屏幕上。

IGZO 在 2004 年首次报道于 *Nature*《自然》杂志上，打破了人们对于低温条件下生长
的无定形金属氧化物无法取得良好性能的偏见。IGZO 的载流子迁移率在 10cm²/(V·s)左右，
具有良好的大面积制造均匀性和电压开关比，因此能够实现较大尺寸的高分辨率屏幕显示。

整体而言，如表 3-1 所示，a-Si TFT 的优势在于可以低成本制作大面积的面板，但其
载流子迁移率较低，关态电流也不够小；LTPS TFT 的优势在于载流子迁移率高，但其大
面积制造均匀性不佳；Oxide TFT 的载流子迁移率与大面积制造均匀性都有比较好的表现。

表 3-1　三种常用类型 TFT 性能对比

项目		a-Si TFT	Oxide TFT	LTPS TFT
晶格结构		非晶	非晶	多晶
高分辨率	载流子迁移率	约 1cm²/(V·s)	10～50cm²/(V·s)	约 100cm²/(V·s)
	短沟道效应	不良	好	好
大尺寸	可扩展性	好	好	一般
	均匀性	好	好	一般

LTPO TFT 是一种新的 TFT 技术，结合了 LTPS TFT 的高载流子迁移率和 Oxide TFT
的大面积均匀性、高开关比及低漏电流的优点，为 TFT 器件在电路中的使用提供了一种
全新的思路。LTPO 用于逻辑门电路的反相器设计的具体方案如图 3-6 所示，通过 p 型的
LTPS TFT 和 n 型的 IGZO TFT 在同一块基板上制造的方法得到了混合 CMOS 反相器。测
试结果表明，混合反相器噪声容限接近 $V_{DD}/2$，电压增益高达 68.3。因为在静态下的互

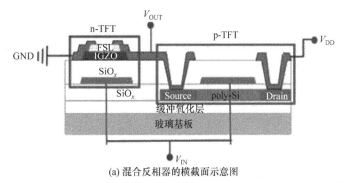

(a) 混合反相器的横截面示意图

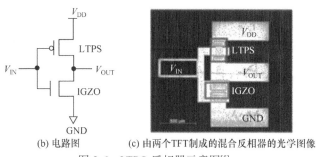

(b) 电路图 　　　(c) 由两个 TFT 制成的混合反相器的光学图像

图 3-6　LTPO 反相器示意图[5]

补特性，反相器工作电流较小，功耗仅有数百皮瓦。由于所有的制造过程都与传统技术兼容，这种混合反相器的设计可能为 Oxide TFT 的电路设计和应用开辟新的思路[5]。LTPO 作为手表 AMOLED 显示屏的 TFT 背板的技术初次在 Apple Watch 4 系列中提出。LTPO TFT 背板采取如图 3-7 所示的两种 LTPO 制程的工艺方法，并通过如图 3-8 所示的 6T1C 的子像素设计(T_3 是 Oxide TFT；T_1、T_2、T_4、T_5、T_6 是 LTPS TFT)实现了 AMOLED 在 $1\sim$ 60 Hz 的可变刷新率操作，并且避免了任何明显的图像的伪影[6]。

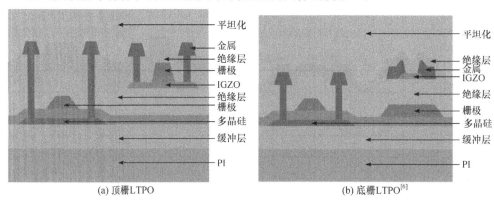

(a) 顶栅LTPO 　　　　　　　　　(b) 底栅LTPO[6]

图 3-7　两种 LTPO 制程剖面图

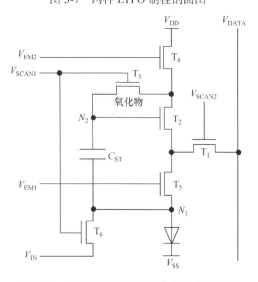

图 3-8　LTPO TFT 6T1C 子像素电路设计[6]

2. 有源驱动 LCD 及其电路性能

LCD 需要电压控制来产生灰阶，TFT-LCD 就是利用薄膜晶体管来产生电压，以此控制液晶转向的显示器。如图 3-9 所示，TFT-LCD 单个像素电路由一个 TFT、一个储存电容 C_s 和一个液晶层电容 C_{LC} 组成，称为1T2C结构。对于 TFT-LCD，当栅极 G 和源极 S 未被选通时，TFT 处于截止状态，此时 R_{off} 值很大，近似绝缘，故液晶像素电极基本不存在偏置电压，无法产生灰阶。当扫描线栅极选通，源极也同步选通时，薄膜场效应管打开，此时 R_{on} 相对较小，显示像素有信号输入。输入的信号电压由于存储电容 C_s 和像素本身电容 C_{LC} 的作用，在输入信号撤销后会自行保持一段时间。外电路施加在液晶像素上的电压取决于 TFT 场效应管的特性。当场效应管开关比 R_{off} / R_{on} 达到 10^6 以上时，可以满足液晶像素对通断比的要求。当 TFT 栅极扫描选通时，TFT 场效应管打开。从源极到接通液晶像素的漏极之间呈现一个通路，电压被加到液晶像素电极和存储电容电极上。这时，即使将施加的电压撤掉，由于补偿电容作用，其像素上施加的电压也将保持相当时间，直至下次选通到来。

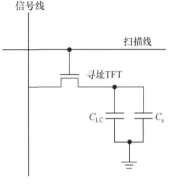

图 3-9　TFT-LCD 单个像素电路图

TFT-LCD 采用了类似"逐行扫描"的方式。由栅极驱动器依次打开每一行的 TFT 开关，同时，源极驱动器通过打开的 TFT 与显示电极相连，对液晶点的电容进行充放电，达到目标灰度电压。液晶分子根据所加的电压进行一定角度的扭转，从而对背光发出的光线进行一定比例的调制，传输的光线透过三基色彩色滤光片汇聚一体，形成各种颜色。当一行液晶驱动完毕后，栅极驱动器根据行频率时序关闭该行，打开下一行 TFT，源极驱动器开始对下行液晶电容充放电。因为驱动完毕的液晶两端电极都处于不导通的状态，故电容上的电荷可以保持住，直到下一帧源极驱动器对其重新驱动。

当 TFT 未选通时，其沟道并不会完全截止电流，而是存在漏电流，此漏电流过大将造成影像与实际内容偏差、画质不佳等缺陷。关态 TFT 中漏电流有多种成因，如图 3-10 所示，其中亚阈值电流 $I_{ST} = I_0 \exp\left(\dfrac{V_{GS}}{\zeta V_T}\right)$，$I_0$ 正比于 W/L，$V_T = kT / q$，$\zeta > 1$ 是一个非理想因子[6]；源漏区 PN 结反偏电流 $I_{PT} = q\left(n\mu_e + p\mu_p\right)\dfrac{Wd_S}{L} V_{DS}$，其中，$q$、$n$、$p$、$\mu_e$、$\mu_p$、$W$、$L$、$d_S$ 分别代表电子电荷量、电子密度、空穴密度、电子迁移率、空穴迁移率、沟道宽度、沟道长度和沟道厚度。

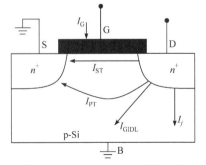

图 3-10　关态 TFT 中的泄漏电流

G-栅极；S-源极；D-漏极；I_{ST}-亚阈值电流；
I_j-源漏区 PN 结反偏电流；I_{PT}-漏源穿通电流；
I_G-氧化层隧穿电流；I_{GIDL}-栅感应的漏极泄漏电流

3. 有源驱动 OLED

OLED 需要电流控制产生灰阶，有源驱动 OLED(AMOLED)就是利用薄膜晶体管与电容产生的电流来控制 OLED 的输入电流。如图 3-11 所示，AMOLED 单个像素电路由一个寻址 TFT、一个驱动 TFT、一个储存电容和一个 OLED 组成，称为 2T1C 结构。对于 AMOLED，栅极驱动器负责输出行扫描信号，该信号加载到各个像素驱动电路中开关管寻址 TFT 的栅极,逐行开启像素阵列中的每个像素电路。源极驱动器同时提供每个像素所需要的灰度信号电压。当开启某一行栅极开关管的寻址 TFT 后,每个子像素灰度信号通过源极驱动器输出，以电流形式流入驱动 TFT，使 OLED 发光。此时，每个子像素的灰度信号会以电压形式保持在电容 C_s 中进行存储，直到下一帧图像显示信号进行刷新。R、

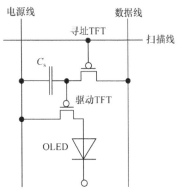

图 3-11　AMOLED 单个像素电路图[7]

G、B 三个子像素驱动电路中 OLED 的发光强弱决定每个像素色彩和亮度。时序控制模块向源极驱动器和栅极驱动器提供输出到像素矩阵的图像显示信号和控制信号。

4. 有源驱动的 Array-Cell-Module 设计

对于 TFT-LCD 的设计共包括三个部分：①阵列(array)设计，即 TFT 阵列的设计，主要是针对像素的电学开关部分的设计；②液晶盒(cell)设计，主要将 TFT 侧的玻璃基板与彩色滤光膜(color filter，CF)侧的玻璃基板叠合并封入液晶材料、取向层、间隙子、光学补偿等光学开关部分的设计；③模组(module)设计，主要是驱动液晶的驱动 IC、电气信号与电压、电源供给设计。

阵列设计工程通过制作相应的掩模版，分别形成所需要的金属膜、绝缘膜、半导体层、杂质掺杂层等，将一个一个组件形成在阵列基板上，最终将数百万个矩阵排列的像素阵列制备在玻璃衬底上。如图 3-12 所示，TFT 阵列基板的制程主要包含 5 道光罩。

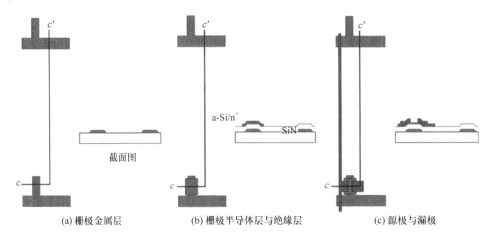

(a) 栅极金属层　　　　(b) 栅极半导体层与绝缘层　　　　(c) 源极与漏极

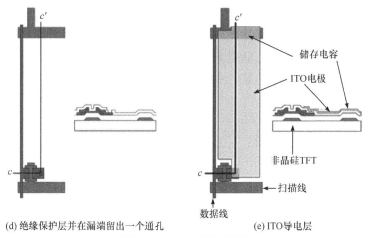

(d) 绝缘保护层并在漏端留出一个通孔   (e) ITO导电层

图 3-12 TFT 的阵列制程

首先制作栅电极和储存电容器 C_s 的电极。将玻璃衬底洗净之后,利用溅射的方法在基板全表面沉积金属膜,之后利用第一道光刻在金属膜区域形成图形。

利用化学气相沉积法(CVD)在基板上形成绝缘膜,通常为氧化硅或氮化硅材料,之后利用 CVD 连续式装置,在绝缘层上连续沉积半导体层(a-Si),再利用第二道光刻将半导体层形成图形。

沉积 n 型掺杂的半导体层(n⁺ a-Si),再沉积金属层,与 n⁺ a-Si 形成欧姆接触,之后利用第三道光刻形成源极与漏极。

用 CVD 在基板上全表面沉积氮化硅保护膜,再用第四道光刻,对应接触部分形成图形,并形成接触孔(contact via hole)。

利用溅射的方法,在基板全表面上形成 ITO(indium tin oxide,氧化铟锡)透明导电膜,最后利用第五道光刻图形化透明导电膜,形成像素电极。

液晶盒设计工程包括取向膜形成、取向处理、液晶注入、贴合、切割等工序,是 LCD 所特有的制作工程,对 LCD 的显示质量有决定性的影响。液晶盒在外加电压的影响下,使初始取向排列的液晶分子的取向改变,并将电信号转变为人眼所接收的光信号。为使液晶分子的取向转变为可视图像,需在设有取向层的阵列基板和 CF 基板之间填充液晶材料,并在两块基板外侧配置偏光片。

液晶盒制程一般分为前工程和后工程。图 3-13 为 TFT-LCD 的液晶盒制程,其中,前工程包括:将经过阵列制作工程和 CF 制作工程的两块基板投入生产线进行清洗;之后通过在基板表面涂布聚酰亚胺配置取向膜,膜厚一般为 10~100nm,预烤固烤后对取向膜进行摩擦配向,其主要作用是使液晶分子沿特定方向取向排列。配向的方法大致可分为摩擦配向和紫外线配向;随后是 CF 框胶涂布和 TFT 衬垫料工艺,需要在 CF 基板周边构筑封接材料,一般采用黏结剂热固化型环氧树脂,使两块基板黏结在一起,并防止贴合的两块基板间隙中的 LC 流出,衬垫料(spacer)是上下基板间的衬垫材料,起隔离和支撑作用;最后通过热压贴合的方式将上下两块基板牢固贴合。后工程包括:划线切割,即将母板玻璃尺寸通过机器自动切割成单个的显示屏尺寸;液晶注入或滴入(one drop filling, ODF)、UV 照射、环氧树脂热封装,即利用毛细力真空注入或直接滴入液晶材料,再用紫外线修复液晶分子的取向后通过环氧树脂封装起来固化密封胶填塞注入口；倒角修理、磨边、清洗，将面板边缘修理后用溶解液晶材料的洗涤剂，在超声波下洗净液晶盒四周的多余液晶材料；偏光片贴附工程，即在液晶盒的两侧贴附作为光学材料的偏光片；检查测试，即检查显示屏的显示质量以及外观。

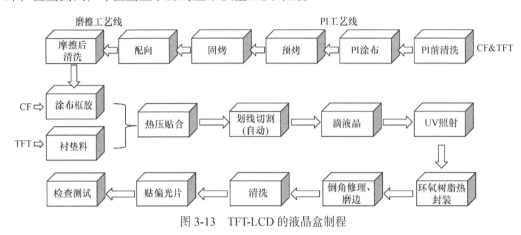

图 3-13　TFT-LCD 的液晶盒制程

模块设计是显示器制程的最后一个步骤，主要是显示屏的模块组装，包括以下工序：①用于驱动的集成电路的连接，用以驱动显示屏；②背光源组装工程；③模块测试与老化测试，即为保证模块出厂质量的验证工程；④确认最终显示画面质量的检查工程。

3.1.3　窄边框技术

随着人们对显示质量要求的提高，传统的 Array-Cell-Module 的工艺制程技术的一些弊端逐渐暴露出来，对此人们也提出了相应的解决方案，其中的代表之一是窄边框技术，用于解决产生行列波形信号的驱动 IC 占据显示器边框导致的有效显示区域减小的问题。

显示屏可以分为两部分，即可视区域(viewing area，VA)和有效区域(active area，AA)。VA 和 AA 之间的区域称为黑边，黑边区域包含封框胶和驱动 IC。全面屏的实现，需要最大限度地减少黑边区域的宽度，从而实现窄边框，提升屏占比。

传统的液晶面板驱动 IC 也分为两种：栅极驱动芯片(gate driver IC)和源极驱动芯片(source driver IC)。栅极驱动芯片主要负责 TFT 的打开和关闭，而源极驱动芯片负责控制像素点的灰度。由于栅电极只有高低两种电平，而且时序逻辑较为简单，对应的电路也不复杂，因此诞生了如图 3-14 中把栅极驱动芯片直接做在 TFT Array 基板上的 GOA 技术，不仅将 Module 制程的内容提前到 Array 段和 TFT 阵列共制程，还可以节省栅极驱动芯片的面积，从而实现显示面板的窄边框。

由于源极信号为满足显示质量的要求最低也要分 256 个灰阶，比较复杂，所以无法像 GOA 技术一样把源极驱动芯片整合到 TFT 阵列基板中。源极驱动芯片的封装方式有COG(chip on glass)、COF(chip on film)和 COP(chip on plastic)等，如图 3-15 所示。

COG 技术通过将 IC 直接绑定在玻璃基板上，然后通过各向异性导电胶绑定排线实现和外部的连接。这种封装技术可以大大减小整个显示模组的体积，良率高，易于生产，但是缺点就是边框面积占比很大。

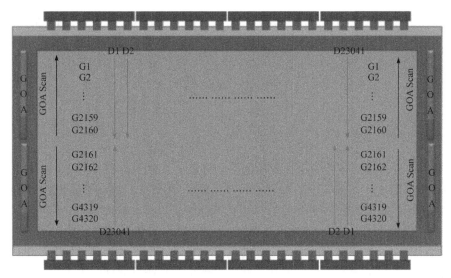

图 3-14　GOA 技术的刷新方法示意图[3]

　　COF 技术又称覆晶薄膜技术，和 COG 相比，COF 最大的改进就是将 IC 等芯片固定于柔性线路板上，并且运用了软质附加电路板做封装芯片载体将芯片与软性基板电路结合的技术，阵列基板上只需要留下软排线绑定的位置，软排线可以弯曲至基板下方，因此大大减小了边框的宽度。

　　而在柔性液晶显示器中，柔性的特性为窄边框技术提供了强大的技术支持[8]，但 COF 技术并没有全面发挥出可变柔性显示的全部潜力，而 COP 技术则能够实现面板柔性最大限度的利用，达到超窄边框甚至无边框的效果。如图 3-16 所示，利用塑料基板可弯折的特性，工程师可以将显示屏的四个边框进行折叠，并包裹背光单元。驱动 IC 放置在被弯折到背光下方的基板部分，上方只留下显示 AA 区，可最大限度地实现窄边框技术，但是与此同时也带来了显示屏高成本与低良率等问题。

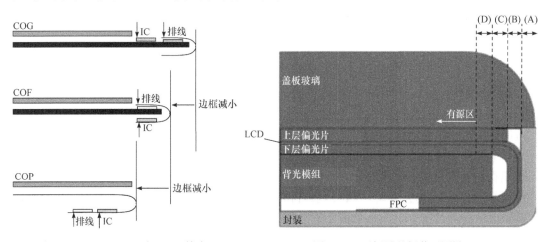

图 3-15　COG、COF 与 COP 技术　　　　图 3-16　可折叠基板截面图[8]

　　由于封框胶的存在，实际上边框不可能完全去除，但是可通过在边缘进行光学设计实现对人眼的欺骗来达到无边框的效果。例如，在屏幕玻璃边缘设计透镜结构，通过光线的折射使得边缘的像素放大来误导人眼识别，最终在视觉效果上达到无边框的效果。

3.2　触控原理

3.2.1　电阻式触控传感

　　电阻式触控传感器主要应用在早期的移动终端上。如图 3-17 所示，电阻式触控层由两层 PET 膜、两层制备在玻璃基板上的 ITO 组成。两层 ITO 导电膜间有透明的绝缘间隔点，可以保证在非触控状态下两层 ITO 膜彼此绝缘。执行触控操作时，保护膜和上层导电膜被压下弯曲，上层 ITO 薄膜与下层 ITO 薄膜上的微点相互接触，使得电阻发生变化，布置在面板四周的感应器可以通过变化的电阻信号计算得到触摸点的位置。电阻式触控传感器的优点是抗干扰能力强，但缺点在于寿命短、光透过率低、不支持多点触控等，由此，电阻式触控方案逐渐失去了市场。

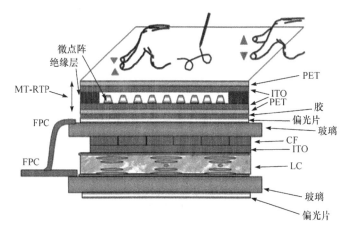

图 3-17　液晶显示器与其上的电阻式触控传感器截面图[9]

3.2.2　电容式触控传感

　　随着触控技术的不断发展进步，电容式触控传感凭借其更快的响应速度、更高的可靠性、支持多点触控等优点快速抢占了触控屏的市场，是目前最常用的触控技术，广泛应用在手机、平板电脑等各式便携触控设备上。

　　电容式触控传感分为表面电容式和投射电容式。表面电容式触控传感器通常由 ITO 玻璃和面板四角的电流检测装置构成。没有触控动作时，触控屏上的电荷均匀分布，形成均匀的电场，触控动作发生时，手指和屏幕间感应出一个微小的外部电容，屏幕上的高频电流会通过这个电容从手指上流走很小的一部分，同时这个电流也会从屏幕四角的电流检测装置上流出，而流过每个电极的电流大小与触点-电极间的距离成正比，通过计算便可得到触控的位置。表面电容式触控传感器的精度较低，耐久度也不高，在新兴的投射式电容触控屏普及后，表面电容式触控也退出了市场。

投射式电容触控屏主要由两层相互间隔的 ITO 薄膜组成，上下双层电极的方向互相垂直，外层设置一层玻璃来保护 ITO 薄膜。投射式电容触控分为自电容式和互电容式两种。

当手指接触自电容式的触控屏时，手指和屏幕间会形成耦合电容，这个电容和触控屏的内部电容构成并联电路，改变屏幕内部电容的容量，通过检测电容改变量即可计算出触控点所对应的坐标。具体的做法是，在一个扫描周期内，对每一行和每一列的电极依次施加扫描电压，并检测感应电流，当触控操作发生时，触控点的感应电流大小与其他地方不同，通过确定出现变化的扫描电极的行列位置即可确定触控点的位置。自电容式的触控感应技术较为简单，扫描速度快(扫描次数为行电极数 + 列电极数)，计算量也相对较小。但是因为在多点触控时会出现"鬼点"现象，如图 3-18(a)所示，当进行多点触控时，会出现多个行列值，两两组合而无法确定实际触控坐标。故自电容式触控屏只能实现单点触控和双点手势触控，无法实现真正的多点触控。

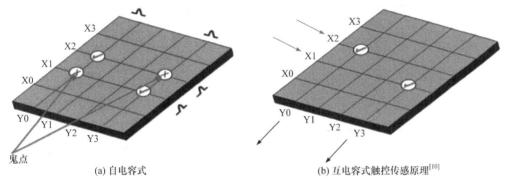

(a) 自电容式　　　　　　　　　　　　(b) 互电容式触控传感原理[10]

图 3-18　自电容式与互电容式触控及出现"鬼点"的原理

互电容式的触控屏实现了真正的多点触控，当触控发生时，触摸部分的上下电极与手指间产生耦合电容，使得该点处的互电容减少，通过扫描互电容的大小变化即可唯一确定触控位置，如图 3-18(b)所示，互电容触控扫描时，一个周期内需要扫描(行电极数 × 列电极数)次，因此可以确定每个触控点的确切位置。这种扫描方式的耗时和计算时间更长，但可以通过先以低精度粗略扫描，再在触控发生区域高精度扫描的方式降低总体扫描时间。通过比较可知，自电容式触控和互电容式触控的差异主要在于扫描方式，两者在模组结构上的差异不大。

为了在投射式电容触控屏上实现有效的多点触控，ITO 电极图案的设计是非常关键的，它的设计将直接决定用户的实际体验。一般来说，ITO 电极图案的设计需要满足以下要求。

(1) 较好的光学视觉体验效果。

(2) 合适的通道阻抗。驱动电路和感应电路上较低的阻抗可以有效解决信号传输线较长时信号随传输线大幅衰减的问题。较低的通道阻抗还可以让触控控制器实现更快的扫描，甚至达到比显示帧率还高的触控采样率，带来更好的触控体验。

(3) 合适的耦合电容。合适的初始电容值可以有效地保证达到触控器的扫描频率，这对电源共模干扰有一定的抑制能力。

(4) 高抗静电与抗电磁干扰能力。

(5) 单元结构周期性。这有助于减少坐标点的计算时间，降低坐标点的计算难度，从而实现触摸位置的精确定位，减少触控器件内部资源的消耗。

(6) 整体的一致性和对称性。

同时，各个触控厂商为了增加电极覆盖率并且避免专利冲突，设计了各式各样的电极布局，典型的电极图案设计有菱形、十字形、锯齿形等，如图 3-19 所示。

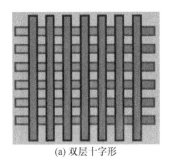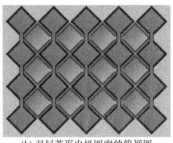

(a) 双层十字形   (b) 双层菱形电极图案的俯视图

图 3-19　各式触控电极图案

3.2.3　电磁式触控传感

电磁式触控传感是基于电磁感应原理实现的。如图 3-20 所示，电磁式触控传感器分为可发射电磁信号的触控笔和接收电磁信号的感应模块。当触控笔接近触控面板时，其发射的电磁信号会被信号接收端的天线感应阵列识别，并在对应位置的感应线圈中产生电流，通过识别这个电流的产生位置便可判断笔的位置信息。进一步地，一些触控笔内还加装有压力传感器，可以将笔尖上受到的压力转化为电磁信号，从而实现一些更进一步的功能。

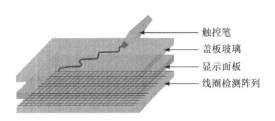

触控笔
盖板玻璃
显示面板
线圈检测阵列

图 3-20　电磁式触控传感器结构示意图

电磁式触控技术能实现电容式触控技术所不能及的识别精度，同时，由于电磁式触控技术以电磁感应识别信号，触控模块无须与笔进行直接接触，因此可将模块置于显示模块之下。这使得电磁触控模块几乎不影响显示内容，有较高的屏幕透过率。但相对地，由于必须使用具有信号发射功能的电磁笔实现触控，电磁式触控屏的成本也相对较高。

3.3　可穿戴显示中电子电路研究方法

可穿戴显示和传统平板显示相比，所用的电子电路研究方法相似。如图 3-21 所示，完整的半导体电路设计流程需要在半导体工艺、器件段使用 TCAD 工具进行模拟，在电路段使用 EDA 工具进行显示电路设计和验证。本节将以 Silvaco 公司为例介绍 TCAD 工具，以华大九天为例介绍 EDA 工具。

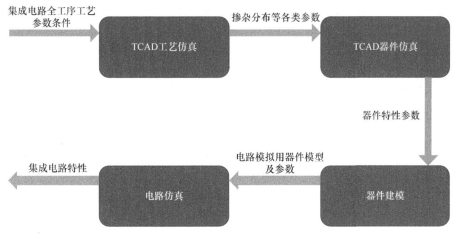

图 3-21　半导体电路设计流程

3.3.1　TCAD 工具

TCAD 是 Technology Computer Aided Design 的缩写，指半导体工艺模拟和器件模拟工具，TCAD 是建立在半导体物理基础之上的数值仿真工具，它可以对不同工艺条件进行仿真，取代或部分取代昂贵、费时的工艺实验；也可以对不同器件结构进行优化，获得理想的特性；还可以对电路性能及电缺陷等进行模拟。目前，世界上功能较为强大的 TCAD 工具主要有 Silvaco TCAD 和 Sentaurus TCAD 等。

3.3.2　EDA 工具——华大九天

电子设计自动化(electronic design automation，EDA)是指利用计算机辅助设计 (computer aided design，CAD)软件来完成超大规模集成电路(VLSI)芯片的功能设计、综合、验证、物理设计(包括布局、布线、版图、设计规则检查等)等流程的设计方式。EDA 在如今超高集成度的芯片设计中起到了不可或缺的关键作用。EDA 是芯片之母，是 IC 设计最上游、最高端的产业。目前，全球 EDA 产业形成三巨头公司 Synopsys、Cadence、Mentor Graphics 垄断格局。

国产 EDA 的代表是北京华大九天科技股份有限公司(简称华大九天)。华大九天是中国最大的 EDA 软件开发商。目前，华大九天提供了一套全球领先的平板显示电路设计全流程 EDA 工具系统，包含器件模型提取工具、原理图编辑工具、版图编辑工具、电路仿真工具、物理验证工具、寄生参数提取工具和可靠性分析工具等，客户包括面板设计制造行业的京东方科技集团股份有限公司(简称京东方)、深圳市华星光电技术有限公司(简称华星光电)等知名公司。

参 考 文 献

[1] 李君浩, 刘南洲, 吴诗聪. 平板显示概论[M]. 北京: 电子工业出版社, 2013.

[2] ALT P M, PLESHKO P. Scanning limitations of liquid-crystal displays [J]. IEEE transactions on electron devices, 1974, ED-21(2): 146-155.

[3] ZHAO Y C, ZHAO F, CHANG C K, et al. The world's first prototype of 85-inch 8 K4 K 120 Hz LCD with BCE-IGZO structure and GOA design [J]. Journal of the society for information display, 2018, 49(S1): 330-332.

[4] SHUR M S, JACUNSKI M D, SLADE H C, et al. Analytical models for amorphous-silicon and polysilicon thin-film transistors for high-definition-display technology [J]. Journal of the society for information display, 1995, 3(4): 223-236.

[5] CHEN C, YANG B R, LIU C, et al. Integrating poly-silicon and InGaZnO thin-film transistors for CMOS inverters [J]. IEEE transactions on electron devices, 2017, 64(9): 3668-3671.

[6] CHANG T K, LIN C W. LTPO TFT technology for AMOLEDs [J]. Journal of the society for information display, 2019, 50(1): 545-548.

[7] MENG Z, CHEN H, QIU C, et al. 24.3: active-matrix organic light-emitting diode display implemented using metal-induced unilaterally crystallized polycrystalline silicon thin-film transistors [J]. Journal of the society for information display, 2001, 32(1): 380-383.

[8] OKA S, HYODO Y, LU J, et al. Ultra-narrow border display with a cover glass using LCDs with a polyimide substrate [J]. Journal of the society for information display, 2020, 51(1): 657-660.

[9] WANG W C, CHANG T Y, SU K C, et al. 38.3: the structure and driving method of multi-touch resistive touch panel [J]. Journal of the society for information display, 2010, 41(1): 541-543.

[10] BARRETT G, OMOTE R. Projected-capacitive touch technology[J]. Information display, 2010, 26(3): 16-21.

第4章 柔性光电显示的材料与力学原理

在之前的章节中，我们已经了解了平板显示器的光学原理、驱动与触控原理。在本章将进一步讲解从平板显示器发展到柔性显示器的过程中所需的工作，包括实现柔性显示乃至可拉伸显示需要考虑的力学原理、材料。另外，本章还将结合目前产业界的相关产品设计、研究重难点等进行讲解，帮助大家了解行业发展现状。

4.1 柔 性 显 示

在信息时代，发展更高效便捷的信息交互方式是社会进一步发展的大趋势。从臃肿的大哥大到如今小巧的智能手机乃至更小型的智能终端，如图 4-1 所示，人们获取信息的手段越来越多样，越来越方便——这便是集成化智能终端的优势所在，它将获取信息的大量手段集成在单一设备上，使得信息的获取和交互成本大大降低，这不仅为人们提供了更多的便利，也间接地促成了大数据科技的发展，推动了社会整体的发展。

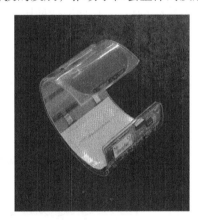

图 4-1　实验室中的可穿戴智能终端[1]

然而，集成化智能终端虽然提供了便利，也使得人们对特定终端的依赖性变强。在物联网概念下的未来，人们更加渴望一种"去中心化"，甚至"多中心化"的网络结构，即信息交互的手段随手可及，每一个物体都具有信息交互的功能，真正实现"万物联网"。

为了实现"万物联网"的目标，人们对于显示器这一最常见、最高效的信息交互模块提出了更多要求：为了能显示更多信息，显示器应该尽可能增大面积；但考虑到终端的大小，显示器又应兼具便携性。可弯曲/可折叠显示器的概念正是为了解决这一矛盾而诞生的。这类显示器具有一定的柔性，与传统的刚性屏幕不同，其可以进行卷曲或折叠等操作，这使其可以兼顾显示面积和便携性。因此，柔性显示技术正式出现，并得以在近些年高速发展。

4.2　柔性器件的叠构力学

目前，可折叠显示器件已经实现了市场商业化，但是如何实现柔性，如何减少弯曲/折叠过程中产生的应力对显示器件的影响，以及如何做到各层之间相互匹配不发生移位，将是产业界需要持续研究的问题。本节将从材料力学的角度介绍柔性模组中的力学原理以及优化设计。

4.2.1　柔性器件力学基础

为了理解柔性设备在变形下的力学，我们需要了解一些材料力学的基本概念。

1. 应变、应力、弹性模量

应变(strain)是描述形状的物理变形的一个无量纲的量，经常添加一些前缀来进一步说明应变的性质。例如，拉伸应变(tensile strain)描述的是相对于参考尺寸拉长的变形；压缩应变(compressive strain)描述的是压缩的变形；剪切应变(shear strain)描述的是样品中平行平面相对于另一个平面平移的变形。拉伸应变、压缩应变和剪切应变以及产生这些变形的作用力如图 4-2 所示。拉伸应变或压缩应变 ε 的典型数学表示为

$$\varepsilon = \frac{\Delta L}{L} \tag{4-1}$$

式中，L 为原始尺寸；ΔL 为相对于原始状态的尺寸变化。剪切应变与拉伸应变、压缩应变存在区别，一般用应变角 θ 来描述剪切应变。

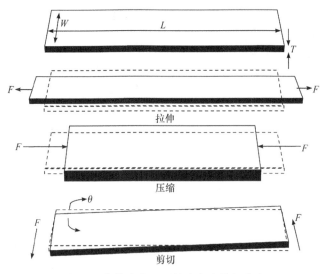

图 4-2　拉伸应变、压缩应变和剪切应变

应力(stress)是分布在整个材料的内力的度量，它带有压强的单位 Pa。应力的来源通

常是外部施加的载荷,但纯粹的内部机制(如热效应、成分变化等)也可能在没有外力的情况下导致相当大的应力(如钢化玻璃)。通常情况下,拉伸/压缩应力为

$$\sigma = \frac{F}{A} \tag{4-2}$$

式中,σ 为应力;F 为外部作用的合力(单位为 N);A 为物体的横截面积(单位为 m²)。对于剪切应变,应力的数学定义与式(4-2)相同,只是剪切应力的表示符号变为 τ,以此来区分拉伸/压缩应力和剪切应力。

应力在特定物体中的分布并不一定是均匀的,样品中的非均匀性(如裂纹、划痕、颗粒、边缘等)倾向于使应力局部化,这些变化会显著影响材料的物理性质。对于可弯折的材料来说,极少的表面裂纹就有可能导致材料在弯曲过程中因局部应力而损坏。

弹性模量(elastic modulus)的定义是应力与应变的比,其数学表达式为

$$E = \frac{\sigma}{\varepsilon} \tag{4-3}$$

"弹性"这一前缀意味着式(4-3)中的应力和应变只能在材料的线性弹性(即可逆)范围内测量。在弹性极限之外时,仍然可以通过测量应力和应变来得到模量,但此时结果很可能比在低应变下测得的弹性模量更大。一般来说,较大的模量表示材料比较坚硬,较小的模量表示材料较易发生形变。

将式(4-1)、式(4-2)代入式(4-3),可以得到

$$\frac{F}{A} = E \cdot \frac{\Delta L}{L} \tag{4-4}$$

式(4-4)称为胡克定律(Hooke's law),它表示固体材料受力之后,材料中的应力与应变之间呈线性关系。在弹性极限范围内满足胡克定律的材料称为线弹性材料。柔性显示器件中的几乎所有材料都是线弹性材料。

2. 泊松比、热膨胀系数、韧性

对柔性材料的研究,除了应力、应变等材料的基本特性之外,还包括泊松比、热膨胀系数和韧性等参数。

泊松比(Poisson ratio)的定义是横向应变与轴向应变之比,即

$$v = \frac{-\varepsilon_x}{\varepsilon_y} \tag{4-5}$$

式中,ε_x 是垂直于载荷方向上的应变;ε_y 是载荷方向上的应变。泊松比描述了样品在轴向拉伸时其在横向上变得更薄或更窄,或在轴向压缩时膨胀的特性。例如,一个 $v = 0$ 的样品可以在一个维度上变形而不影响其他维度,而 $v = 0.5$ 的样品会在变形过程中保持固定的体积。大多数与电子相关的材料的泊松比在 0.2~0.5 变化,例如,弹性体(如 PDMS)的泊松比接近 0.5,而许多金属的泊松比为 0.25~0.35,典型的陶瓷的泊松比为 0.2~0.3。在选择柔性材料时,需尽可能使各种材料的泊松比在界面上匹配,因为在任何存在泊松比不匹配情况的界面上,诱导应力都有可能导致器件因分层错位而

失效。

　　任何物体在温度发生改变时都会有胀缩的现象，这也就是人们所熟知的"热胀冷缩"。热膨胀系数(coefficient of thermal expansion)描述的便是外界温度变化时材料尺寸的变化，其定义为单位温度变化之下物体体积的变化量与原体积的比，即

$$\alpha = \frac{1}{V}\frac{\mathrm{d}V}{\mathrm{d}t} \tag{4-6}$$

　　在不同的情况下，热膨胀系数可以分为线膨胀系数、面膨胀系数和体膨胀系数。对于可近似看作一维的物体，其体积的胀缩主要体现在长度的变化上，所以此时的热膨胀系数便可简化为单位温度改变下物体长度的变化量与原长度的比。同理，对于类似石墨烯这样具有显著各向异性的材料，其热膨胀系数便可以简化为面膨胀系数。在器件的制造过程中，如果遇到需要高温加工的工艺流程，热膨胀系数便成为一个关键的设计参数。例如，如果在较高的温度下将一层薄膜施加到衬底上，当温度返回到环境温度时，薄膜和衬底之间任何明显的不匹配都会导致双轴界面应力的产生。

　　韧性(toughness)指的是材料在变形过程中吸收能量的能力，也代表了材料吸收能量，抵抗断裂、撕裂等破坏的能力。韧性越好，发生脆性断裂的可能性越小。韧性的单位为J/m^3，是通过对零应变和发生破坏时的应变之间的应力-应变曲线积分来测量的。除了韧性之外，材料力学中还有"断裂韧性"的概念，不过它与前者是完全不同的概念。断裂韧性描述的是材料的抗裂纹扩展和抗脆性断裂的能力。材料内部的裂纹会导致应力在裂纹尖端集中，随着外加载荷逐渐增大，当应力强度因子(反映裂纹尖端弹性应力场强弱的量)达到某一临界值时，裂纹处会出现不稳定的扩展，此时这个临界值的大小就是材料的断裂韧性。金属往往具有良好的断裂韧性($>20MPa \cdot m^{1/2}$)，被拉伸至极限时一般会发生韧性断裂；而氧化物($<5MPa \cdot m^{1/2}$)和玻璃聚合物($<2MPa \cdot m^{1/2}$)的断裂韧性较低，往往以脆性断裂方式被破坏。

　　需要注意的是，大多数材料力学参数实际上不是固定的量，而是随着条件变化而改变的变量。例如，前面提到的所有参数都与温度有关，许多参数也随应变、应变速率、应变历史和环境的变化而变化。

4.2.2　梁模型的弯曲过程分析

　　对于柔性显示器件，我们最关注的是器件在弯曲过程中的材料力学原理，其中又以各层的弯曲应力为主要研究对象。为了分析实际弯曲过程中各层的应力，一般以梁模型作为基本假设[2]。

　　首先需要明晰内力的概念。物体在受到外力作用变形时，其内部各质点间的相对位置会发生变化，质点之间的相互作用力也因此改变。质点间的相互作用力因物体受到外部作用而产生的变量，即为材料力学中的内力。由于假设物体是均匀连续的，因此在物体内部相邻部分之间相互作用的内力实际上是一个连续分布的内力系，将分布内力系的合成简称为内力。也就是说，内力是由外力作用引起的、物体内相邻部分之间分布内力系的合成。

　　内力是分析应力的基础，为了显示内力，可以采用截面法。截面法是求内力的一般

方法，也是分析梁模型的基本方法。简单来说，就是在需要分析应力的截面处，将材料截分为两部分，留下其中一部分，用截面上等效的内力或内力矩来代替被去除部分对剩余部分的作用，接着对留下部分建立平衡方程，便可得到截面上的未知内力。

图 4-3 为基本的梁弯曲模型。在一般情况下，梁的横截面上有弯矩 M 和剪切内力 F_S，所有与正应力有关的法向内力元素 $\mathrm{d}F_N = \sigma \mathrm{d}A$ 能够合成为弯矩，而所有与切应力有关的切向内力元素能够合为剪力。此处主要讨论材料的法向内力，所以在此假设梁的各横截面上的切向剪力为 0，弯矩为常量，此时梁的弯曲可视为纯弯曲。

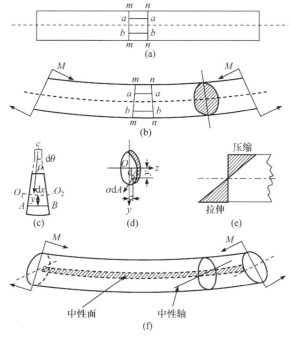

图 4-3　梁模型纯弯曲过程分析

为找出横截面上正应力的变化规律，先研究该截面上任一点处沿横截面法线方向的线应变。在施加力以前，先在梁的侧面画上两条与梁的纵向(主轴向)垂直的且相邻的线 mm 和 nn，并在这两条线之间分别靠近顶面和底面画与纵向平行的线 aa 和 bb(图 4-3(a))。在梁的两端施加一对弯矩为 M 的外力后，梁发生变形，靠近顶端的 aa 段在凹弯曲过程中发生了压缩，靠近底端的 bb 段在凹弯曲过程中则发生了拉伸，并且在相对旋转了一个角度后，二者仍与 mm、nn 相正交(图 4-3(b))。这就是弯曲问题中的平面假设。对于梁模型的纯弯曲分析，可以认为此横截面在弯曲过程中始终为平面。

用两个相距很近的横截面从梁中截取长为 $\mathrm{d}x$ 的一小段(图 4-3(c))，根据前述的平面假设，这两个横截面之间一定存在一个夹角 $\mathrm{d}\theta$。横截面在弯曲过程中的转动使得 aa 缩短、bb 变长。由于变形的连续性，二者之间一定存在一个既不受到拉伸也不受到压缩的过渡层，称为中性层(neutral plane)，中性层位置的应力几乎等于 0，由于其在材料的弯曲过程中长度不发生变化，所以中性层也是计算弯曲件展开长度的基准。中性层与横截面的交线称为中性轴(neutral axis)(图 4-3(f))，在纯弯曲分析中，中性轴的位置为横截面的形心。

现在研究横截面上距中性轴为 y 处的线应变。由图 4-3(c)展示的几何关系，可知：

$$\varepsilon = \frac{\Delta \widehat{AB_1}}{\widehat{AB}} = \frac{\Delta \widehat{B_1 B}}{\widehat{O_1 O_2}} = \frac{y \mathrm{d}\theta}{\mathrm{d}x} \tag{4-7}$$

式中，$\widehat{O_1 O_2}$ 为在中性层上纵向线段的长度，其值为 $\mathrm{d}x$。而中性层的曲率为

$$\frac{1}{\rho} = \frac{\mathrm{d}\theta}{\mathrm{d}x} \tag{4-8}$$

将式(4-8)代入式(4-7)可以得到

$$\varepsilon = \frac{y}{\rho} \tag{4-9}$$

该式表明纯弯曲分析时，横截面上任一点处的线应变 ε 与该点和中性轴的距离 y 成正比。

若设各纵向线之间没有因纯弯曲而引起的相互挤压，则可以认为横截面上各点的纵向线段均处于单轴应力状态。当材料处于线弹性范围内，并且拉伸和压缩弹性模量相同时，利用胡克定律可以得到应力大小：

$$\sigma = E\varepsilon \tag{4-10}$$

将式(4-9)代入式(4-10)可得

$$\sigma = E\frac{y}{\rho} \tag{4-11}$$

由此可知，横截面上与中性轴距离相同的各点处的应力均相等。应力的变化规律如图 4-3(e)所示。

式(4-11)中的曲率还是未知量，所以接下来考察静力学关系，可以得到

$$M = \int y\sigma \mathrm{d}A = \frac{E}{\rho} \int y^2 \mathrm{d}A = \frac{EI}{\rho} \tag{4-12}$$

式中，I 为绕中性轴的转动惯量；EI 为弯曲刚度(bending stiffness)，弯曲刚度的大小反映了材料抵抗弯曲的能力。弯矩一定时，弯曲刚度越小，梁的弯曲程度就越大。将式(4-12)变形可以得到中性层曲率：

$$\frac{1}{\rho} = \frac{M}{EI} \tag{4-13}$$

将式(4-13)代入式(4-11)，即可得到梁在纯弯曲时横截面上任意一点的应力：

$$\sigma = \frac{My}{I} \tag{4-14}$$

以上纯弯曲分析中所出现的应力均为截面纵向的正应力，在实际情况下，柔性材料也会存在切应力。由于切应力的存在，梁的横截面会发生翘曲，这时在纯弯曲时所作的平面假设和各纵向线段互不挤压的假设便不再成立。但此时依然可以使用式(4-14)来计算

横截面上的应力，但式中的弯矩 M 应用该截面上的弯矩来代替。

4.2.3　多层柔性结构的叠构分析

　　当多层柔性材料叠构形成柔性器件时，需要考虑器件整体在弯曲过程中的力学原理。
如图 4-4 所示的多层结构弯曲时，上部分层拉伸，
下部分层压缩，它们之间由中性层分隔，距离中性
层越远，拉伸或压缩应变就越大。每层的应力和应
变情况可表示为

$$\sigma = E_i \varepsilon \qquad (4\text{-}15)$$

$$\varepsilon = \frac{\gamma - \lambda}{\rho} \qquad (4\text{-}16)$$

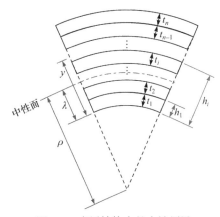

式中，σ 为弯曲应力；E_i 为该层材料的弹性模量；ε
为应变；γ 和 λ 分别为目标面、中性层与最内层的距
离；ρ 为弯折半径。

图 4-4　多层结构中的中性层[3]

　　中性层可分为应力中性层和应变中性层。应力
中性层本身应力为零，其一侧受到拉应力，另一侧受到压应力；应变中性层本身应变为
零，其一侧是拉伸应变，另一侧是压缩应变。在不存在单调变形区的情况下，应力中性
层和应变中性层是重叠的，这适用于柔性器件弯折的分析。随着柔性显示模组的快速发
展，器件的弯折半径越来越小，根据上述中性层理论可知，器件所受应力、应变就越来
越大。以简单的线弹性材料为例，由于纤维之间无正应力，当应力小于比例极限时，由
梁弯曲模型可得

$$\sigma = E\frac{y}{\rho} \qquad (4\text{-}17)$$

式中，E 为材料的杨氏模量。这表明，在横截面上，任意点的正应力与该点到中性面的
距离成正比。曲率半径越小，应力也会越大，若某一处的应力超过其强度极限，则会发
生塑性变形，出现折痕甚至产生裂纹等不可逆的破坏，这也正是柔性显示面临的一大技
术难题。

　　为了减小弯曲产生的应力、应变，防止器件失效，一般有两种力学设计上的解决思
路：一种是通过研究新的材料或结构来减小整个器件的厚度，这样可以直接减小器件或
该层的应力和应变；另一种方法是通过调整各层分布，尽可能地让中性层落在容易因应
变而失效的脆弱层(如 TFE 层和 TFT 层)，减少这些层因弯折而产生的破坏。因此通过计
算来确定中性层的位置便十分重要。

　　在不弯折时，多层结构的中性层位置可简单表达为

$$\lambda = \frac{\sum\limits_{i=1}^{n} E_i(h_i^2 - h_{i-1}^2)}{2\sum\limits_{i=1}^{n} E_i t_i} \qquad (4\text{-}18)$$

式中，h_i 和 t_i 分别为第 i 层上表面的位置和厚度。但是在弯折情况下，确定结构中性层位置的难度就显著增加。单一材料小曲率纯弯曲的情况下，线应变随深度线性变化，中性层的位置在材料的几何中心。但是对于柔性显示器件这样的多层膜结构，较大曲率的弯折(如折叠屏)会引起中性层位置的偏移。在大弯折曲率下，由于弹性变形的影响，一些原先受到拉伸(或压缩)的几何层会发生压缩(或拉伸)而不再满足线性变化，应力中性层和应变中性层不再重叠(应力为 0 的位置与应变为 0 的位置不重合)。弹性形变影响下的中性层位置由式(4-19)给出：

$$\rho' = \left(r + \frac{1}{2} h^{\frac{h_1}{h}} \right)^{\frac{h_1}{h}} = \left(r + \frac{1}{2} h^{\xi} \right)^{\xi} \tag{4-19}$$

$$\xi = \frac{h_1}{h} \tag{4-20}$$

式中，ρ' 为弹性形变影响下的应力中性层曲率半径；r 为材料弯曲内半径；h 为材料的原始厚度；h_1 为发生形变后的材料厚度；ξ 为材料的减薄系数。

除此之外，柔性显示器件各几何层的材料所具有的弹性模量不同，中性层的位置不可以简单地认为是单种材料纯弯曲情况下的几何中心，而是要根据各种材料的弹性模量和厚度对其加权才能得出。有研究团队提出了一个针对如图 4-5 所示的三层结构的分析结果[4]，表示如下：

$$\varepsilon_x = \varepsilon_{\text{top}} + \frac{z}{h} \left(\varepsilon_{\text{top}} - \varepsilon_{\text{bot}} \right) \tag{4-21}$$

式中，ε_x 为沿着 x 轴方向的线应变；ε_{top} 为顶层处的线应变；ε_{bot} 为底面的线应变；z 表示所求位置的 z 坐标；h 为结构的总厚度。ε_{top}、ε_{bot} 可以由式(4-23)及式(4-24)得出(以三层结构为例)：

$$\overline{E_l} = \frac{E_i}{1 - v_i} \tag{4-22}$$

$$\varepsilon_{\text{top}} = \frac{h_s^2 \overline{E}_s + h_b^2 \overline{E}_b + h_f^2 \overline{E}_f + 2 h_s h_b \overline{E}_s + 2 h_b h_f \overline{E}_b + 2 h_f h_s \overline{E}_s}{2R(h_s \overline{E}_s + h_b \overline{E}_b + h_f \overline{E}_f)} \tag{4-23}$$

$$\varepsilon_{\text{bot}} = \frac{h_s^2 \overline{E}_s + h_b^2 \overline{E}_b + h_f^2 \overline{E}_f + 2 h_s h_b \overline{E}_b + 2 h_b h_f \overline{E}_f + 2 h_f h_s \overline{E}_f}{2R(h_s \overline{E}_s + h_b \overline{E}_b + h_f \overline{E}_f)} \tag{4-24}$$

式中，E_i 和 v_i 为对应层的弹性模量和泊松比；h_i 为各层的厚度。由此可见，实际情况下柔性器件的多层结构中性层位置分析将更为复杂，需要配合仿真以及实验才能确定中性层的准确位置。

4.2.4　多中性层设计

采取中性层方案保护器件最大的问题就是，传统器件结构层与层之间采用硬黏合，各层之间一起弯曲，整个器件结构中只产生一个中性层，即只能保护一个器件层。通过采用软黏合剂，引入剪切应变，可以使各几何层间产生一定的独立弯曲，这样就能在各层中独立地产生中性面，极大地减小应力，以起到同时保护多个脆性层的作用，如图 4-6 所示。

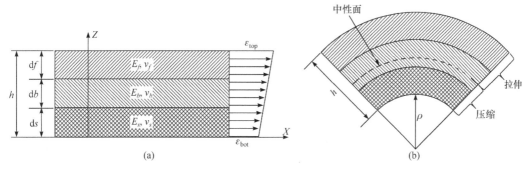

图 4-5　三层结构的中性层位置

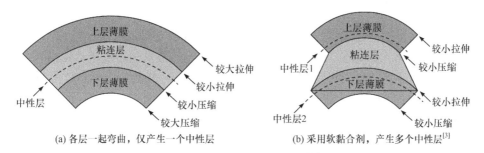

(a) 各层一起弯曲，仅产生一个中性层　　　　(b) 采用软黏合剂，产生多个中性层[3]

图 4-6　采用软黏合剂的三层结构

OCA 光学胶是采用最广泛的软黏合剂之一，其具有高洁净度、高透光率、低雾度、高黏着力、无晶点、无气泡、高耐水性、耐高温、抗紫外线等特点。作为柔性显示的关键材料之一，OCA 对延长柔性显示器件的寿命起到了至关重要的作用。在柔性显示器件中，AMOLED 模组、圆偏光片、触控层和盖板层之间均需要通过 OCA 粘接，如图 4-7 所示，一方面，柔性 OCA 起到了良好的粘接作用和油墨填充效果；另一方面，柔性 OCA 保证了柔性显示器件在使用过程中尤其是长时间弯折过程中具有良好的可靠性。

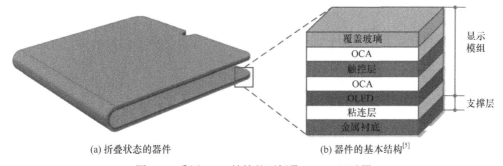

(a) 折叠状态的器件　　　　　　(b) 器件的基本结构[5]

图 4-7　采用 OCA 粘接的可折叠 OLED 显示器

由于在弯折状态下，柔性 OCA 会出现较大程度的形变，并且在设备回到未弯折状态后又需要 OCA 能完美恢复并且不产生任何折痕，因此柔性 OCA 的技术难度非常高。目前柔性 OCA 主要控制在美国的 3M、日本的三菱化学、韩国的三星等企业中，价格昂贵，是我国柔性显示领域的"卡脖子"材料之一。我国也有富印集团、凡赛特、新纶科技等多家企业正在研发和生产 OCA 光学胶，以填补我国电子产业在这一方面的空缺。

4.3 柔性显示的实现

显示器件包含驱动控制电路、显示层和封装层等结构，要想实现固定曲率弯曲、折叠等操作，构成显示器件的每一层都需要是柔性材料。不难想象的是，在刚性屏幕向柔性屏幕过渡的过程中，选择何种材料以及制备工艺是产业界最主要攻克的难题。本节将从 OLED 显示器件的基本结构出发，分别介绍产业界为实现柔性显示器件所采用的材料和技术。

4.3.1 柔性透明导电薄膜

每个显示器的发光层总是会在上电极与下电极之间，所以每一种显示器件都需要有透明的导电薄膜来作为电极。1907 年，Badeker 等通过热蒸发法制备了 CdO(氧化镉)透明导电薄膜，开启了科学界对透明导电薄膜的研究。20 世纪 60 年代初，ITO 薄膜问世，从此 ITO 薄膜几乎垄断了整个透明导电薄膜市场。到了 20 世纪 70 年代，研究者开始了两种以上氧化物组成的多元化合物材料的研究与开发，获得 Al 掺杂的氧化锌(AZO)薄膜。20 世纪 90 年代，导电高分子材料的研究得到突破。来到 21 世纪，显示器件逐渐向柔性发展，基于一维金属纳米材料和碳基材料的新一代柔性透明导电薄膜应运而生，如图 4-8 所示。

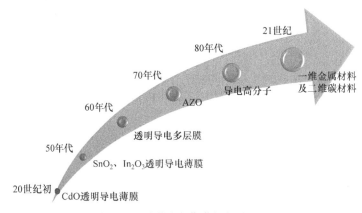

图 4-8　透明导电薄膜的发展历程

透明导电薄膜品质的优劣主要由导电性能和透明性能决定。通常使用薄膜方阻(R_s)来定量地表征导电性。对于厚度为 d 的导电薄膜，其薄膜方阻的表达式为

$$R_s = \frac{\rho}{d} \tag{4-25}$$

式中，ρ 为薄膜材料的电阻率。同时，以在真空环境下用波长 550nm 的光线透过透明导电薄膜，并计算光通量与入射光通量的百分比而得到的透过率(T)来表征透光性。在现有的研究报道中，导电性与透过率是相矛盾的，可以通过式(4-25)来量化 R_s 和 T 之间

的关系[6]:

$$T = \left(1 + \frac{188.5\sigma_{opt}}{\sigma_{dc}R_s}\right)^{-2} \tag{4-26}$$

式中，σ_{dc} 为薄膜电极的直流电导率，其值等于薄膜电阻率 ρ 的倒数；σ_{opt} 为电极的光导率。定义品质因数 F(figure of merit)来判断导电薄膜的光电性能的优劣[6,7]:

$$F = \frac{\sigma_{dc}}{\sigma_{opt}} \tag{4-27}$$

将式(4-26)代入式(4-25)可以得到

$$T = \left(1 + \frac{188.5}{R_s F}\right)^{-2} \tag{4-28}$$

显然，品质因数 F 的值越大，薄膜电极的光电性能就越好。

传统刚性显示器中常用的透明导电薄膜为 ITO，它具有良好的导电性与透光性，已经被广泛地应用于大多数的触控屏中，但 ITO 是一种脆性材料，在数次弯曲或较大幅度弯折后，电阻率会急剧上升，甚至引起断裂，从而失去电学功能，因此 ITO 不适合做大曲率及可随意弯折的柔性触控层。另外，ITO 的造价和成本高昂，需要占到整个触控屏产业 30%~40%的材料成本，加之 ITO 需要使用稀有金属铟来制备，因此随着曲面和柔性时代的到来，其大有被取代的态势。

三星公司在 Y-OCTA 触控技术中利用金属网格取代了 ITO，解决了 ITO 容易断线的问题。但是金属网格的透光性差，走线必须排布在像素之间，以提高背光利用率。这种方案的实现难度较大，也带来了较高的成本。于是华星光电在专利 CN 110718646 A 中提到了新式的折叠屏制造方案，即在需要弯折的区域使用金属网格做导电材料，而在不需要弯折的部分仍采用成熟的 ITO 薄膜。

除此之外，一些新型的柔性透明导电薄膜也在开发和研究中，主要可分为低维导电材料和有机导电聚合物两大类。

常见的低维导电材料有纳米银线、碳纳米管和石墨烯等，如图 4-9 所示，其中纳米银线和碳纳米管属于一维导电材料，其通过大量纳米线相互搭接形成可以导通电流的渗透结构网络，以实现电极的导电效果。由于渗透网络中的纳米线分散搭接，网络整体能一定程度地跟随外界应力发生形变，因此由一维导电材料形成的渗透网络电极能在保持导电特性的同时较好地应对外界的弯曲/折叠行为。此外，纳米线可以被分散于溶剂中，使得导电网络可以通过旋涂、刮涂和喷墨打印的方式制备，简化了制备流程。

纳米银线拥有高电导率、高透过率的特性，是目前应用最多的低维导电材料。对纳米银线的大多数研究都集中在减少导线与导线之间的结点电阻。方法有很多种，例如，添加某些其他材料到纳米银线网格中；加热纳米银线层使纳米银线结点融合；或者对纳米银线网格进行热压，使其经受等离子体作用或被闪光照射以使结点融合等。

碳纳米管是碳原子组成的管状纳米结构，相对于纳米银线，碳纳米管拥有更好的机械性能、更高的线径比和更低的成本，但其电学特性和光学特性均不如纳米银线。为了

(a) 纳米银线　　　　　　　　　　　　(b) 石墨烯

(c) 碳纳米管

图 4-9　纳米银线、石墨烯和碳纳米管的微观结构与薄膜形貌[8-10]

提高碳纳米管的电导率，可以人为控制碳纳米管网络的排列取向。目前已经有研究团队通过控制化学气相沉积的条件，成功制备了具有低方阻、高透过率的超顺排碳纳米管导电薄膜，其中的碳纳米管高度取向，大幅降低了导电薄膜的方阻。

石墨烯是较为常见的二维导电材料，是以碳原子正六边形为基本单元向外扩张的网状纳米结构。这张网络上所有碳原子的未成键电子对会形成离域大π键，使得这些电子可以在网络平面内自由移动，石墨烯就是以此传导电流的。不同于一维导电材料通过相互搭接形成网络，石墨烯等二维导电材料自身结构内就存在导电网络，避免了因为物理搭接而产生的结点电阻，因此其电导率大大提升。同时，完整的石墨烯只需要单层或少量几层便可形成导电网络，相对于纳米银线、碳纳米管拥有更高的电导率和透过率，虽然尚不及 ITO，但石墨烯比其他的电极材料更能承受弯曲。通过添加导电聚合物或氯化金，石墨烯的导电性能够进一步提高。以石墨烯为代表的二维导电材料是未来柔性透明电极的可选材料，但由于二维材料的特性，其目前只能通过沉积方式制备，且对设备有较高的要求，所以目前还难以获得大面积且完整的石墨烯薄膜。

有机导电聚合物材料是一类具有一定导电性质的有机聚合物材料，其中研究较多的代表为聚乙烯二氧噻吩(PEDOT)。在 1988 年，德国拜耳公司成功克服了 PEDOT 难以溶解、熔化的缺点，研发获得了聚 3,4-乙烯二氧噻吩/聚苯乙烯磺酸盐(PEDOT:PSS)。PEDOT:PSS 能较好地溶解于水中，并可涂布形成透过率高、稳定性和均匀性较好的导电薄膜，使得 PEDOT 材料兼容溶液制程，降低了应用难度。有机导电聚合物材料相比于其他导电材料，透过率更高，成本更低，此外，有机聚合物一定的本征柔性使得导电薄膜在面对一定外界形变带来的应力时不容易产生裂痕，同时兼容溶液制程也使得其能够通过涂布和喷墨打印方式制备大面积样品。但是，有机导电聚合物的缺点在于电导率较低。在 90%透过率的前提下，以 PEDOT 为代表的有机导电聚合物材料的电导率最高能达到 10^3

量级，而 ITO 的电导率在 10^4 量级。这个问题严重限制了有机导电聚合物的发展和应用。目前提高有机导电聚合物电导率的方法主要是掺杂一些极性物质或添加极性溶剂(DMSO、EG、PVA 等)，通过破坏 PEDOT 与 PSS 的键合以改善 PEDOT 的重结晶，进而提高薄膜电导率。

4.3.2　柔性发光层

目前，柔性显示器件主要有有机电致发光二极管(OLED)和量子点电致发光二极管(QLED)。其中，OLED 是发展最为成熟的一类。目前的第三代热延迟激发荧光 OLED 材料(TADF-OLED)已经实现了接近 100%的内量子效率，同时还拥有驱动电压低、寿命长等一系列优点。但是 TADF 材料的溶解性普遍较差，难以兼容大面积溶液制程和喷墨打印制程，有待后续研究突破。因此在喷墨打印方面，以金属配合物磷光材料为代表的第二代 OLED 材料的应用较为广泛。但是因为材料中包含重金属元素，所以其成本较高且对环境污染较为严重，开发不含重金属元素的有机磷光 OLED 材料也是另一个研究方向。

OLED 虽然有着发光效率高、亮度高等优势，但是存在着水氧耐受性差、使用寿命短等问题。而 QLED 材料正可以克服这一缺点。QLED 与 OLED 结构相似，不同之处在于发光层不是有机材料而是量子点材料，能实现更窄的发光半峰宽(色彩饱和度更高、更鲜艳)。同时，量子点材料具有较好的溶解性质，可以兼容大面积涂布制程和喷墨打印制程。但是，目前的量子点电致发光二极管器件的制备工艺还不够完善，未来的提升空间较大。此外，发光性能较好的量子点材料通常含有重金属镉元素，容易对环境造成污染，近些年也有许多关于无镉量子点材料的开发。

4.3.3　柔性触控、封装与衬底

1. 柔性触控

随着器件的柔性化，触控层也需要重新设计。将传统的触控技术应用于 OLED 并不是一个简单的过程，由于面板的厚度显著降低，TFT 阵列和触控模块的距离也越来越近。如何在获得足够的灵敏度以检测触控操作的同时，抑制背景开关带来的噪声，成为柔性显示中触控传感器和显示模块集成的一大障碍。

根据触控感应线路与液晶显示驱动线路在空间上的位置关系，在结构设计上电容式触控屏结构可分为三类，分别是 Out-Cell、On-Cell 和 In-Cell。On-Cell 和 In-Cell 也合称为内嵌式，如图 4-10 所示。

外挂式工艺，也称 Out-Cell，顾名思义，是将单独的显示模块和触控模块通过贴合的方式结合为一体的工艺。这类工艺具有结构简单、易于生产的优点，并且由于显示模块和触控模块间的干扰最小，Out-Cell 具有最高的触控信噪比。但是它的缺点也十分突出，Out-Cell 的贴合精确度会受到温度等多种环境因素的影响，从而进一步影响器件的性能和良率。两个单独模块贴合在一起的方式也大大提高了器件的制备成本。同时，由于两个模块需要单独供电，需要在玻璃盖板可视区域(即透明的显示区域)外围制作金属供电线路，由此导致了粗边框，影响产品的外观体验。另外，相较于其他工艺，Out-Cell 在厚度、柔性等方面的劣势明显，不适合未来轻薄化、柔性化的产品发展路线。

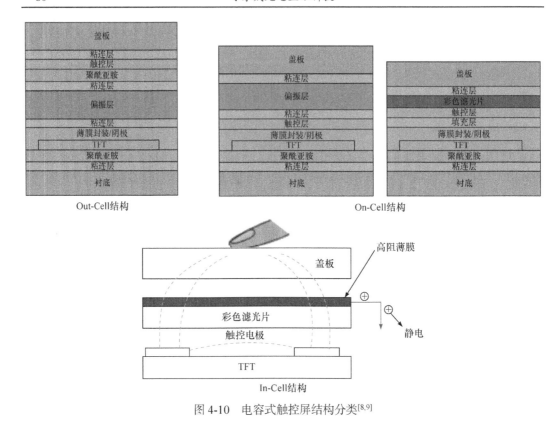

图 4-10　电容式触控屏结构分类[8,9]

　　On-Cell 工艺是一类将触控模块设计在显示模块封装层上的工艺。On-Cell 与 LCD 显示技术结合时，触控模块制作在偏光片和彩色滤光基板之间，与 OLED 显示技术结合时，触控模块一般设计在 OLED 封装层和偏光片之间。相较于外挂式工艺，On-Cell 工艺减少了一层粘贴层，具有透光率更高、面板更轻薄、成本更低等优点。同时，由于触控层是直接设计在封装层上的，在进行卷曲折叠等操作时，不会出现触控层与偏光片分离的问题。但正如前面所说，外挂式的触控信噪比是最高的，On-Cell 由于触控模块中感应电极和显示模块的驱动阵列的距离更近，受到的干扰更大，触控灵敏度会受到一些影响。

　　In-Cell 工艺是一类将触控线路直接整合制作在显示模块内的工艺。相较于 On-Cell 工艺，In-Cell 工艺不需要额外的触控层设计，进一步减小了面板的整体厚度。对于 LCD 显示技术来说，In-Cell 工艺指将触控线路嵌入液晶盒中，对于 OLED 显示技术来说，In-Cell 工艺指将触控线路分布在发光层的两侧。In-Cell 工艺是三种触控结构中最轻薄、透光性最高、成本最低的工艺，但良率、信噪比等参数是三者中最低的。图 4-11 显示了近年来触控模块随显示屏的迭代情况。

　　On-Cell 应用于 OLED 具有天然的优势。一方面，OLED 不需要彩色滤光片结构，触控模组只需要嵌在封装玻璃之上偏光片之下即可，技术难度相比应用于 TFT-LCD 时有所降低；另一方面，On-Cell 结构的厚度足够薄，可以做成曲面以满足柔性显示的需要。

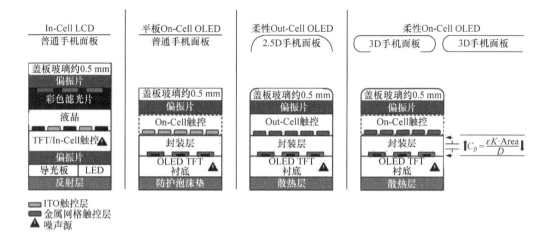

图 4-11　触控模块随着显示屏的迭代情况[10]

因此，一种名为 TOE(touch on encapsulation)的新式结构被开发出来，简单来说，这项技术是将触控传感器直接沉积在了显示层的封装层上。TOE 结构采用 On-Cell 的叠构方案，这种设计降低了显示模块的堆叠厚度，使得整个器件的弯曲或折叠变得更易实现；另外，这种方案还将触控电路布置在像素之间，提高了器件的透光性，可以有效改善器件的光学性能。

2. 盖板

盖板材料除具有可折叠的性能之外，还需要有优秀的透光性。目前，已经实现量产的柔性可折叠盖板材料主要有两类，分别是超薄玻璃(ultra thin glass，UTG)和无色聚酰亚胺(colorless polyimide，CPI，也称为无色 PI)。

超薄玻璃主要包括钠钙玻璃、高铝玻璃或低碱玻璃等。在日常认知中，玻璃是脆的，是不可折叠的，但随着厚度不断降低，一些特殊材质的玻璃可以实现毫米级曲率半径的弯曲。另外，其优秀的耐磨耐热性能、高硬度、高透光率、良好的触摸感受使它依然是目前显示屏幕盖板材料的优选。UTG 具有易碎的特性，想要 UTG 适配低成本且可大规模生产的卷对卷工艺，需要提高 UTG 的机械强度和韧性。日本电气硝子公司结合了聚合物和 UTG 的优点，开发出了聚合物薄膜超薄玻璃增强技术。使用层压工艺将聚合物、胶黏剂(PSA、UV 胶等)、UTG 压合在一起，显著提高了 UTG 的机械强度，使得玻璃更加耐弯折和冲击。

CPI 是一种工程塑料，具有机械性能强、耐高温、生产难度不高、生产成本低等优点。并且 CPI 具有优异的透光性，如图 4-12 所示。但是在实际使用中，CPI 膜片的弊端也十分明显。CPI 膜片的

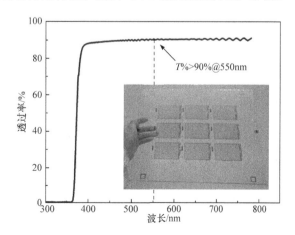

图 4-12　CPI 薄膜的透射光谱[11]

表面硬度较低，所以它在耐刮性、防护性方面均有不足，难以承受长时间的触控、摩擦。并且 CPI 薄膜在剥离流程后会出现卷起现象，由于韧性不足，这种卷起甚至会导致其发生断裂。要解决这个问题，需要保证 CPI 薄膜在工艺流程中不独立存在，例如，将 CPI 薄膜和偏光片层压在一起，起到保护并平衡应力的作用。

3. 柔性衬底

可弯折/可折叠显示技术相对于传统的显示技术，还存在柔性衬底替代刚性衬底过程与现有工艺不兼容的问题。针对此问题，人们已开发出一系列的柔性衬底，如金属薄膜衬底和各类塑料薄膜衬底。这些衬底的光学、机械、化学性能各不相同，通常需要根据不同的工艺条件和器件性能来选择最合适的衬底。

柔性衬底与传统显示器件制备工艺的不兼容主要体现在工艺温度过高这一问题上，同时还需要考虑耐水氧穿透特性以及膨胀特性等问题。在 OLED 器件制备工艺中，半导体层和有机功能层多采用热蒸镀工艺来制备，工艺温度在 400℃以上，普通的塑料衬底在这个温度难以保持稳定。作为有机高分子材料的一种，聚酰亚胺(PI)有着很好的耐热性和稳定性，被广泛用作 OLED 的柔性显示衬底材料。CPI 同样可用于制作衬底，其主要被应用于底部发光 OLED 的制造。

但是，聚酰亚胺具有较高的水汽传输速率(WVTR)，这也是所有聚合物材料都面临的问题。高的水汽传输速率意味着水分会通过聚合物层破坏 TFT 特性，甚至降低 OLED 性能。通常无机材料具有较低的传输速率，然而无机材料的刚性结构难以适用于柔性器件。

近年来的研究发现，通过制备聚合物/纳米无机的多叠层结构可以极大地改善纯聚合物材料的水汽传输特性，并且能够保持柔性可弯曲。基于 PI/无机材料的叠层结构表现出比单层 PI 基板更低的 WVTR 系数。实际测试中，叠层结构衬底的 OLED 样品可以保持良好的工作稳定性数日而没有明显的暗点和坏点产生；而在相同测试条件下，单层 PI 衬底的 OLED 器件性能衰减明显，测试表现远不如具有叠层结构的样品。

4.3.4　柔性 TFT

TFT 是一种三端器件，由源极、漏极和栅极、介电层、半导体层和衬底等部分构成。传统的刚性显示器件中，非晶硅和多晶硅被广泛用作 TFT 的半导体沟道，电极材料主要采用通过蒸镀得到的金属膜或 ITO，而介电材料通常采用氧化硅。这些无机材料普遍具有高脆性，如果把它们应用于柔性器件制备，在弯曲过程中将出现裂痕、形变、偏移等问题而导致器件失效，因此它们无法满足柔性显示的要求，如图 4-13 所示。另外，传统的无机材料应用过程中所需的真空溅射沉积、高温处理等工艺也与柔性衬底不兼容。

为此，业界尝试开发了各种可用于柔性显示的有机材料，例如，使用 PI 薄膜作为衬底，PEDOT:PSS、石墨烯、碳纳米管、纳米银线等作为电极材料，LTPS(low temperature poly-silicon，低温多晶硅)、IGZO(indium gallium zinc oxide，铟镓锌氧化物)等材料作为半导体层。这些材料具有良好的性能和适配喷墨打印等低成本加工方式的优点。另外，结合旋涂、物理/化学气相沉积、蒸镀涂布、光刻等低温工艺，业界已经成功实现了柔性 TFT 阵列的制备。

以京东方使用的一种 p 型 TFT 为例，图 4-14 给出了该 TFT 的结构示意图，制备流程

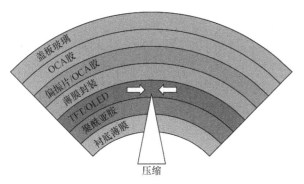

图 4-13　显示屏在弯曲过程中累积应变, 导致 TFT 阵列在弯曲后出现故障[12]

如下。首先, 在载体玻璃上覆盖一层 PI 作为基底。采用等离子体增强化学气相沉积(PECVD)
在 PI 上沉积 SiN$_x$ 和 SiO$_x$ 缓冲层。然后沉积一层非晶硅薄膜, 并通过准分子激光退火(ELA)
结晶, 形成多晶硅沟道层。在栅极绝缘体(GI)沉积后, 溅射一层钼金属作为栅极。通过 p$^+$
注入形成源漏结区。在层间介电层(ILD)沉积之后, 进行低于 450℃ 的退火以激活注入的杂
质并增强 TFT 特性。然后通过金属层形成触点和源/漏电极。最后将 PI 膜从载体玻璃上剥
离得到柔性基板。由于采用了 PI 作为基板, TFT 的最高退火温度需要低于 PI 材料的极限
温度, 即 450℃, 而传统的玻璃基板则可以使用最高 600℃ 的退火温度。在柔性衬底上退火
温度较低的 TFT, 其导通电流较小, 关断电流较大, 阈值电压较低, 迁移率较低, 在电气
可靠性方面比在玻璃基板上差, 如果长期使用, 可能会导致一些问题。

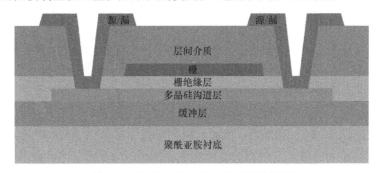

图 4-14　京东方使用的 p 型 TFT 结构[13]

更进一步地, 如果在 TFT 顶部沉积第二层非常薄的 PI 层, 便可以制备出适配于可折
叠器件的 TFT 阵列。这样做能保证整个器件随着结构弯曲, 两个 PI 层之间的夹层中的
TFT 承受的应力最小, 从而将应变带来的影响降至最低。

图 4-15 中给出了一些半导体、绝缘体以及电极材料搭配制备 TFT 的方案。

半导体	绝缘体	电极	柔性实现方式
石墨烯	Ion gel	PEDOT:PSS	本征可拉伸
ZnO	SiO$_2$	ITO	波浪形结构
IGZO	SiO$_2$	ITO	SU-8 光刻胶封装
低温多晶硅	—	—	岛形结构

图 4-15　几种柔性 TFT 的实现方式

4.4　可弯折/可折叠显示技术的发展现状与应用

作为显示领域的热门方向之一，近年来可弯折/可折叠显示器相关文章的发表层出不穷，而诸如 LTPS 技术、激光剥离技术等已经相对成熟，开始进入实际的柔性显示器的样机生产中。在这些技术的支持下，国内外许多显示界龙头公司和相关研究机构纷纷推出了自己生产的可弯弯折/可折叠显示器和设备。

2013 年 10 月，三星公司发布了第一款真正意义上采用了柔性显示屏的弯曲屏幕手机 Galaxy Round，同年 11 月，LG 公司也推出了类似的产品 G Flex。这类产品具有类似于大尺寸(27 英寸以上)曲面显示器的下凹曲面设计，但却因为屏幕尺寸太小而无法带来类似于曲面显示器宽视野的视觉感受，并且下凹的屏幕也没有带来实际上的功能创新，因此这种设计后来没有被沿用。

2014 年 9 月，三星公司发布了极具创新性的曲面屏手机 Galaxy Note Edge，这款手机改变了设计思路，将屏幕的右侧设计成了曲面。这条曲边不仅带来了手机外观的改变，拓展了手机的显示区域。更加重要的是，这条曲边可以作为快捷任务栏使用，改变了用户传统的交互习惯。

作为先导产品的 Galaxy Note Edge 让业界看到了 AMOLED 柔性屏和曲边设计的可能性，于是从 2015 年开始，各大智能手机厂商纷纷推出了自己的双曲边柔性屏手机，例如，2015 年三星公司推出的 Galaxy S6 Edge,2016 年我国的首款双曲边曲面屏手机 vivo Xplay 5 以及同年华为技术有限公司(华为)发布的 Mate 9 Pro 等。双曲边的屏幕使得手机更加美观，也给用户带来了近乎于"无边框"的视觉感受，并且随着曲边手势操作的发展完善，用户的使用体验也越来越好，因此得到了消费者的青睐。时至 2022 年，双曲边柔性屏设计依然是各大厂商旗舰机型的标配。

到了 2018 年，业界的目光又转向了能够充分利用柔性屏特性，从而提供更大的显示面积的折叠屏设备。到了 2019 年,三星公司和华为相继推出了 Galaxy Fold 和 Mate X，两款产品分别采用了内折和外折设计，体现了不同的设计思路。进一步地，华为在 2021 年初推出了 Mate X2,并于同年底推出了上下向内折叠的 P50 Pocket。三星公司也在 2019 年后逐步发布了 Galaxy Z Fold 2、Galaxy Z Fold 3、Galaxy Z Flip 等多款折叠屏产品。图 4-16 列出了近年来主流手机厂商推出的折叠屏手机产品的参数。

柔性显示不仅在小尺寸的手机领域，随着技术的不断更新迭代，制造大尺寸的柔性显示器已经成为可能。这些显示器将会应用在未来的笔记本电脑显示器甚至电视上，为消费者带来别样的观感体验。

2015 年，LG 公司公布了世界上第一面 18 英寸的柔性 OLED 显示屏，如图 4-17 所示，该屏幕可以实现 30mm 的弯曲半径。将 PI 作为塑料基材涂覆在玻璃上，并加热固化。之后在 PI 上沉积阻挡层以隔绝水氧，然后制备了具有共面结构的氧化物 TFT。在氧化物 TFT 上蒸发三原色子像素，然后在具有保护膜的 OLED 上进行柔性封装过程。裁切基板后，在 PI/玻璃上进行 COF/FPCB 键合。最后，使用 UV 将 PI 从载体玻璃上分离，然后在 PI 下方附着柔性背膜。经过高达 100000 次的循环滚动实验确认了该显示器的弯曲可靠性。

厂商	三星 Samsung	华为 HUAWEI	联想 Lenovo	三星 Samsung	三星 Samsung
推出时间	2019			2020	
	2019.09	2019.11	2020.02	2020.02	2020.09
产品	Galaxy Fold	Mate X/Xs	Motorola Razr	Galaxy Z Flip	Galaxy Z Fold2
折叠类型	内折式	外折式	内折式	内折式	内折式
折叠半径	R1.5	R5	R4水滴形	R1.5	R1.5
显示规格	7.3in 350 PPI	8.03in 373 PPI	6.2in 373 PPI	6.7in 425 PPI	7.6in 374 PPI
盖板	CPI	CPIx2	CPI	UTG	UTG

厂商	华为 HUAWEI	小米 Xiaomi	三星 Samsung	三星 Samsung	华为 HUAWEI	荣耀 HONOR
推出 时间	2021					2022
	2021.02	2021.04	2021.09	2021.09	2021.12	2022.01
产品	Mate X2	Mix Fold	Galaxy Z Flip3	Galaxy Z Fold3	P50 Pocket	Magic V
折叠 类型	内折式	内折式	内折式	内折式	内折式	内折式
折叠 半径	R2.6 水滴形	R1.5	R1.5	R1.5	—	—
显示 规格	8.03in 413 PPI	8.01in 387 PPI	6.7in 425 PPI	7.6in 374 PPI	6.9in 442 PPI	7.9in 381 PPI
盖板	CPI	CPI	UTG	UTG	—	CPI & UTG

图 4-16　主流手机厂商的折叠屏产品参数

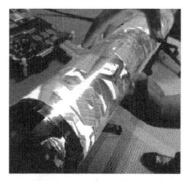

图 4-17　LG 公司的 18 英寸柔性 OLED 显示屏[14]

　　放眼国内相关公司的产品，2020 年，京东方推出了一款超大宽屏高清的可折叠 AMOLED 显示器。该显示器的尺寸达到了 17.3 英寸，拥有 2560×1920 分辨率，如图 4-18 所示。同时，其色彩表现也十分出色，色域面积达 104%NTSC。该款超大宽屏高清的可折叠显示器样机的出现，意味着可折叠显示技术的实用化已指日可待，也标志着我国在可折叠显示领域处于领先的水平。

在超大尺寸显示器方面，厂商也在积极地做各类型的尝试，LG 公司陆续公布了一系列半柔性的 OLED 显示器，成为超大尺寸柔性 OLED 显示器的先驱，如图 4-19 所示。

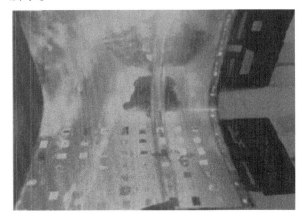

图 4-18　17.3 英寸 2560×1920 分辨率的超大宽屏高清的　　图 4-19　LG 77 英寸拼接 OLED 电视[16]
　　　　　可折叠 AMOLED 显示器[15]

除传统的不透明背板之外，柔性显示还可以选用透明的基材来制备器件，因此透明背板显示器凭借独特的显示效果，也吸引了不少关注。2018 年，来自韩国 LG 公司的 Park 等宣布成功制作了 77 英寸的透明柔性 OLED 显示器，如图 4-20 所示，这是当时世界上尺寸最大的透明柔性显示器[17]。该显示器采用激光剥离工艺，在玻璃板上旋涂 PI 层作为衬底，通过低温工艺制备非晶 IGZO-TFT 和发光层再整体剥离后贴合制得。为了避免水氧穿透 PI 衬底影响 OLED 的寿命，除 PI 衬底外，还增加了多层结构的阻挡层。通过调整各层材料的介电系数，使阻挡层的多层结构在可见光波段内产生增透效果，确保器件整体透过率不会因为阻挡层而大幅下降。

图 4-20　LG 77 英寸透明柔性 OLED 显示器[17]

参 考 文 献

[1] TAJIMA R, MIWA T, OGUNI T, et al. Truly wearable display comprised of a flexible battery, flexible display panel, and flexible printed circuit [J]. Journal of the society for information display, 2014, 22(5): 237-244.

[2] 孙训方, 方孝淑, 关来泰. 材料力学(Ⅰ)[M]. 北京: 高等教育出版社, 2009.

[3] NISHIMURA M, TAKEBAYASHI K, HISHINUMA M, et al. A 5.5-inch full HD foldable AMOLED display based on neutral-plane splitting concept [J]. Journal of the society for information display, 2019, 27(8): 480-486.

[4] SU Y, LI S, LI R, et al. Splitting of neutral mechanical plane of conformal, multilayer piezoelectric mechanical energy harvester [J]. Applied physics letters, 2015, 107(4): 041905.

[5] WANG W, JIA Y, LI H, et al. Mechanical simulation of foldable organic light-emitting diode display supporting layer [J]. Journal of the society for information display, 2021, 29(9): 723-730.

[6] LIU G S, QIU J S, XU D H, et al. Fabrication of embedded silver nanowires on arbitrary substrates with enhanced stability via chemisorbed alkanethiolate [J]. ACS applied materials & interfaces, 2017, 9(17): 15130-15138.

[7] HAN B, HUANG Y, LI R, et al. Bio-inspired networks for optoelectronic applications [J]. Nature communications, 2014, 5(1): 5674.

[8] HUANG S H, SU W J, KO C M, et al. 35-2: influence of low ground mass and moisture touch in on-cell touch with foldable AMOLED [J]. Journal of the society for information display, 2020, 51(1): 493-496.

[9] SHIN S, HWANG J, KIM T, et al. 32-1: transparent conductive film at in-cell touch structure [J]. Journal of the society for information display, 2016, 47(1): 405-407.

[10] LEE A. Advancing touch technology for flexible emissive displays [J]. Information display, 2020, 36(6): 24-27.

[11] CHIU P H, LI W Y, CHEN Z H, et al. 4-1: invited paper: roll TFT-LCD with 20R curvature using optically compensated colorless-polyimide substrate [J]. SID symposium digest of technical papers, 2016, 47(1): 15-17.

[12] ZHANG H, LI X, LI L, et al. P-126: thin film stress optimization for bending resistance improvement of flexible AMOLED display [J]. Journal of the society for information display, 2018, 49(1): 1574-1576.

[13] KAO S C, LI L J, HSIEH M C, et al. 71-1: invited paper : the challenges of flexible OLED display development [J]. Journal of the society for information display, 2017, 48(1): 1034-1037.

[14] YOON J, KWON H, LEE M, et al. 65.1: invited paper: world 1 st large size 18-inch flexible OLED display and the key technologies [J]. Journal of the society for information display, 2015, 46(1): 962-965.

[15] ZHANG B, QI P, YANG Z, et al. P-124: a 17.3-inch WQHD top-emission foldable AMOLED display with outstanding optical performance and visual effects [J]. Journal of the society for information display, 2020, 51(1): 1836-1839.

[16] SHIN H J, PARK K M, TAKASUGI S, et al. 45-2: advanced OLED display technologies for large-size semi-flexible TVs [J]. Journal of the society for information display, 2016, 47(1): 609-612.

[17] PARK C I, SEONG M, KIM M A, et al. World's first large size 77-inch transparent flexible OLED display [J]. Journal of the society for information display, 2018, 26(5): 287-295.

第5章 显示科技的基本器件原理

在前面的几个章节里面，对可穿戴显示的一些基本光学原理、电学原理以及柔性光电显示的基本原理进行了相关的介绍。本章对显示科技的基本器件原理进行介绍，其中对于可穿戴显示技术而言，目前最常用的显示器件主要是有机发光二极管(organic light-emitting diode，OLED)。因此，首先着重介绍 OLED 器件的相关概念。然后，对一些新兴的可穿戴显示技术所能用到的器件进行介绍，如量子点发光二极管(quantum-dot LED，QLED)、钙钛矿发光二极管(perovskite LED，PeLED)、胶体量子阱发光二极管(colloidal quantum well LED，CQW-LED)，以及基于无机 GaN 的 Mini-LED 和 Micro-LED。最后，将对 LCD 的相关工作的原理进行介绍。

5.1 自发光显示原理

OLED 属于自主发光器件，无需背光源，因而可以有效简化显示器件的结构、工艺与成本。其中，OLED 的整个发光过程主要受电荷与激子分布的影响。为了获得高性能 OLED，本节对 OLED 工作机制相关的重要概念加以阐述。

5.1.1 光物理中的基态、单线态和三线态

OLED 的发光材料主要由传统的荧光(fluorescence)材料(第一代发光材料)、磷光 (phosphorescence)材料(第二代发光材料)与延迟荧光(delayed fluorescence)材料(第三代发光材料)三大类构成，它们的区别则在于对激子的利用率不同，这里主要涉及与激子相关的概念，包括基态能级、单线态能级与三线态能级。

分子是由原子构成的，所以有很多电子能级。其中基态能级的能量最低，为分子的稳态[1]。欲使分子处于基态，分子中所有电子需满足 3 个条件：①泡利不相容原理，即电子在分子中排布时，每个轨道的电子数≤2；②能量最低原理，即电子排布时，最先填充较低能量轨道；③洪特规则，即电子在每个轨道运动时，自旋相反。因此，对于具有很多电子能级的分子而言，电子会占据能量较低能级，而空置不会占据能量较高轨道。其中，有机半导体中 HOMO(highest occupied molecular orbital)能级是最高被占据能级，类似于无机半导体中的价带顶；而有机半导体中的 LUMO(lowest unoccupied molecular orbital)能级则是最低空置能级，类似于无机半导体中的导带底，如图 5-1 所示。

与稳态相对应的是分子的激发态，包括单线态和三线态。当分子受外部因素(如光辐射等)激发时，其电子可以吸收能量，从而能够从低能级跃迁至高能级，此时分子则处于激发态，并且上段所述与基态有关的 3 个条件已不再完全适用。对于激发态分子，由于其不同的多重性，归为单线态激子(常用 S_1 表示)和三线态激子(常用 T_1 表示)。用 S 表示

态的总自旋时,可以定义态的多重性为 $2S+1$。电子跃迁后,其自旋未变,则 $S=0$,为单线态($2S+1=1$)。电子跃迁后,其自旋翻转,则 $S=1$,为三线态($2S+1=3$)。其中,相应单线态能量高于三线态能量,因为如果填充不同轨道的电子的自旋一样,则此时体系能量最低。

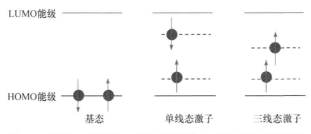

图 5-1　基态、单线态、三线态能级和电子自旋状态示意图

5.1.2　激子

在材料中受库仑引力作用而互相束缚的空穴-电子对称为激子(exciton)。在电场作用下,由于有机分子没有连续的能带,一般认为空穴是按照跳跃式的形式在 HOMO 能级上移动的,而电子则在 LUMO 能级上跳跃式移动。受库仑引力影响,电子空穴不断靠近,使得一部分空穴和电子相遇,最终转变成激子。处于激发态的激子会以光子的形式释放能量,重新回到稳定的基态。这一现象被称为电致发光,因此 OLED 最初的时候常被称为有机电致发光器件。

激子产生后,不会立即消亡,而是有一定的寿命(lifetime)。在 OLED 中,常见的单线态激子寿命为 $10^{-9}\sim10^{-6}$s,而三线态激子的寿命较长($10^{-6}\sim20$s)。受激子寿命的影响,激子产生后将以无规则的运动向四周扩散,激子在扩散过程中从产生到消失运动的平均距离常常被称为激子的扩散长度。如果激子从初始点为 L_1,在寿命期限内向周围扩散直至在 L_2 点消失,那么直线距离 $L=L_2-L_1$ 称为该激子的扩散长度。因此,由于单线态激子寿命较短,不难发现单线态激子的扩散长度要远小于三线态激子的扩散长度。尤其在设计荧光/磷光杂化白光 OLED 器件时,常常用到单线态激子与三线态激子扩散长度的区别这一策略优化器件性能。

对于 OLED 而言,如何尽可能多地俘获激子是保证器件高性能的基础。但是在实际器件中,激子可以与电荷发生作用,产生电荷-激子猝灭。此外,激子也可以与激子作用,比如三线态-三线态猝灭(triplet-triplet annihilation, TTA)。这些非辐射复合往往会大幅度降低器件性能,因此提高激子利用率几乎是研究 OLED 的重中之重。

5.1.3　荧光、磷光与延迟荧光

对于有机发光材料,传统的荧光材料主要通过俘获单线态激子而产生荧光,磷光材料与延迟荧光材料则可以同时俘获单线态激子与三线态激子而分别获得磷光与延迟荧光。虽然激发态较多,但是电子从基态吸收能量后到达激发态时主要位于第一激发态,因为有机材料的其余激发态寿命极短[2]。通常其余激发态会以无辐射振动热能形式,通过内转换在 10^{-12}s 内衰减到第一激发态。荧光过程是电子从第一单线态(S_1)到基态(S_0)的辐射跃迁，而磷光过程则是电子从第三线态(T_1)到基态的辐射跃迁。其中，荧光是自旋允许的，而磷光则自旋禁阻，如图 5-2 所示。一般而言，需要借助重原子效应，才可以得到有效磷光。

从 1987 年 OLED 发明至 1998 年，OLED 的发光层所采用的都是传统荧光材料。1998年，当时在吉林大学的马於光教授以及普林斯顿大学的 Forrest 教授先后报道了磷光现象的存在，自此 OLED 的研究则主要是关于磷光的，因为磷光器件的效率往往高很多。自2012 年高效率的热激活延迟荧光(thermally activated delayed fluorescence，TADF)得以证实以来，目前学术界以及工业界都加大了对 TADF 材料的研究[3]。尽管 TTA 也可以产生延迟荧光，但是本书所讨论的主要是延迟荧光中的 TADF。

TADF 的发光过程可以简述为，当单线态能级与三线态能级之间的能级差足够小时，电子受到热激发时可从三线态经过反系间穿越(inverse intersystem crossing，ISC)返回单线态，随后通过辐射跃迁到基态，从而产生荧光[4]。因此，相对于传统荧光，TADF 的寿命大大增加了。TADF 材料由于可以同时俘获三线态激子与单线态激子，因此基于 TADF 材料的 OLED 的内量子效率理论值可高达 100%[5]。TADF 的辐射跃迁过程，如图 5-3 所示。

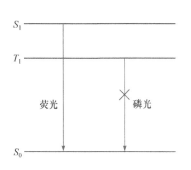

图 5-2　荧光、磷光的辐射跃迁差异示意图

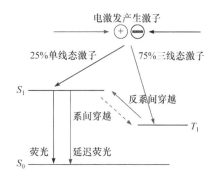

图 5-3　TADF 的辐射跃迁示意图

5.1.4 · 有机发光二极管性能的重要参数

1. 发光颜色

对于单色光 OLED 而言，发光颜色主要由电致发光光谱的波峰值、光谱半高宽、CIE *x,y* 1931(Commission International de l' Eclairage 1931)色度坐标以及色坐标稳定性表征。目前，红、绿、蓝三基色的 OLED 都已实现，但是蓝光 OLED 的性能还有待提高。对于白光 OLED 而言，则常常还需要显色指数(color rendering index，CRI)、相关色温(color correlated temperature，CCT)以及与白光色坐标等能点(0.33,0.33)的差异性表征。其中，有机发光材料的光谱半高宽一般较宽，高达 100nm 以上。在显示技术中，这一特点会影响色纯度，因此常用顶发射器件结构窄化光谱。此外，近年来，科研工作者也逐渐通过设计新型的具有较窄半高宽的发光材料分子来制备 OLED器件。

CIE 色度坐标是指 1931 年国际照明委员会所制定的色度坐标系统，指出某一光源的颜色在特定的照明情况下物体表面反射所发出的光色。根据色度学理论，CIE 色坐标将所有颜色用 x 和 y 两个数值表征，并将以此绘制出的坐标图称为色坐标图，如图 5-4 所示[6]。图中三角形的 3 个顶点为红、绿、蓝三基色的色坐标基准点，中间点为白光等能点的坐标。根据美国国家电视系统委员会(National Television Systems Committee，NTSC)规定，标准红光色坐标为(0.67,0.33)，标准绿光色坐标为(0.21,0.71)，标准蓝光色坐标为(0.14,0.08)。其中，通过对比 OLED 器件的色坐标与上述三个标准色坐标的差异，可以计算获得显示器件的色域。目前，OLED 的 NTSC 色域已经可以超过 120%。此外，值得注意的是，只要 OLED 的色坐标位于等能点附近，都认为其光色是白光[7]。根据色度学的加色原理，白光可以由红、绿、蓝三基色合成，也可以由互补的二元色(如蓝/黄、蓝/橙、蓝/红等)构成[8]。

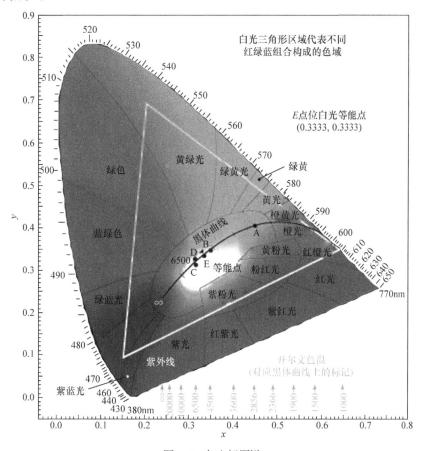

彩图5-4

图 5-4　色坐标图[6]

色坐标稳定性，即光谱稳定性，指的是 OLED 工作时，色坐标随电压、电流密度或者亮度的改变而变化的指标。尤其对于蓝色磷光 OLED，由于材料自身稳定性的限制，光谱在高亮度下的稳定性难以保持。此外，对于白光 OLED，当电压改变时，器件复合区域容易发生改变，因此容易造成色坐标的变化。并且由于蓝色发光体需要较高的能量激发，所以在高电压下，白光 OLED 的色坐标往往发生蓝移现象。另外，各个发光体的工作寿命不同，白光 OLED 的光谱也会随工作时间发生改变[9]。

CRI 指光源对物体的显色能力，即颜色的逼真程度。CRI 的取值在 0～100 变化，越接近 100,则说明该光源光色质量越高,常见的白炽灯和太阳光的 CRI 被定义为 100。2002年, 美国普林斯顿大学的 Forrest 教授等首次将 CRI 这一性能参数引入 OLED，并且通过采用红、绿、蓝三色发光体设计器件结构，实现了高达 83 的 CRI[10]。

CCT 表示光色相对白的程度，单位为 K，指一个光源与某温度下的黑体具有相同颜色时，此黑体的热力学温度则为该光源的色温。为了满足高质量照明的需求，白光 OLED 的色坐标则尽可能地接近(0.33,0.33)，色坐标的 x 和 y 值在整个亮度范围内和整个工作过程中都应保持在 0.005～0.01 范围内变化,CRI 必须大于 80,并且色温在 2500～6500K[11]。此外，OLED 已被证实可以模拟太阳光的色温(2500～8000K)以及被用来制备低色温的类烛光器件(约 1900K)。

2. 效率

OLED 的效率主要指内量子效率、外量子效率、发光效率和功率效率表征[12]。量子效率定义为发射光子数量和注入的电子数目的比值，分为内量子效率(internal quantum efficiency，IQE)和外量子效率(external quantum efficiency，EQE)。IQE 定义为器件内部产生的光子数与注入的电子数之比，而 EQE 指在观测方向射出器件表面的光子数与注入电子数的比值。对于传统的荧光 OLED,由于只能俘获单线态激子,因此 IQE 最大值为 25%。对于磷光材料与 TADF 材料，由于可以同时利用单线态激子与三线态激子，因此 IQE 最大值为 100%。EQE 为 IQE 和光输出耦合因子 η_{out} 的乘积。影响 EQE 的主要因素有电子空穴注入平衡系数 $\gamma(\leqslant 1)$，电子空穴复合形成单线态和三线态激子占总数的比例 r_{st} (荧光的 r_{st} 最大值为 0.25，磷光与 TADF 的 r_{st} 最大值为 1)，材料的光致发光效率 q 以及光输出耦合效率 η_{out} (一般为 0.2)，综合 EQE 可表示为[13]

$$\mathrm{EQE} = \mathrm{IQE} \cdot \eta_{\mathrm{out}} = \gamma \cdot r_{\mathrm{st}} \cdot q \cdot \eta_{\mathrm{out}} \tag{5-1}$$

利用磷光或 TADF 发光材料，OLED 的 IQE 可高达 100%。但根据式(5-1)可知，EQE 也由光耦合因子决定[14]。从式中很容易看出，EQE 与外耦合因子成正比。因此，提高光取出效率对 EQE 的进一步改进至关重要。

以典型的 OLED 器件结构为例，层与层之间的折射率(n)不匹配，导致波导效应的出现(例如，有机层的 n 取值一般为 1.6～1.76，常见阳极 ITO 的 n 为 1.8～2.2，玻璃基板的 n 为 1.5 左右，空气的 n 为 1.0)。大多数光子由激子辐射复合产生，通过界面的反射后，从衬底射出，如图 5-5 所示[15]。根据经典的射线光学理论(折射定律)，可以计算空气、衬底和有机层各界面处的临界角，可通过式(5-2)得

$$n_1 \cdot \sin\theta_1 = n_2 \cdot \sin\theta_2 \tag{5-2}$$

式中，n_1 和 n_2 为相邻层的折射率；θ_1 和 θ_2 为临界角，分别在空气/衬底和衬底/ITO 界面。当光从光疏介质向光密介质传播时，光线不会在界面上反射。因此，θ_1 和 θ_2 与 ITO 无关，因为 ITO 的折射率高于有机物的折射率。除了表面等离子体-极化子(surface plasmon-polariton，SPP)模式(与金属有关，由电极/有机界面产生的光损失，光学损耗≈10%)

外[16]，器件中产生的光还受到另外三种光学模式影响：①外部模式(external mode)，约占光线总量的 20%，此时光能够从 OLED 发射出来$(0° \leqslant \theta < \theta_1)$，能够被利用；②衬底模式(substrate mode)，即由于全反射，光被限制在玻璃/空气界面的衬底中，通常传播到玻璃边缘$(\theta_1 \leqslant \theta \leqslant \theta_2)$，约占光线总量 30% 的光线被损失掉；③ITO/有机模式(光学损耗≈40%)，即由于全内反射，光被损耗在 ITO/衬底上界面$(\theta_2 < \theta \leqslant 90°)$，此时光线主要耗散在 ITO、有机层、金属阴极。特别是，如果用金属电极(例如，薄金属膜、金属纳米线或网格)取代 ITO，将消除 ITO/有机波导模式。在这种情况下，SPP 模式是一种重要的光损耗模式，特别是对于有两个金属电极的 OLED，因为 SPP 模式存在于阳极/有机界面和阴极/有机界面上。

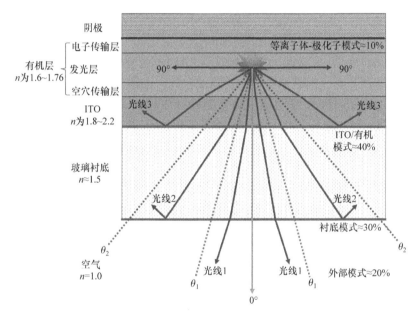

图 5-5　平面 OLED 的光线传播过程示意图

n 为折射率，其中外部模式$(0° \leqslant \theta < \theta_1)$，衬底模式$(\theta_1 \leqslant \theta \leqslant \theta_2)$、ITO/有机模式$(\theta_2 < \theta \leqslant 90°)$[15]

发光效率(luminance efficiency)，也称为电流效率(current efficiency，CE)，与功率效率(power efficiency，PE)是较为常用的两个物理量。CE 注重发光材料本身的特性，而 PE 则是从面板耗电和能量系统设计方面来考虑。CE 是器件的发光亮度(L)与通过器件的电流密度(J)之间的比值，与 EQE 成正比。PE 是单位时间内产生的光通量与器件所消耗的电源功率之比。CE 的公式表示为

$$CE = L / J = (L \cdot S) / I \tag{5-3}$$

式中，S 为器件发光面积；I 为流过器件的电流。对于朗伯光源而言，PE 可以表示为[17]

$$PE = (\pi \cdot CE) / V \tag{5-4}$$

式中，V 为器件工作电压。从以上公式可以看出，PE 与 CE 成正比，而与工作电压成反比，因此 PE 可以反映器件功耗大小。为了获得较高 PE，则需要尽可能地降低器件的工作电压。

3. 工作寿命

OLED 器件的工作寿命通常定义为亮度衰减至初始亮度一半时所经历的时间。1996年，Kodak 公司首次提出了表征器件寿命换算的公式[18]：

$$L_0 t_{1/2} = C \tag{5-5}$$

式中，C 为常数；L_0 为器件起始亮度；$t_{1/2}$ 为亮度衰减到初始亮度一半时所花的时间，也称为半衰期，常用 T_{50} 表示。为了满足更严格的实际产品的需求，商业化产品常用到的指标则为 T_{90}(亮度衰减到初始亮度 90%时所花的时间)或者 T_{95}(亮度衰减到初始亮度 95%时所花的时间)。此外，目前主要使用更为准确的公式来估算寿命[19]：

$$L_0^n t_{1/2} = C \tag{5-6}$$

式中，C 为常数；n 称为加速系数(acceleration coefficient)。n 会随着发光颜色、器件结构或者材料的不同而变化。n 常在 1.2～2.7 取值，目前文献上较多采用的是 1.5。虽然以上两个寿命公式有所差异，但是都符合初始亮度越高，则器件的半衰期越短这一结论。一般对于商业化的产品而言，在显示相关亮度为 100cd/m² 时，器件寿命需要 100000h 以上。在照明相关亮度为 1000cd/m² 时，器件寿命需要 10000h 以上。

目前，虽然传统荧光材料的效率不高，但是其稳定性较好。此外，虽然绿色、红色磷光材料已被证实有良好的寿命，但是目前还无法获得稳定的蓝色磷光材料。对于 TADF 材料而言，尽管其成本与磷光材料相比较低，但是目前其寿命仍然制约着其商业化进程[20]。就白光 OLED 而言，为了能够同时获得高效率与长寿命，目前国际上的各大公司通常采用荧光/磷光杂化器件结构，即采用蓝色荧光材料与红色、绿色磷光材料或互补色磷光材料混合制备白光。

5.1.5　有机发光二极管的工作机理

OLED 为电流驱动型器件，目前其工作机理一般借助于无机半导体中的理论加以诠释。OLED 的发光过程大致可以分为 4 个阶段[21-25]：电荷注入、电荷传输、激子生成、激子辐射。不难发现，OLED 发光过程主要受到电荷与激子动力学的影响，因此调控电荷与激子的分布将直接影响器件性能。下面以一个常见的 OLED(器件结构包含阳极、空穴传输层、发光层、电子传输层和阴极)为例，对器件的整个发光过程加以解释，如图 5-6 所示。

1. 电荷注入

电荷(charge)，有时也称为载流子(carrier)。电荷注入包括空穴注入和电子注入。在电场的正向电压作用下，空穴经阳极穿过 HOMO 能级势垒至空穴传输层的过程称为空穴注入，而电子经阴极穿过 LUMO 能级势垒至电子传输层的过程称作电子注入。为了提高空穴注入，常见的方法是 p 型掺杂，例如，将 MoO₃、NiOₓ 等金属氧化物掺入空穴传输材料 N,N′-二苯基-N,N′-(1-萘基)-1,1′-联苯-4,4′-二胺(NPB)中。为了提高电子注入，常见的方法是 n 型掺杂，例如，将 Li、Cs 等活泼金属掺入电子传输材料 4,7-二苯基-1,10-菲罗啉(Bphen)中。值得注意的是，目前关于电荷注入的机理还存在一定的争议，大致可分空间

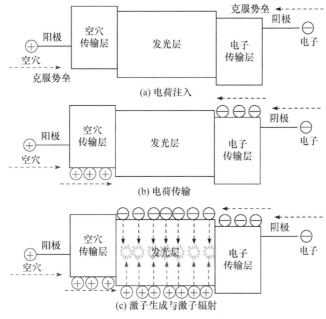

(a) 电荷注入

(b) 电荷传输

(c) 激子生成与激子辐射

图 5-6　OLED 的发光过程

电荷限制理论、Richadson-Schottky 热电子发射理论、陷阱电荷限制理论、Fowler-Nordheim 隧穿理论等。

2. 电荷传输

在正向电场作用下，从阳极注入的空穴朝着阴极移动，而从阴极注入的电子则朝着阳极移动，该过程称为电荷传输。与无机半导体材料相比，有机材料的迁移率较低，并且电子迁移率往往低于空穴迁移率。例如，常见的电子传输材料 8-羟基喹啉铝(Alq_3)的电子迁移率约为 $10^{-6}cm^2/(V\cdot s)$，1,3,5-三(1-苯基-1H-苯并咪唑-2-基)苯(TPBi)的电子迁移率约为 $10^{-5}cm^2/(V\cdot s)$，Bphen 的电子迁移率约为 $10^{-4}cm^2/(V\cdot s)$。因此，设计出具有高迁移率的有机材料是获得高性能 OLED 的关键因素之一。此外，通过减少不同层与层之间的能级势垒，也可以提高电荷传输效率。

3. 激子生成与激子辐射

空穴和电子到达发光层以后，会相遇而形成束缚态的空穴-电子对，即激子。根据自旋统计，单线态激子和三线态激子会以 1:3 的比例同时产生[26]。在激子复合过程中，有辐射跃迁和非辐射跃迁两种形式，它们处于相互竞争状态。非辐射跃迁使得激子能量以热能等形式损失，而辐射跃迁则是使激子能量以光子形式释放得以发光。根据发光材料的带隙不同，可以分别得到不同波长的光色。

因此，提高激子的辐射跃迁与降低无辐射跃迁是获得高性能器件的关键。其中常见的提高激子利用率的方法包括：①拓宽激子复合区域，例如，在具有主客体掺杂发光层的 OLED 中，采用双极性主体代替单极性主体；②增加电荷平衡，例如，通过采用具有相同空穴迁移率与电子迁移率的电荷传输材料，使到达发光层的空穴数量与电子数量相等；③减少界面电荷积累，避免发生电荷-激子猝灭。

5.2　有机发光二极管

5.2.1　OLED 的发展历史及现状

根据发光材料的分子量大小,采用小分子有机材料制备的电致发光器件称为小分子OLED，而采用聚合物有机材料的器件称为聚合物 LED(polymer LED，PLED)。在广义上，OLED 包含小分子 OLED 和 PLED 两种类型。OLED 由于具备众多优点(如自主发光、面光源、高效率、低功耗、可柔性化、可溶液加工、可透明化等)，不仅有望成为新一代的主流显示技术(目前已有大量的手机使用 OLED 显示技术),而且在照明领域具有广泛应用的潜力。此外，OLED 通过与其他半导体器件进行集成，在新型光电子集成领域也有重要应用。

从 20 世纪 50 年代开始，有机电致发光器件逐渐引起了科研工作者的兴趣。1963 年，美国纽约大学的 Pope 等利用电解质溶液作为电极,在蒽单晶上首次观测到了有机电致发光现象[27]。但是器件的工作电压过高(约 400V)，离实际应用相差甚远，因此未能引起重视。1982 年,Vincett 等通过真空沉积研发出约 0.6μm 蒽薄膜,证实了有机材料可以在低于 100V时产生可见光,从而使得有机电致发光器件的研究重新得到关注[28]。1987 年,美国柯达公司的邓青云(C. W. Tang)等采用真空沉积的方法，制备出双层有机薄膜，从而设计出新颖的电致发光器件[29]。该器件可以有效地产生绿光，并且 PE 可达 1.5lm/W，在电压低于 10V时亮度超过 1000cd/m²。由于该突破性的发现，邓青云博士被誉为 OLED 的发明人。1990年，英国剑桥大学的 Friend 教授等采用溶液加工的方法，将共轭聚合物聚(对苯撑乙烯)作为发光材料，首次报道了 PLED[30]。自此，全世界的科研工作者对 OLED 的研究与日俱增。

随后几年，OLED 性能不断得到提高，这主要可以归因于：①更多新材料的合成，如发光材料的光致发光效率的提升、电荷传输材料迁移率的提高；②新器件结构的设计，如采用界面工程(有机层/有机层界面、有机层/金属界面)提升激子利用率；③新制备工艺的出现，如印刷等工艺探索；④新工作机理的理解，如通过拓宽激子生成区与激子复合区提高器件性能。一个典型的例子为，美国柯达公司的 Hung 等在 1997 年发现 LiF/Al 复合阴极能大大提高电子的注入能力与稳定性，并且优于以往常用的 Mg：Ag 电极[31]。实际上，如何有效地提高电子的注入能力一直是 OLED 研究的难点，因此 Hung 等的发现加速了 OLED 的发展。到目前为止，LiF/Al 依然是最为常用的复合阴极。

第一代 OLED 主要采用荧光材料,器件最多只能利用 25%的单线态激子，剩余的 75%的三线态激子被白白浪费掉，所以效率较低。因此，俘获 75%的三线态激子显得尤为必要。1998 年，吉林大学的马於光教授等通过对重金属 Os 复合物的研究，首次报道了电致磷光[32]。随后，美国普林斯顿大学的 Forrest 教授等通过对重金属 Pt 复合物的研究，发现使用八乙基卟啉铂(PtOEP)作为红光客体掺杂在主体 Alq₃ 中时，器件中所产生的单线态激子和三线态激子都能够被俘获，从而使得 OLED 在理论上可达到 100%的内量子效率[33]。此后，磷光 OLED 的研究进入高潮。因此，磷光 OLED 常被称为第二代 OLED。

　　由于磷光材料需要 Pt、Ir 等贵金属来实现重原子效应，因而其成本居高不下，限制了其商业化进程。2012 年，日本九州大学的 Adachi 教授等设计出新型的 TADF 材料[3]，发现其不仅能俘获 25%的单线态激子，也能俘获 75%的三线态激子，因此采用 TADF 材料的 OLED 的内量子效率也可高达 100%。由于 TADF 不含重金属原子，并且在理论上可以俘获所有激子，因此基于 TADF 材料的 OLED 被誉为第三代 OLED。

　　目前，OLED 得到了世界上众多科研单位院所的研究，如美国的密歇根大学、加拿大的多伦多大学、英国的剑桥大学、德国的德累斯顿工业大学、新加坡的南洋理工大学、韩国的首尔国立大学、日本的山形大学，以及中国的清华大学、北京大学、中山大学、华南理工大学、西安交通大学、武汉大学、苏州大学、南京邮电大学、南京工业大学、香港科技大学等。图 5-7 为中国华南理工大学早期开发的柔性 AMOLED 显示屏。

图 5-7　中国华南理工大学于 2013 年研发的基于氧化物 TFT 技术的全彩色柔性显示屏[6]

　　在产业界方面，OLED 同样得到各大科技公司巨头的青睐，如美国的杜邦公司、环宇显示技术公司；欧洲的飞利浦公司、Novaled 公司，韩国的三星公司、LG 公司，日本的东芝公司，中国的友达光电股份有限公司(简称友达)、富士康科技集团、京东方科技集团股份有限公司、天马微电子股份有限公司(简称天马)、深圳市华星光电技术有限公司(简称华星光电)、维信诺公司、广州新视界光电科技有限公司等。图 5-8 为 LG 公司在 2021 年报道的大尺寸(88 英寸)的 8K OLED 电视[34]。

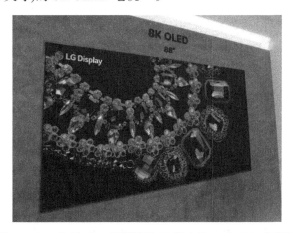

图 5-8　LG 公司 2021 年报道的 88 英寸的 8K OLED 电视[34]

OLED 如果作为显示技术，除高效率、长寿命性能外，其主要优势如下[35-37]：

(1) 自主发光，从而无需背光源，可以有效简化器件结构和工艺，并且使得其几乎无视角瓶颈。

(2) 超轻与超薄，从而便携性极好，可满足可穿戴需求，也可用于微显示设备，并且有望在航天航空技术领域得到很好的应用。

(3) 可柔性化，可以在柔性衬底上制备高性能 OLED 屏幕，并且 OLED 可以随意扭曲而不影响器件性能，可更好地满足可穿戴柔性显示技术的条件。

(4) 可透明化，通过采用透明的阳极与透明的阴极，可发展新型的透明显示技术，可以使显示器更加梦幻。

(5) 低功耗，通过 p-i-n 掺杂技术，OLED 可以在低于 2V 时启亮，并且在显示器相关亮度为 $100cd/m^2$ 时，所用电压只需 2.3～3V，从而可以大大提高器件的效率，降低功耗。

(6) 响应快，OLED 显示器的响应时间只需几微秒至几十微秒，从而避免了拖影的现象。

(7) 广色域，根据 NTSC 计算，OLED 的色域可超过 120%，色彩还原效果好。

(8) 工作温度范围宽，在 -20℃ 时仍可以正常工作。

OLED 如果被用于照明领域，与白炽灯、荧光灯、无机 LED 等照明光源相比，OLED 有一些独特的优势：

(1) 可避免蓝光，因为 OLED 的色温可以低至 1900K 以下，从而可以模拟烛光，非常有利于人类的身体健康。

(2) 散热快，由于 OLED 为面光源，无需专门的散热装置。

(3) 色温范围宽，单个白光 OLED 的色温可以有效覆盖太阳光色温(2500～8000K)，从而模拟太阳光，而其他光源则很难满足此要求。

(4) 绿色环保，因为不含 Hg 等有毒元素。

5.2.2　OLED 材料

在设计 OLED 器件之前，需对器件中每一层的材料进行选择。因此，无论是发光层材料还是功能型材料，都将对 OLED 性能产生重要影响。OLED 器件具有典型的"三明治"结构，即发光层由两电极覆盖，其中阳极提供空穴，阴极提供电子。对于底发射 OLED，ITO 是最为常用的阳极，但是其柔韧性较低，因此不太适合用在柔性器件中。为了满足柔性化需求，可以采用 Ag 纳米线、石墨烯等电极。对于阴极而言，最为常用的是金属 Al、Ag 等。

在 OLED 发展的初期，常采用单层结构，即器件中只有单一有机层，如图 5-9(a) 所示。虽然单层 OLED 具有工艺简单、成本较低、易于制备等优点，但是由于电荷的注入，平衡性往往较差，导致复合概率过低。并且，由于发光层直接与电极接触，界面的缺陷较多，进一步增加了非辐射复合。因此，

(a) OLED的单层器件结构

(b) 常用的多层器件结构

图 5-9　OLED 的器件结构

单层 OLED 的性能一般较差。为了解决这些问题，目前常用的器件结构为多层结构，即除两电极外，还包含空穴注入层、空穴传输层、发光层、电子传输层与电子注入层，如图 5-9(b)所示。

对于具有多层结构的 OLED，空穴注入层的作用主要是减少阳极与空穴传输层之间的能级势垒，有效地将空穴注入空穴传输层，避免空穴的积累，从而提高器件的效率、延长其寿命。常用的空穴注入材料包括：①金属氧化物无机材料，如 MoO_3、WO_3、V_2O_5、Ag_2O、CuO_x 等；②具有较低 HOMO 能级和较高空穴迁移率的有机材料，如 M-MTDATA、HAT-CN、CuPc、2-TNATA 等，如图 5-10 所示；③p 型掺杂层，即将氧化剂掺杂在 p 型材料中，可以近似形成欧姆接触，大幅度提高空穴注入效率。

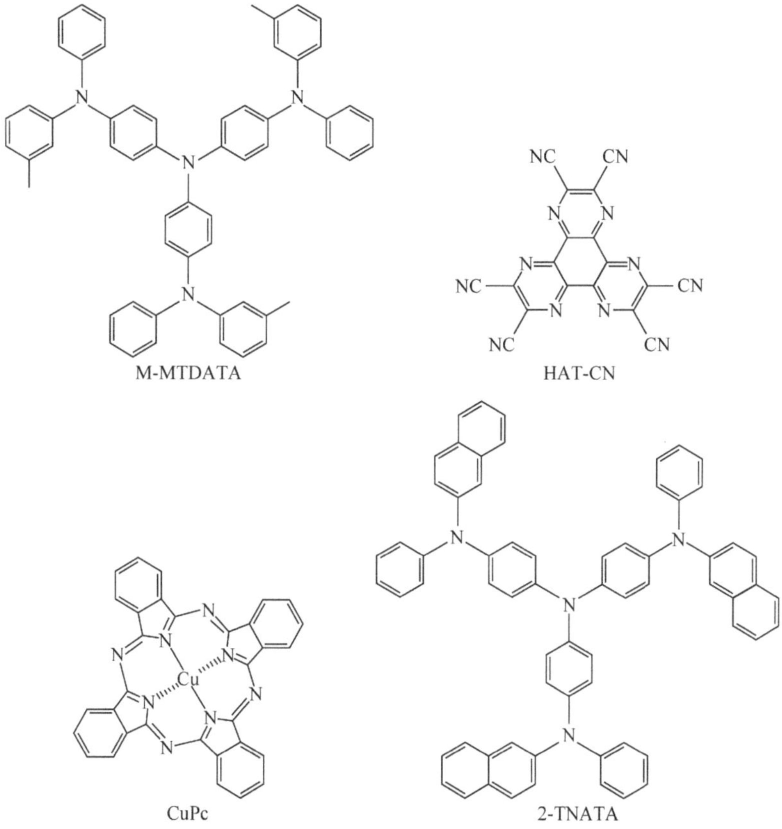

图 5-10　常用的几种空穴注入材料

空穴传输层的作用主要是：①将空穴从空穴注入层传输到发光层，从而使得空穴能够与电子相遇产生激子；②充当缓冲层，例如，当采用 p 型掺杂的空穴注入层时，如果没有空穴传输层，p 型掺杂剂将会扩散到发光层中，导致激子猝灭；③阻挡电子，在设计器件时，需要使空穴传输层的 LUMO 能级高于发光层的 LUMO 能级，否则发光层中的电子很容易逸出到达空穴注入层或者阳极，形成漏电流，从而大大降低器件效率、缩短其寿命；④阻挡激子，当采用磷光材料或者 TADF 材料制备发光层时，空穴传输层的三线态能级须高于发光层的三线态能级，否则容易导致激子猝灭，从而降低器件性能。因此，空穴传输层有时也被称为电子/激子阻挡层。常用的空穴传输材料可以由芳香三胺类、咔唑类、有机硅烷类等材料构成，如 NPB、TPD、4P-TPD、Spiro-TAD、TCTA、α-NPD 等，如图 5-11 所示。

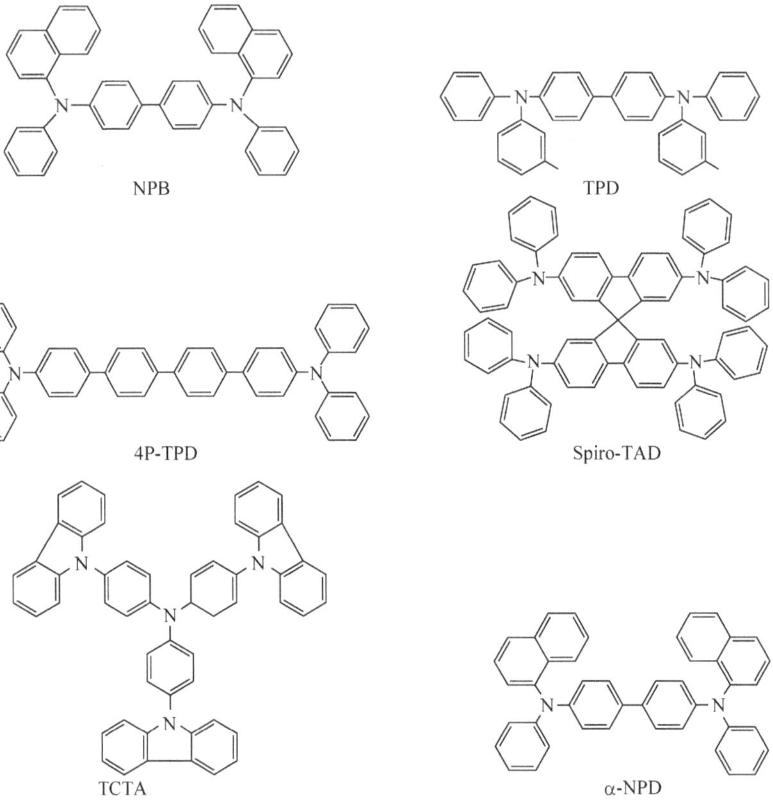

图 5-11 常用的几种空穴传输材料

电子注入层起到降低阴极与电子传输层之间 LUMO 能级势垒的作用，可以有效避免过多的电子积累。常用的电子注入材料可以是碱金属氟化物，如 LiF、NaF、KF 等，或者是碱金属化合物，如 KBH_4、Cs_2CO_3、CsF、Cs_3N 等，也可以是 Liq 等有机物。这些材料做电子注入层时，其厚度一般较小，为 0.5～5nm。当然，可以将 Li、Cs 等活泼金属掺杂在 n 型材料当中构成 n 型掺杂层。同 p 型掺杂层一样，n 型掺杂层可以近似形成欧姆接触，是一种非常有效的电子注入层，其厚度可以根据实际需要进行调节，从而可以优化器件的光学性能。

与空穴传输层作用相反，电子传输层的作用主要是：①将电子从电子注入层传输到发光层，从而使得电子能够与空穴相遇产生激子；②充当缓冲层，例如，当采用 n 型掺杂的电子注入层时，如果没有电子传输层，n 型掺杂剂将会扩散到发光层中，导致激子猝灭；③阻挡空穴，在设计器件时，需要使电子传输层的 HOMO 能级低于发光层的 HOMO 能级，否则发光层中的空穴很容易逸出到达电子注入层或者阴极，形成漏电流；④阻挡激子，当采用磷光材料或者 TADF 材料制备发光层时，电子传输层的三线态能级需高于发光层的三线态能级，否则容易产生非辐射跃迁。因此，电子传输层也被称为空穴/激子阻挡层。常用的电子传输材料有 TPBi、TmPyPB(1,3,5-tri(m-pyrid-3-yl-phenyl)benzene)、

Bphen、BAlq、Alq$_3$、Bepp$_2$ 等，如图 5-12 所示。

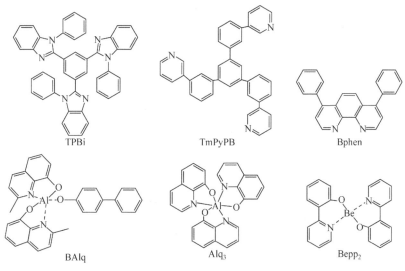

图 5-12　常用的几种电子传输材料

5.2.3　OLED 器件结构

1. 正置结构与倒置结构

在选取发光材料之后，如何调控 OLED 中电荷和激子的分布是实现高器件性能的关键因素。这是因为电荷注入、电荷传输、激子生成、激子辐射或非辐射衰减、激子扩散、激子俘获和能量转移等各个过程都会影响器件的性能。尤其是对于磷光 OLED 和采用 TADF 材料的 OLED，通常需要采用具有高三线态能级的电荷传输层。此外，在荧光/磷光杂化白光 OLED 中，由于蓝色荧光材料不能俘获三线态激子，需要谨慎地调控电荷和激子的分布，否则荧光层与磷光层之间会发生激子猝灭，因此常常引入间隔层或者具有高三线态能级的蓝色荧光材料。

除了合成高性能的材料以外，合理地设计器件结构也会直接影响到 OLED 的性能，因此器件的结构十分重要，特别是器件工程学的优化已被证实是获得高性能的可行途径。根据电极与衬底的位置关系，可以将 OLED 器件结构分为正置和倒置器件结构，如图 5-13

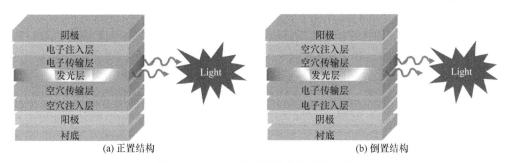

图 5-13　OLED 的正置结构和倒置结构

通过更换发光层材料，同样可以将这些器件结构用于 QLED、PeLED、CQW-LED 等

所示。如果阳极与衬底直接相邻，该结构常被称为正置结构。如果阴极与衬底直接相邻，该结构常被称为倒置结构。无论是正置还是倒置器件结构，其工作机制类似，通过合理的设计，它们都可以用来有效地实现高性能的 OLED。

2. 底发射、顶发射、透明结构

根据 OLED 器件出光面来划分，OLED 可分为底发射 OLED、顶发射 OLED 以及透明 OLED，其结构如图 5-14(a)所示。底发射 OLED 器件是指 OLED 的出光面位于衬底一侧，其与衬底相邻的电极通常为透明的电极(如 ITO)，其阴极则用不透明的金属(如 Al、Ag 等)。因此，OLED 发光层产生的光线会通过透明的电极与透明衬底(如玻璃)发射出去，如图 5-14(a)所示。对于有源驱动 OLED(active matrix OLED，AMOLED)显示，当采用底发射器件时，由于发光的面积与像素中的薄膜晶体管(thin film transistor，TFT)和电容的数量及面积有关，OLED 发出的光被 TFT 和电容中的不透明导线遮挡，使得开口率最大只能达到约 40%。因此，底发射结构主要用于照明领域，而很少用于显示领域。

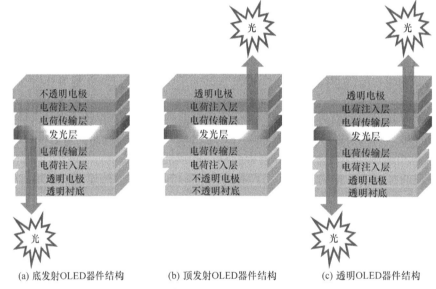

(a) 底发射OLED器件结构　　　(b) 顶发射OLED器件结构　　　(c) 透明OLED器件结构

图 5-14　OLED 底发射、顶发射、透明结构

对于显示技术，更多的是采用具有顶发射器件结构的 OLED，其出光面位于顶电极一侧。在这种发光方式中，由于光线是往上发射出去的，因此可以制作在不透明的衬底上。当采用透明衬底时，顶发射 OLED 中与衬底相邻的电极通常为不透明的金属电极，而阴极则用透明材料(如较薄的 Al、Ag 等)。因此，OLED 发光层产生的光线会通过透明的顶电极发射出去，如图 5-14(b)所示。顶发射 OLED 器件最适合用于 AMOLED 显示技术，因为此时像素驱动电路制作在 OLED 下方，可以解决像素驱动电路和显示发光面积相互竞争的问题，从而提高开口率。目前已经商用化的 AMOLED 显示器，基本上都采用顶发射 OLED 器件结构。此外，硅基 OLED 微显示器也必须用到顶发射结构。因此，顶发射 OLED 器件成为近年来的一个研究热点。

OLED 显示的一个重要优点就是可制备透明显示器。对于透明 OLED，发光层中产生的光线可以从顶电极与底电极同时射出，因为两个电极都采用透明导电材料制备，如图 5-14(c)所示。当电源关闭时，透明 OLED 的透明度主要由衬底等材料的透明度决定，因此，透明 OLED 还可以适用于光幕幔、汽车挡风玻璃以及建筑物的窗户等场合。

为了得到高性能的顶发射 OLED 器件与透明 OLED 器件，在理解器件工作机制的基础上，需要尤为关注顶电极的影响。如果以透明的 ITO 作为顶电极(阴极)为例，需要满足：①提高 ITO 阴极的电子注入，因为 ITO 的功函数较高(约 4.7eV)，电子较难注入电子传输层；②需要足够高的电极透光率，例如，在可见光区达到 80%以上，否则光线极易损失；③制备顶电极时需要考虑工艺的影响，这是因为顶电极下方的有机层材料容易受到工艺因素的影响，例如，使用 ITO、IZO 等顶电极时，需要考虑如何减少溅射工艺带来的辐射影响。

目前，使用较为广泛的半透明电极主要为金属阴极(如 Ag、Al、Ca、Mg、Au 等)或者金属复合阴极，包括 Al/Ag、Mg/Ag、Ca/Ag、Ba/Ag 等。该类型电极的优点是可以采用真空蒸镀法制备，避免溅射工艺带来的损害。但是值得注意的是，Ca、Mg 等活泼金属极度不稳定，因此常需要 Ag 进行保护。此外，对于 Ag 而言，其优点是稳定性好，对可见光吸收率低，电阻率小，因而也常作为硅基顶发射 OLED 器件的阴极。但是由于 Ag 功函数较大(约 4.6eV)，与有机电子传输层的 LUMO 能级(约 2.8eV)之间存在较大的注入势垒，因此需要从界面工程学优化器件结构。

与 ITO、IZO 等透明氧化物相比，金属电极的透明度往往较差。因此，为了提高透光性，常用的方法是在金属的外侧增加覆盖层(capping layer)，也称为光耦合取出层，可以大幅度增加电极的透光性。覆盖层可以是：①单层有机层，如采用 Alq_3、TPBi、TCTA 等；②单层无机层，如 ZnSe、ZnS、TeO_2 等；③多层有机层/无机层，即采用两层或者两层以上的有机材料或者无机材料进行交替式的设计覆盖层。使用覆盖层以后，电极的透光率可以高达 80%以上，有的甚至超过 ITO 的透光性。尤其是近年来，科研工作者发现采用高折射率的覆盖层非常有利于出光率的提高。因此，通过对器件结构的深入理解，AMOLED 技术正在加速进入整个显示市场。

5.3　量子点发光二极管

在 OLED 报道几年后，另外一种电致发光器件也被制备出来，即基于胶体量子点(colloidal quantum dot，CQD)的 LED，常称为 QLED。1994 年，Alivisatos 等首次报道了基于 CdSe 胶体量子点的 QLED，器件的最大 EQE 为 0.01%[38]。从那时起，科研工作者进行了大量的研究来提高 QLED 的性能(如 EQE、CE、PE、电压、亮度和稳定性等)。如今，QLED 的性能可以与最先进的 OLED 媲美，甚至更好。例如，2014 年，浙江大学的彭笑刚教授等采用溶液加工法，通过巧妙地引入超薄的 PMMA 绝缘层来限制电子的传输，从而使电荷平衡，最终实现了 EQE 高达 20.5%的 QLED，并且在 $100cd/m^2$ 下寿命超过 100000 h[39]。2019 年，河南大学申怀彬教授等，通过合成新型胶体量子点材料，获得了最大亮度超过 $614000cd/m^2$ 的 QLED[40]。相比之下，尽管 OLED 的最大 EQE 在 36%

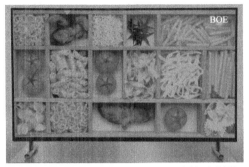

图 5-15　55 英寸的 AMQLED 显示屏照片[43]

以上[41]，但 OLED 的最大亮度通常在 200000 cd/m² 以下[42]。此外，QLED 的稳定性也可以达到商业化需求。目前，QLED 技术正在进入显示市场。韩国的三星以及中国的京东方、华星光电等显示巨头企业都相继推出了 QLED 电视。例如，京东方在 2021 年报道了基于喷墨打印技术制备的 55 英寸 AMQLED 显示器，如图 5-15 所示[43]。

QLED 的发光机理与 OLED 类似，同样是涉及电荷与激子的分布调控，其发光过程可以总结如下。连接电源后，电子和空穴分别通过阴极和阳极注入。电子通过电子注入层和电子传输层后到达发光层，而空穴通过空穴注入层和空穴传输层后到达发光层。当电子和空穴在发光层中相遇时产生激子，从而进行辐射复合。为了保证激子辐射衰减，应该避免非辐射通道(如俄歇复合)。特别地，电荷不平衡会大幅度损害 QLED 器件的性能。例如，过量的电子或空穴容易导致量子点充电，从而降低性能。值得注意的是，QLED 无须考虑单线态激子与三线态激子的问题，由于胶体量子点本身的特性，经电荷复合产生的激子一般都可以 100%地被利用。因此，采用胶体量子点作为发光材料，在设计器件结构时，往往更加注重电荷平衡的影响。与 OLED 相比，QLED 同样具有高效率、高亮度、低电压、低功耗和长寿命等特点，并且 QLED 的光谱半高宽较窄，因此色域更高。基于以上性质，QLED 在显示、照明和信号等领域具有巨大的应用潜力。

QLED 与 OLED 最大的区别在于发光层的不同，而其他功能层都可以采用相同的材料。由于 QLED 的发光层为胶体量子点，只能采用湿法制备，而 OLED 则可以采用湿法与干法制备。胶体量子点是一种零维纳米晶材料，其主要由Ⅳ族元素纳米晶体半导体(如 Si、Ge)组成。此外，常见的二元纳米晶体半导体化合物包括Ⅱ-Ⅵ族元素(如 CdSe、CdTe)，Ⅲ-Ⅴ族元素(如 InP、InAs)和Ⅳ-Ⅵ族元素(如 PbSe、PbS)。另外，三元硫系化合物 AB_mC_n (A = Cu、Ag、Zn、Cd 等；B = Al，Ga，In；C = S，Se，Te)等也已经被证实可以获得高性能。

随着化学家的努力，胶体量子点的合成方法不断得到丰富，并且胶体量子点的尺寸、形状、成分和晶体结构得以调控，产生了大量的纳米晶体，包括纯核型胶体量子点，如 CdSe、ZnS、ZnSe、CdS、InP 等。为了抑制表面缺陷态从而提高胶体量子点的效率，目前常采用异质结构，如核/壳型胶体量子点(如 CdSe/ZnS、CdSe/ZnSe、CdSe/CdS 等)、核/壳/壳型胶体量子点(如 CdSe/CdS/ZnS、CdSe/CdS/ZnS、CdTe/CdS/ZnS 等)。

一般而言，同 OLED 与 PeLED 一样，正置结构和倒置结构都可以用来制备 QLED，如图 5-16(a)所示[44]。根据所采用的电荷传输/注入材料类型，无论正置结构还是倒置结构的 QLED，都可以将器件结构分为三类[45-47]。

(1) 具有有机电荷传输层的 QLED(第一类，图 5-16(b))，即 QLED 的电荷传输层都是有机材料构成的，其中有机聚合物型电荷传输层一般采用溶液法制备，小分子电荷传输层一般采用溶液法制备或真空蒸镀法制备。尤其是采用真空蒸镀法时，所制备电荷传输层对下方的材料没有损伤，可以避免溶剂渗透的情况。并且，由于可以合成和选择大量的聚合物与小分子有机电荷传输材料，这种类型的器件结构设计具有很大的柔性[48]。

(2) 具有无机电荷传输层的 QLED(第二类，图 5-16(c))，即 QLED 的电荷传输层都由无机材料组成。由于无机材料对氧和水不敏感，具有无机电荷传输层的 QLED 通常表现出出色的稳定性[49]。常见的无机电子传输层包括 ZnO、ZnMgO、TiO_2 等，而无机空穴传输层则有 NiO_x、WO_3、MoO_3 等。虽然此类型的 QLED 具有较好的稳定性，但是其效率与亮度往往较低。不过随着近年来科研工作者的努力，全无机 QLED 的性能不断得到提高。例如，吉林大学的纪文宇等证明了全无机器件结构的 QLED(以 NiO 和 ZnO 分别作为空穴传输层和电子传输层)，可以同时具有高稳定性、高效率(20.5cd/A)和高亮度($20000cd/m^2$)[50]。然而值得注意是，目前高效的无机电荷传输材料仍然相对较少，这限制了这类器件结构的进一步发展。

(3) 具有有机-无机混合电荷传输层的 QLED(第三类，图 5-16(d))，即 QLED 的电荷传输层由有机空穴传输层与无机电子传输层的组合或者无机空穴传输层与有机电子传输层的组合构成，是目前研究最广泛的高性能器件类型。第三类器件被认为能够结合第一类器件与第二类器件结构的优点，从而同时实现高效率、高亮度和长寿命。例如，彭笑刚教授等报道的高性能 QLED 即采用第三类结构,将 CdSe/CdS 夹在无机电子传输层 ZnO 和有机空穴传输层聚(9-乙烯咔唑)(PVK)中[39]。

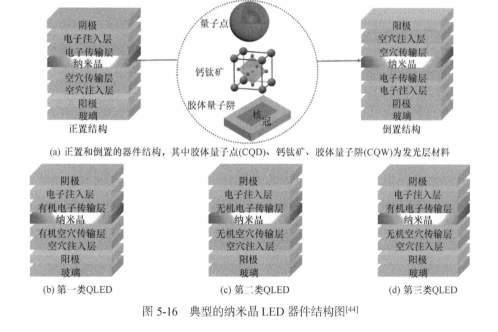

(a) 正置和倒置的器件结构，其中胶体量子点(CQD)、钙钛矿、胶体量子阱(CQW)为发光层材料

(b) 第一类QLED　　　(c) 第二类QLED　　　(d) 第三类QLED

图 5-16　典型的纳米晶 LED 器件结构图[44]

5.4　钙钛矿发光二极管

近年来，卤化物钙钛矿由于具有尺寸可调的光学带隙、极窄的光谱半高宽和优异的

电荷传输能力等特点，成为一种新型光电材料，已广泛应用于太阳能电池、激光和光探测器等领域[51]。特别是，钙钛矿中尺寸具有可调的光学带隙的性质，与 5.3 节中提到的胶体量子点类似。例如，Protesescu 等研究了 $CsPbBr_3$ 纳米晶体的光致发光，当 $CsPbBr_3$ 的尺寸从 11.8nm 减小到 3.8nm 时，光致发光峰从 512nm 移到 460nm[52]。此外，钙钛矿的尺寸可以通过反应温度来控制，从而调节带隙(例如，尺寸通过降低反应温度而减小)[53]。这些突出的特性也使得卤化物钙钛矿可以用作 LED 的发光材料[54]。总体而言，PeLED 具有效率高、驱动电压低、发光亮度高、颜色纯度高、寿命长等优点，为新一代显示和照明器件中极具前景的器件。

2014 年，英国剑桥大学的 Friend 教授等采用 $CH_3NH_3PbBr_3$ 作为发光层，首次报道了有机/无机杂化 PeLED[55]。虽然他们的绿光器件的 EQE 只有 0.1%，但这一突破性的发现为 PeLED 的发展奠定了基础。2015 年，南京理工大学的曾海波等首次报道了使用无机钙钛矿材料的 PeLED，其中 $CsPb(Cl/Br)_3$、$CsPbBr_3$ 和 $CsPb(Br/I)_3$ 分别作为蓝色、绿色和橙色发光材料[56]。这一发现表明，尽管全无机钙钛矿器件的 EQE 较低(例如，绿色全无机 PeLED 的 EQE 为 0.12%)，但全无机钙钛矿材料有望成为 LED 中一类新型的发光材料。自此，PeLED 迅速吸引了学术界和工业界的大量关注。到目前为止，部分研究团队已经实现了 EQE 超过 20% 的 PeLED，从而使得 PeLED 可与最先进的 OLED 和基于 CdSe 的 QLED 相媲美。例如，在红光 PeLED 方面，日本山形大学的 Kido 等在正置结构中使用聚(4-丁基苯基-二苯基胺)(poly-TPD)空穴传输层和 TPBi 电子传输层制备了基于 $CsPb(Br/I)_3$ 的 PeLED，最大 EQE 为 20%[57]。在绿光 PeLED 方面，华侨大学的魏展画教授等报道了使用聚乙烯二氧噻吩:聚苯乙烯磺酸盐(PEDOT:PSS)空穴传输层和 B3PYMPM 电子传输层的器件，最大 EQE 为 20.3%[58]。目前，对于蓝光 PeLED，其 EQE 也可以高达 10% 以上。相信在不久的将来，随着科学家的努力，蓝光 PeLED 的 EQE 也会超过 20%。

PeLED 的器件结构与 OLED、QLED 类似，最大的不同为发光层，即 PeLED 的发光层采用钙钛矿材料制备。开发高性能 PeLED 的关键途径之一是优化钙钛矿发光材料[59]。事实上，目前大部分关于 PeLED 的研究主要都是围绕这一点展开的。例如，福州大学的李福山教授等报道了一种简单的通过超声处理的一步法，制备出具有高亮度的颜色可调钙钛矿材料，如图 5-17 所示[60]。

(a) $MAPbX_3$(X = I, Br, Cl)钙钛矿胶体溶液在环境光下未处理前的照片　　　　(b) 在环境光下超声处理后的照片

(c) 紫外线下超声处理后的照片

(d) 含有不同卤化物成分的胶体溶液在环境光下的照片

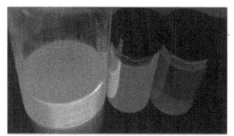

(e) 含有不同卤化物成分的胶体溶液在紫外线下的照片

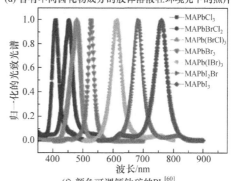

(f) 颜色可调钙钛矿的PL[60]

图 5-17　具有高亮度的颜色可调钙钛矿材料

　　钙钛矿是在天然矿物钙钛氧化物的基础上形成的具有三维结构的结晶陶瓷大家族之一。这种矿物是 19 世纪 Gustav Rose 在俄罗斯乌拉尔山脉发现的，以俄罗斯矿物学家 Lev Perovski 的名字命名[61]。钙钛矿的一般化学式为 ABX_3，其中 X 作为阴离子，与不同大小的 A 和 B 阳离子成键，其三维结构是由一系列共享角的 BX6 八面体组成的，A 阳离子占据立方体八面体腔，保持系统的电中性。将所有离子视为刚性球体并考虑紧密堆积结构，就得到了 Goldschmidt 公差因子(tolerance factor)概念，即$(R_A + R_B)$ $= t\sqrt{2}(R_B + R_X)$，其中 t 是公差因子，R_A、R_B、R_X 是相应的离子的离子半径[62]。离子半径公差因子对预测新的钙钛矿结构是有用的。典型的三维钙钛矿的公差因子 t 为 $0.8 \sim 1.0$[63]。

　　对于钙钛矿材料，A 位被一个小的有机阳离子(如 $CH_3NH_3^+$、$CH_3(NH_2)_2^+$、Cs^+等)占据，而 B 位是一种二价金属阳离子(Pb^{2+}、Sn^{2+}、Cu^{2+}、Ni^{2+}、Co^{2+}、Mn^{2+}等)，X 位是卤素(如 I、Br 或 Cl)。钙钛矿材料的带隙可以通过改变所有三种阳离子和阴离子组分的组合来调节，改变 A 阳离子导致 B-X 键的变化，最终使钙钛矿晶格膨胀和收缩。A 阳离子半径的增加导致整体晶格膨胀，这也与钙钛矿带隙的减小有关[64]。X-M-X 键角的差异影响带隙的调控，当 X 卤素的尺寸增大时，Pb 基钙钛矿材料的吸收光谱发生了色移，这是由于卤素原子的电负性共价特性的增加。因此，通过钙钛矿的带隙工程，可以很容易地在可见光谱中调节光吸收[65]。

　　经过近 8 年的发展，PeLED 的性能逐步提高。除了钙钛矿发光材料的优化，PeLED 的性能也因器件结构的创新而大大提高。目前，PeLED 也正在柔性和透明光电子学领域进行探索，这将进一步拓宽其应用场景。可以很容易地预测，PeLED 通过有效的光耦合技术将表现出更高的性能[66]。此外，与 OLED 和 QLED 相比，PeLED 优异的颜色纯度非常适合用于显示技术。

值得注意的是，目前仍有许多挑战阻碍着 PeLED 的真正商业化，如效率、效率滚降、毒性，特别是稳定性。对于效率问题，尽管 PeLED 的 EQE 可达 20%，但电流效率和功率效率仍无法与最好的 OLED 和 QLED 相比[67]。此外，蓝色 PeLED 的效率亟须提高，蓝色器件最高 EQE 仍未达到 20%[68]。为了提高效率，必须对钙钛矿材料进行优化以及对发光机制中涉及的电荷注入、传输、平衡等进行调控，同时这也有利于降低效率滚降、提升颜色的稳定性和寿命。另外，PeLED 存在的一个问题就是 Pb 的毒性，因此开发无铅钙钛矿材料非常有益，但其性能目前还不够理想[69]。

对于寿命问题，它是决定 PeLED 能否满足商业需求的一个关键因素。考虑到目前 PeLED 最长的寿命也只有不到 3000h，因此仍有很大的空间来延长寿命。此外，与有机/无机杂化钙钛矿材料相比，全无机钙钛矿(如 $CsPbX_3$、X = I、Br 和 Cl 或 Br/I 和 Cl/Br 混合卤化物体系)具有更好的热稳定性，更有利于延长寿命。在此之前，已经报道了一些提高全无机钙钛矿材料稳定性的有效方法，包括抗湿性和抗氧性。例如，Zou 等展示了一种提高钙钛矿晶格形成能的方法，即在 $CsPbX_3$ 量子点中掺杂 Mn^{2+}，使 $CsPbX_3$ 即使在高达 200℃ 的高温环境下也能保持稳定[70]。Ding 等报道了一种通过将 $CsPbX_3$ 量子点封装在二氧化硅纳米板中制备稳定的水溶性 $CsPbX_3/SiO_2$ 纳米复合材料的方法[71]。Zhu 等提出了在纳米晶薄膜表面沉积 Al_2O_3 以提高 $CsPbBr_3$ 纳米晶薄膜稳定性的方案，通过等离子体增强原子层沉积[72]，所制备的致密 Al_2O_3 薄膜也表现出封装效应[73]。郑州大学史志峰教授等提出了一种新型的方法，将局域表面等离子体和核/壳纳米结构组合在单个 PeLED 中，其中未封装的 PeLED 在抗水和氧降解(在空气环境中储存 30 天，湿度为 85%)方面具有显著的工作稳定性[74]。另一种有效的方法是将 $CsPbX_3$ 与其他基体材料杂交，例如，利用聚合物纳米纤维作为保护层，合成化学和结构稳定的 $CsPbBr_3$ 钙钛矿材料[74]，呈现出高分子量聚合物基体(将 PMMA 引入 $CsPbBr_3$ 量子点中，以提高其稳定性并保持优异的光学性能[75])。另外，除了探索稳定的钙钛矿材料外，通过器件工程学也有望大幅度延长寿命(例如，使用稳定的无机电荷传输层、采用绝缘体电荷阻挡层、引入先进的封装技术等)[76]。解决上述问题后，PeLED 的量产前景变得广阔，并且所使用的方案也有利于整个光电领域的发展。

5.5　胶体量子阱发光二极管

随着对 CdSe 量子点的研究，其他基于 CdSe 的纳米材料不断涌现[77]。与零维结构的胶体量子点或一维结构的纳米棒不同，胶体量子阱(colloidal quantum well，CQW)是通过形状管理来调节电荷约束和态密度的二维材料，也被称为纳米片(nanoplatelet，NPL)[78]。由于胶体量子阱的厚度可以由原子精度控制，且可以显示出厚度可调的发光特性，因此胶体量子阱激发了人们巨大的研究兴趣[79]。2006 年，Joo 等通过低温液相合成[80]，首次报道了纤锌矿结构的 CdSe 纳米带。此后，人们研究了大量有效的量子阱的胶体合成方法。与采用高真空技术(如分子束外延)制备无机量子阱的传统方法相比，胶体合成方法大大拓宽了胶体量子阱在实际应用中的优势(如简化工艺、降低成本等)。

为了设计电子结构和光学特性,除了化学成分和垂直厚度可调的纯核结构外,目前已经实现了许多具有异质结构的胶体量子阱分子,如核冠结构、核壳结构和核冠壳结构等。此外,由于只有垂直方向存在紧密量子约束,胶体量子阱还表现出一些与厚度相关的光学特性,包括超短的荧光辐射寿命、巨振强度跃迁和极窄的光谱半高宽等[81]。特别是,与需要严格控制三维空间的胶体量子点的合成不同,胶体量子阱只需要精确控制发生量子约束的厚度。由于其厚度均匀,纯核和核/壳型胶体量子阱通常具有较窄的半高宽(例如,光致发光光谱小于 10nm)[82],这对色纯度非常有利。因此,胶体量子阱被认为是一种新颖的二维溶液处理纳米晶体材料,可用于各种光电应用,包括太阳能电池、激光和 LED 等。

对于 CQW-LED 而言,它们在显示和照明方面具有巨大的潜力,这是因为其具有诸多优良的特性,如优异的色纯度、高效率、可柔性化等。其中,色纯度最令人瞩目,如 CQW-LED 的半高宽可以窄至 12nm[83]。目前,CQW-LED 的性能仍然落后于其他种类的 LED(如 OLED、QLED、PeLED 等)。其中一个主要原因是,CQW-LED 直到 2014 年才出现[80]。

2014 年,Chen 等报道了第一个 CQW-LED,其中胶体量子阱采用了 CdSe/CdZnS 核/壳结构[84]。CQW-LED 的最大 EQE 为 0.63%,亮度为 4499cd/m^2。器件结构为 ITO/PEDOT: PSS/PVK 或 PTPD/CdSe/CdZnS/ZnO/Al。为了提高 CQW-LED 的性能,采用了两种设计策略:①将已合成的胶体量子阱长链配体(如油酸)交换为短链配体(如 3-巯基丙酸),这可以大大改善电荷注入。例如,最大 EQE 和亮度分别提高了约 2 倍和 3 倍。②将空穴迁移率较低的 PVK 空穴传输层($10^{-7} \sim 10^{-6} cm^2/(V \cdot s)$)替换为高空穴迁移率约为 $10^{-5} cm^2/(V \cdot s)$ 的 PTPD,驱动电压大大降低。例如,启亮电压从 4.7V 降低到 2V。特别是,在不同的电压下,CQW-LED 的光谱半高宽很窄(25~30nm),并不会随器件结构或胶体量子阱配体的选择而改变。因此,这些突破性的发现表明胶体量子阱材料有望实现高效率、高亮度、高色纯度的 LED。

随后,CQW-LED 的性能不断提高。例如,Fan 等用 CdSe$_{1-x}$S$_x$ 胶体量子阱制作了绿光 LED,虽然器件的最大亮度不到 100cd/m^2,但是器件的光谱半高宽只有 12.5 nm,为当时的最窄光谱[85]。2018 年,Giovanella 等报道了采用 CdSe/CdZnS 核/壳型的胶体量子阱制备红色 LED,其 EQE 为 8.39%[86]。

2020 年,刘佰全等通过系统性地理解胶体量子阱的形貌学、材料成分学以及器件工程学,使用 CdSe/Cd$_{0.25}$Zn$_{0.75}$S 核/壳的 CQW-LED 实现了最大 EQE 为 19.2%的器件。此外,获得了 23490cd/m^2 的高亮度、极饱和红色的 CIE 坐标(0.715,0.283),以及稳定的光谱,如图 5-18 所示[87]。其中,胶体量子阱的壳是利用热注入法生成(hot-injection synthesis, HIS)的,这使得该材料具有近 100%的光致发光量子效率,并且可以减少非辐射通道,提高薄膜质量(如减少薄膜表面粗糙度),并提高稳定性(例如,将胶体量子阱储存一年后制备 CQW-LED,器件的 EQE 仍可以高达 16%)。值得注意的是,尽管经过多次清洗,胶体量子阱的 PLQY 仍然保持在 95%(在溶液中)和 87%(薄膜)。该项研究结果表明,胶体量子阱使高性能 LED 的实现成为可能,这有望为未来基于胶体量子阱的显示和照明技术奠定基础。

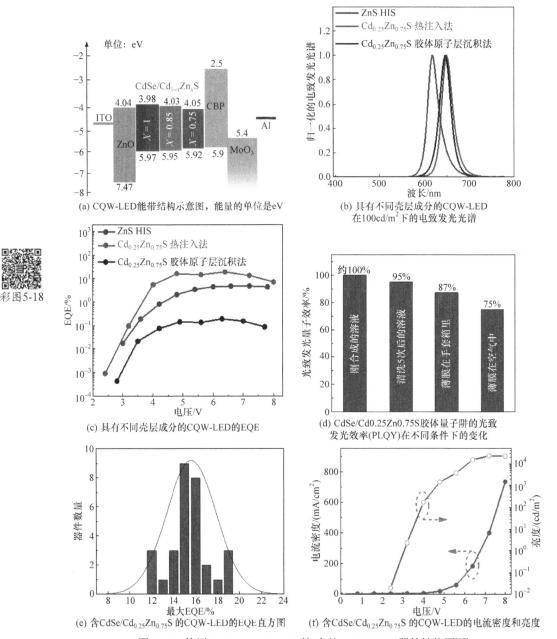

(a) CQW-LED能带结构示意图，能量的单位是eV

(b) 具有不同壳层成分的CQW-LED
在100cd/m² 下的电致发光光谱

(c) 具有不同壳层成分的CQW-LED的EQE

(d) CdSe/Cd0.25Zn0.75S胶体量子阱的光致
发光效率(PLQY)在不同条件下的变化

(e) 含CdSe/Cd0.25Zn0.75S 的CQW-LED的EQE直方图

(f) 含CdSe/Cd0.25Zn0.75S 的CQW-LED的电流密度和亮度

图 5-18　使用 CdSe/Cd0.25Zn0.75S 核/壳的 CQW-LED 器件性能图[87]

彩图5-18

　　CQW 作为一种新型的光电材料，表现出许多优点，有望制备高性能 LED。在过去的 8 年里，CQW-LED 的性能得到了逐步提升。为了达到更高的性能，CQW-LED 还有很多挑战，主要如下。

　　(1) 在效率方面，CQW-LED 的 EQE 还未达到 20%的理论极限(假设光耦合系数为0.2)。尤其对于绿光和蓝光 CQW-LED，其效率提升的空间较大。由式(5-1)可知，通过合成高效的胶体量子阱发光材料、调控器件的电荷分布和引入光耦合取出技术有助于提高EQE。此外，串联结构的引入有助于提高效率[88]，尽管目前还没有串联 CQW-LED 的开发。另外，CQW-LED 的效率滚降也比较严重，在高亮度下的效率不够好。因此，需要对电荷平衡、能级势垒以及材料选择进行管理。

(2) 在寿命方面，对 CQW-LED 的关注微不足道。在实际应用中，需要有较长的使用寿命。因此，迫切需要研究稳定的胶体量子阱材料和器件结构来延长寿命。

(3) 器件结构不够丰富。与其他类型 LED 一样，CQW-LED 的器件结构对性能有很大影响。例如，刘佰全等采用 $CdSe/CdSe_{0.8}Te_{0.2}$ 核/冠型胶体量子阱，证实了通过器件工程学可以提升器件性能[89]。其制备的器件结构为 $ITO/ZnO/CdSe/CdSe_{0.8}Te_{0.2}/TCTA/TPD/MoO_3/Al$，其中 TCTA/TPD 为双空穴传输层。为了确保出色的性能，一个关键点就是 TCTA/TPD 比单层空穴传输层 CBP 或 TPD 要好得多。这是因为：①在基于 TCTA/TPD 的 CQW-LED 中，由于 TCTA 以空穴传输为主，并且具有较高的 LUMO 能级可以限制发光层中的电子，从而当更多的空穴与电子相遇时，会形成更多的激子；②在基于 TCTA/TPD 的 CQW-LED 中，由于阶梯式 HOMO 能级，TCTA/TPD 可以降低空穴势垒，因此可以向发光层注入更多的空穴；③基于 TCTA/TPD 的 CQW-LED 可以实现更好的电荷平衡，考虑到 ZnO 的高电子迁移率以及发光层和 ZnO 的低 LUMO 势垒，电子很容易注入发光层中；④双空穴传输层有助于胶体量子阱保持电荷中性，并保持良好的发光特性。因此，最终 CQW-LED 实现了极低的启亮电压、高亮度、高 EQE 和 PE，分别为 1.9V、$34520cd/m^2$、3.57%和 9.44lm/W。但是值得注意的是，对于 CQW-LED，其电荷传输层的多样性目前仍然有限。例如，到目前为止，还没有报道过具有全无机电荷传输层的 CQW-LED(第二类 LED 器件结构，如图 5-16 所示)。因此，CQW-LED 的许多性质仍不清楚，这表明对 CQW-LED 的探索需要迫切的努力。

(4) 光色不够齐全。到目前为止，还没有紫外 CQW-LED、深蓝色 CQW-LED 的报道，并且 CQW-LED 的最长波长的波峰未超过 800nm。其中主要的原因就是胶体量子阱的发射波长可调性不足，只有几个离散波长的胶体量子阱可用，因为它们是由原子层的离散数 (即量子约束能)决定的。

借助其他类型 LED 的知识，有助于实现高性能的 CQW-LED。这是因为 CQW-LED 的器件结构、发光机制、制备工艺等都与其他类型的 LED 相似。因此，尽管 CQW-LED 的发展仍然落后于最先进的 OLED、QLED 和 PeLED 等，但在可预见的未来，CQW-LED 的性能可以与其他类型 LED 相媲美。通过克服以上种种困难，可以期待更高性能的 CQW-LED，这将有利于下一代显示和照明系统的发展。

5.6　Mini-LED 和 Micro-LED

OLED 是目前主流的可穿戴柔性发光器件，近年来，Mini-LED 和 Micro-LED 也逐渐被证实可以应用于可穿戴柔性显示技术。

5.6.1　发展历史及现状

基于传统 GaN 的 LED 像素(芯片尺寸>200μm)的显示器主要应用于大型户外屏幕，

其具有节能、高色彩饱和度、高亮度等优点[90]。近年来，由于 Mini-LED(尺寸为 100～200μm)和 Micro-LED(尺寸<100μm)继承了传统 LED 效率高、亮度高、寿命长的优点，因此，它们成为 OLED 的有力竞争者。与传统 GaN 的 LED 结构类似，Mini-LED 与 Micro-LED 器件结构如图 5-19 所示。其中，Mini-LED 可以作为高动态范围(high dynamic range，HDR)液晶显示器的局部调光背光，而 Micro-LED 适合于透明显示和高亮度显示等。

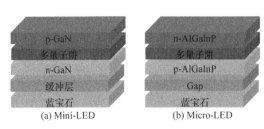

图 5-19　典型的 Mini-LED 与 Micro-LED 器件结构示意图

Mini-LED 已经在消费电子应用的背光源中商业化，已经实现了局部背光调节，可以在较低的能耗下大大提高对比度，而 Micro-LED 目前主要还在实验室中使用，离大规模商业化还有一定的距离[91]。本节将详细介绍其关键技术之一的全彩色解决方案及其红、绿、蓝三种主要成分、颜色转换、光学透镜合成等。

5.6.2　Mini-LED

HDR 是下一代显示器重要的特征之一，而 Mini-LED 则可以背光技术作为一种新的 HDR 解决方案，正逐渐受到 LCD 行业的关注。该技术通过排列数千个窄间距的 LED(每个 LED 的尺寸为几百微米)，可以减少直下式背光的厚度[92]。Mini-LED 背光技术有望通过实现超薄直照型背光，将 HDR 技术引入移动应用。此外，Mini-LED 具有更小的 LED 尺寸，这意味着它可以在一定尺寸的 LED 背光中划分更多的调光块，因此增加可控制 LED 的数量可以有效地降低黑色像素发生漏光而产生的光晕效应(halo effect)。Mini-LED 背光技术通过将背光分成数千个可控段，可以实现传统直下式背光无法实现的超高 HDR 性能。采用 Mini-LED 背光源的 LCD 原理图如图 5-20 所示[93]。

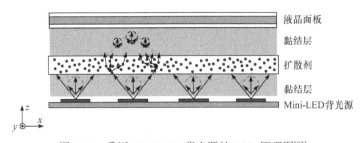

图 5-20　采用 Mini-LED 背光源的 LCD 原理图[93]

近年来，LED 厂商纷纷开始研究和开发 Mini-LED，试图开发 Mini-LED 背光技术来取代传统的 LCD 背光技术。2019 年，友达利用有源矩阵 Mini-LED 作为背光源和 LTPS 背板，设计了具有 1000PPI 的 VR LCD[94]。借助 Mini-LED 的局部调光功能和可切换的

VR 模式,可以进一步增强视觉体验,并且对比度更好,运动模糊更少。通过减少压降,背光源的亮度可达到 130000nit。2021 年,北京大学张盛东教授与华星光电公司合作,报道了基于非晶硅 TFT 的 75 英寸 8K 分辨率的 LCD,采用的是有源矩阵 Mini-LED 背光单元,其中每个 LED 背光单元由 5184 个局部调光区组成[95]。该显示器的结构如图 5-21 所示。该显示器具有 $10^6:1$ 的高动态对比度、出色的 HDR 和真正的暗态,可与其他高端显示器相媲美。

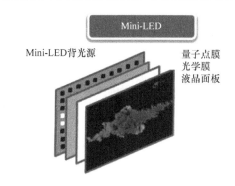

图 5-21　具有超大区域 Mini-LED 背光源的 LCD[95]

5.6.3　Micro-LED

与 Mini-LED 主要应用于 LCD 的背光源不同,Micro-LED 可以直接作为显示器的像素发光。Micro-LED 显示器除了具有 LED 本身的优点外,还具有超高的亮度和超小的芯片的特性。因此,该类显示器的开口率可以小到 1%,这意味着 99%的像素区域可以被黑色矩阵(用于阳光下可读的显示器)或透明材料(用于透明显示器)覆盖。Micro-LED 适用于可穿戴手表、手机、汽车抬头显示器、AR/VR、微型投影仪、高端电视等。Micro-LED 还可与柔性衬底结合,实现柔性显示与照明。因此,得益于 Micro-LED 的高对比度、低功耗、高亮度、长寿命等优点,Micro-LED 显示器有潜力成为新型显示器。据市场研究机构 Research and Markets 预测,全球 Micro-LED 显示屏市场将从 2020 年的 4.09 亿美元增长到 2026 年的 188.35 亿美元,复合年增长率约为 89.3%。虽然目前市场前景十分乐观,但 Micro-LED 显示屏仍面临着技术上的挑战,特别是一些关键技术和工艺设备尚未得到充分开发。例如:①制造工艺复杂和成本高,包括巨量转移和像素修复等;②不同驱动电流下,波长和 EQE 都会相应地变化,这增加了对需要精确亮度控制和颜色均匀性的 Micro-LED 显示屏进行寻址的难度;③效率随着芯片尺寸的减小而降低,影响了功耗。

最近,Wu 等系统性地从多个性能指标分析,对比了具有 Mini-LED 背光源的 LCD(mLCD)、红绿蓝三色 OLED 和红绿蓝三色 Micro-LED(μLED)显示器,如图 5-22 所示[96]。不难看出,Micro-LED 显示器在寿命、亮度、功耗方面有着明显的优势,并且也有望在柔性显示领域大展拳脚。例如,最近友达利用柔性低温多晶硅薄膜晶体管(LTPS-TFT)背板,成功研制出一款 9.4 英寸 228PPI 全彩 Micro-LED 显示屏[97]。

为了满足全彩化显示技术,Micro-LED 也面临着一些困境。目前,实现全彩化 Micro-LED 的技术主要包括红绿蓝(RGB) Micro-LED 全彩化显示、色转换全彩化显示技术等。

1. 红绿蓝 Micro-LED 全彩化显示

和 OLED、QLED 技术类似,红绿蓝 Micro-LED 全彩化显示基于三基色的规律,通过一定的比例设置可以组合出自然界的所有颜色,如图 5-23 所示。因此,对于红绿蓝

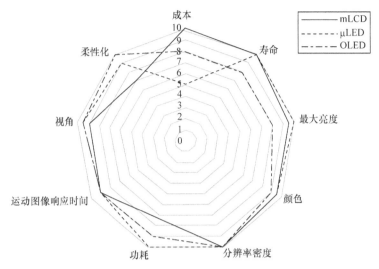

图 5-22　三种显示技术的性能指标对比图[16]

Micro-LED，采用不同电流控制每个 LED 的亮度，实现三基色的组合、全彩化显示，其中每个像素包含一整套红绿蓝三色 Micro-LED。一般而言，红绿蓝三色 Micro-LED 的 p和 n 电极通过键合或倒装方式连接到电路衬底上，然后采用专用的全彩色驱动芯片，通过脉宽调制电流驱动各种颜色的 Micro-LED。

目前，基于红绿蓝 Micro-LED 全彩化显示技术在大规模生产中仍然面临一定的困难。例如，为了制造 4K 分辨率的显示器，需要以经济高效的方式组装和连接近 2500 万个Micro-LED，而且需要较高的安装精度，但是在同一衬底上转移或生长如此多的三个不同颜色的 Micro-LED 非常困难。因此，需要寻找能够覆盖蓝光到红光的材料，使不同颜色的 LED 在同一基片上生长，并且相应地需要克服量子阱之间的晶格失配。

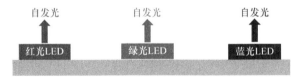

图 5-23　红绿蓝 Micro-LED 全彩化显示原理

2. 色转换全彩化显示技术

该类型全彩化的原理是采用紫外线或蓝光 LED 作为激发光源，配合颜色转换材料，即可实现全彩色显示。其中，当使用紫外线 LED 作为激发源时，需要红绿蓝转换材料来实现三基色，而如果使用蓝光 LED 作为激发源时，只需要红色和绿色转换材料，如图 5-24所示。

一般来说，实现颜色转换的材料主要包括荧光粉和胶体量子点。此外，钙钛矿材料与胶体量子阱也有望应用于色转换全彩化显示技术。在紫外线或蓝光 LED 的激发下，荧光粉(如 YAG、KSF 等)可以发出特定波长的光，颜色由材料本身决定。其制作方法简单易行，可以通过旋涂法或脉冲喷涂法在 LED 表面沉积。为了充分实现颜色转化效率，晶粒尺寸需小于子像素的 1/10。因此，需要改善材料的合成方法，以此保证颗粒尺寸的可

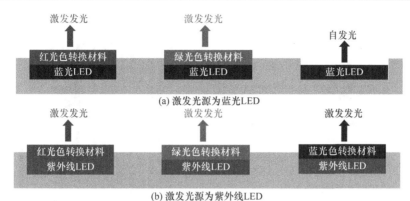

图 5-24　色转换全彩化显示原理

控性和颜色转化效率。用于照明和显示的荧光粉颗粒的尺寸约为 100μm，仍然比较大。随着 Micro-LED 像素尺寸的不断减小，荧光粉层变得不均匀，降低了亮度的均匀性。

　　为了解决上述荧光粉的难题，可以采用胶体量子点代替荧光粉来实现全彩化显示。在 5.3 节已经介绍了胶体量子点的相关知识，其通常采用化学溶液法合成，具有量子产率高、发光光谱窄、色域广、与传统工艺兼容性好的优点，因而可以作为色转换材料。值得注意的是，作为颜色转换层，需要避免相邻子像素之间产生的颜色串扰(如采用黑矩阵将每个子像素分离等)[98]。

5.7　液晶显示原理

　　虽然柔性可穿戴的显示技术主要采用自主发光原理的不同类型 LED 技术，但是搭配柔性背光的 LCD 技术也被证明可用于可穿戴柔性显示领域，因此有必要对 LCD 的一些基本原理进行阐释。与柔性 AMOLED 相比，柔性 LCD 被认为是更便宜、更适合目前的工厂的技术，其应用场景可以是无需重复弯曲的场合，以及曲率半径可适应的情况。基于此，各大显示公司对柔性 LCD 技术也有一定的研究。例如，在 2019 年，华星光电公司实现了 14 英寸柔性 LCD 显示屏，其中制备在无色聚酰亚胺(polyimide，PI)柔性衬底的LCD 面板的厚度小于 0.3mm，采用的是共面转换型(in plane switching，IPS)技术[99]。

5.7.1　LCD 结构与原理

　　LCD 的典型结构主要包括背光模组、TFT 阵列、液晶盒、彩色滤光片和偏光片。液晶盒内电容式触摸传感器层结构示意图如图 5-25 所示[100]。背光模组的主要作用是提供一个均匀的面光源，其中根据背光源的位置，可分为直下式背光和侧下式背光。背光模组发出的光线通过下偏光板后，和偏光片偏振方向垂直的光被反射或吸收，剩下特定方向的线偏振光。液晶盒内的液晶分子具有双折射特性，光线传播到液晶盒之后被液晶进一步改变偏振方向。TFT 电路通过改变电压大小控制液晶的偏转来控制通过的光的强度，从而实现电信号对光线偏振方向的调制。而上下偏光片之间偏振方向相差 90°，只有经过液晶分子改变偏振状态的光才能出射。光线经过彩色滤光片之后发出红绿蓝三基色的光，通过加法混色来实现多种颜色的显示。

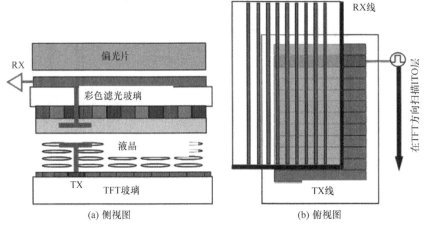

(a) 侧视图　　　　　　　　　　　　　(b) 俯视图

图 5-25　液晶盒内电容式触摸传感器层结构[100]

5.7.2　液晶配向方法

目前穿透式液晶显示一般使用向列型液晶。向列型液晶一般为棒状分子，本身可以在一定角度范围之内沿着某个方向排列，但是这种排列存在一定分散度。显示器要求精准控制液晶分子的旋转，因此需要让液晶分子有一个井然有序的初始排列。液晶配向技术就是一种使得液晶盒内液晶分子整齐排列且形成一定预倾角的技术。通过选择合适的配向层材料和配向技术，可以优化液晶分子的排列和预倾角，从而优化显示器的响应时间和视角等。目前常见的配向方法有 3 种：机械摩擦配向法、光配向法以及倾斜蒸镀法。

1. 机械摩擦配向法

机械摩擦配向技术具有工艺简单、成本低廉等优点，因而应用广泛。摩擦配向工艺一般包括 5 个步骤：清洗、涂膜、预烘、固化、摩擦。首先是在清洗后的基板上通过旋涂法、浸泡法或凸版印刷法等涂覆 PI 配向膜。基板旋涂配向材料后，需进行预烘以去除配向膜中残留的部分溶剂。经过预烘后的配向膜，还需要进行高温固化处理。最后利用尼龙、纤维或棉绒等材料按一定方向高速摩擦配向膜，使薄膜表面出现微沟槽，对液晶分子产生均一的锚定作用，从而使液晶分子在两片玻璃基板上整齐地排列。

2. 光配向法

光配向法的原理是光敏高分子膜在紫外偏振光照射下，部分与偏振光发生光化学反应的光敏基团会失去配向作用，从而在配向膜上产生各向异性，进而诱导液晶分子配向。相比于摩擦配向法，光配向法的优势包括：没有静电、杂质，不会造成基质表面的机械损伤，可控制液晶分子的预倾角和锚定能。但是目前光配向法也存在许多缺点，如光控配向材料长期稳定性差和热稳定性差、配向时间长、工序烦琐等。

3. 倾斜蒸镀法

倾斜蒸镀法是一种将 Au、Pt 等金属或 SiO_x 等氧化物或氟化物等无机材料沿着基板的法线方向呈某个角度进行蒸镀的方法，从而获得倾斜排列的配向膜。一般而言，蒸镀角较小时，液晶分子垂直排列，蒸镀角较大时，液晶分子平行排列。以倾斜蒸镀 SiO_x 为例，在蒸发过程中，SiO_x 颗粒的空间屏障作用阻碍 SiO_x 继续凝结，后面的 SiO_x 蒸气将越过这些颗粒的位置，在颗粒后面新的区域沉积，由此出现凝结的不连续区，出现许多波纹表面。基片表面上形成的波纹表面对液晶分子产生锚定作用，从而实现液晶分子的定向排列。

5.7.3　常见的液晶面板类型

根据液晶分子的排列不同，液晶面板类型主要包括 3 种，即扭曲向列(twist nematic，TN)型、共面转换型和垂直取向(vertical alignment，VA)型。它们的简介如下。

1. 扭曲向列型液晶面板

在扭曲向列型液晶面板中，上下偏光片的偏振方向成 90°。未施加电压时，向列型液晶分子以一定的预倾角排列，且上下基板上液晶分子的长轴方向相互垂直。两个基板之间的液晶分子因范德瓦耳斯力的作用，趋向于平行排列。然而由于上下电极上液晶的长轴方向互相垂直，液晶分子的排列从一个基板到另一个基板长轴方向均匀扭曲了 90°。这种均匀扭曲排列起来的结构使偏振光透过时，偏振方向会旋转 90°。扭曲向列型 LCD 和宽视角(wide viewing，WV)薄膜横截面如图 5-26 所示[101]。

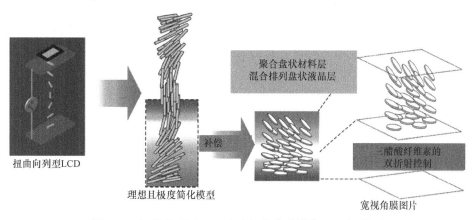

图 5-26　扭曲向列型 LCD 和宽视角薄膜横截面示意图[101]

由于上下偏光片的偏振方向相互正交，当未加电压时，来自光源的光经过下偏光片后只剩下平行下偏光片偏振方向的线偏振光，该线偏振光到达上偏光片时，其偏振方向旋转了 90°，刚好和上偏光片的偏振方向平行，因而偏振光能通过上偏光片，呈现亮态。当施加电压时，液晶分子长轴平行于电场方向，经过下偏光片后的偏振光的偏振方向不会被扭转，其偏振方向与上偏光片垂直，不能透过上偏光片，呈现暗态。

2. 共面转换型液晶面板

在共面转换型液晶面板中，液晶分子经过配向后长轴平行于基板平面，且只有下基板上存在电极，上基板并不存在电极，通过控制加在下基板上的电极之间的横向电场来控制液晶分子的排列。未施加电压时，由于上下偏光片的偏振方向相互垂直，液晶分子均匀平行沿面排列，入射线偏光在经过液晶层时偏振方向不会发生旋转，光线无法透过，呈现出近纯黑的暗态。当施加电压时，受到横向电场的作用，液晶分子在平面内发生转动，线偏振光的偏振方向发生旋转，能够通过上偏光片，从而显示出亮态。穿透式 IPS 像素的横截面如图 5-27 所示[102]。

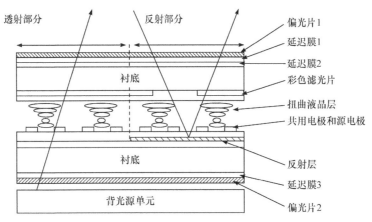

图 5-27　穿透式 IPS 像素的横截面示意图[102]

共面转换型 LCD 的优势在于广视角，其视角可大于 170°，且色彩丰富。此外，还具有高对比度、无伽马位移、稳定的色彩还原性等优点。但是由于开口率较低，需要提高背光亮度，从而增大了功耗。此外，在远离电极的地方，由于电场小，液晶转动偏慢，共面转换型 LCD 的响应速度较低。

3. 垂直取向型液晶面板

垂直取向型液晶面板包含 MVA(multi-domain vertical alignment)与 PVA (patterned vertical alignment)两种，具有广视角、高对比度的优点，是现在高端液晶应用较多的面板类型。国内的京东方、华星光电等显示巨头公司都对该类型面板投入了大量研究。例如，华星光电公司在 2018 年报道了世界上第一个大尺寸(85 英寸)、高分辨率(8K4K)、高刷新率(120Hz)的垂直取向型液晶面板，如图 5-28 所示[103]。

在垂直取向液晶面板中，液晶分子经过配向后，长轴垂直于基板平面，电极分布在液晶盒的两侧。由于上下偏光片的偏振方向相互垂直，未施加电压时，偏振光无法透过，呈现出良好的黑色，能实现大的对比度。施加电压后，液晶呈倒伏状排列，长轴与基板平面呈现一定的夹角，光线双折射透过液晶后，偏振方向发生旋转，能够透过上偏光片，液晶面板呈现亮态。具有图案化的电极穿透式 VA 液晶显示器如图 5-29 所示[104]。垂直取向面板的缺点在于：在动态画面时，色彩衔接较差，高速画面易产生拖影现象。并且，液晶分子只能向一个方向倒伏，容易产生视角差的问题。因此，多域(multi-domain)技术的出现解决了这个方向性问题，如 MVA 技术、PSVA(polymer stabilized vertical alignment) 技术等。多域技术的原理是使液晶分子具有多个方向的预倾角，而不同的预倾角可以大

图 5-28　华星光电公司报道的大尺寸高性能 LCD[103]

幅度提升响应速度以及扩大视角。例如，在 MVA 面板中，液晶层使用交替的凸起物来使不同位置的液晶分子具有各自的预倾角。PSVA 面板采用透明的图案化 ITO 电极控制光聚合物聚合产生不同的预倾角，具有良好的开口率，因而可以降低背光模组功耗。

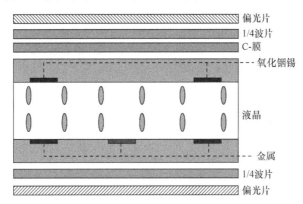

图 5-29　具有图案化的电极穿透式 VA 液晶显示器示意图[104]

参 考 文 献

[1] 黄春辉、李富友、黄维. 有机电致发光材料与器件导论[M]. 上海: 复旦大学出版社, 2005.

[2] ZHANG D, DUAN L, LI Y, et al. Highly efficient and color-stable hybrid warm white organic light-emitting diodes using a blue material with thermally activated delayed fluorescence [J]. Journal of materials chemistry C, 2014, 2(38): 8191-8197.

[3] UOYAMA H, GOUSHI K, SHIZU K, et al. Highly efficient organic light-emitting diodes from delayed fluorescence [J]. Nature, 2012, 492(7428): 234-238.

[4] 杨兵, 马於光. 新一代有机电致发光材料突破激子统计[J]. 中国科学(化学), 2013(11): 1457-1467.

[5] TAO Y, YUAN K, CHEN T, et al. Thermally activated delayed fluorescence materials towards the breakthrough of organoelectronics [J]. Advanced materials, 2014, 26(47): 7931-7958.

[6] 刘佰全, 高栋雨, 王剑斌, 等. 白光有机发光二极管的研究进展[J]. 物理化学学报, 2015, 31(10): 1823-1852.

[7] ZHOU G, WONG W Y, SUO S. Recent progress and current challenges in phosphorescent white organic

light-emitting diodes (WOLEDs)[J]. Journal of photochemistry and photobiology C: photochemistry reviews, 2010, 11(4): 133-156.

[8] LIU B, WANG L, ZOU J, et al. Investigation on spacers and structures: a simple but effective approach toward high-performance hybrid white organic light emitting diodes [J]. Synthetic metals, 2013, 184: 5-9.

[9] CHEN S, WU Q, KONG M, et al. On the origin of the shift in color in white organic light-emitting diodes [J]. Journal of materials chemistry C, 2013, 1(22): 3508-3524.

[10] D'ANDRADE B W, THOMPSON M E, FORREST S R. Controlling exciton diffusion in multilayer white phosphorescent organic light emitting devices [J]. Advanced materials, 2002, 14(2): 147-151.

[11] SASABE H, KIDO J. Development of high performance OLEDs for general lighting [J]. Journal of materials chemistry C, 2013, 1(9): 1699-1707.

[12] WANG Q, MA D. Management of charges and excitons for high-performance white organic light-emitting diodes [J]. Chemical society reviews, 2010, 39(7): 2387-2398.

[13] 王旭鹏, 密保秀, 高志强, 等. 白光有机发光器件的研究进展 [J]. 物理学报, 2011, 60(8): 843-857.

[14] FORREST S R, BRADLEY D D, THOMPSON M E. Measuring the efficiency of organic light-emitting devices [J]. Advanced materials, 2003, 15(13): 1043-1048.

[15] LUO D, CHEN Q, LIU B, et al. Emergence of flexible white organic light-emitting diodes [J]. Polymers, 2019, 11(2): 384.

[16] SAXENA K, JAIN V, MEHTA D S. A review on the light extraction techniques in organic electroluminescent devices [J]. Optical materials, 2009, 32(1): 221-233.

[17] 许运华, 彭俊彪, 曹镛. 白光有机电致发光器件进展 [J]. 化学进展, 2006, 18(4): 389.

[18] VAN SLYKE S A, CHEN C, TANG C W. Organic electroluminescent devices with improved stability [J]. Applied physics letters, 1996, 69(15): 2160-2162.

[19] FÉRY C, RACINE B, VAUFREY D, et al. Physical mechanism responsible for the stretched exponential decay behavior of aging organic light-emitting diodes [J]. Applied physics letters, 2005, 87(21): 213502.

[20] YAMAE K, KITTICHUNGCHIT V, IDE N, et al. 47.4: distinguished paper: realization of outstandingly high efficacy white OLED by controlling evanescent mode and wide angular incident light[J]. Journal of the society for information display, 2014, 45(1): 682-685.

[21] PARKER I D. Carrier tunneling and device characteristics in polymer light-emitting diodes [J]. Journal of Applied Physics, 1994, 75(3): 1656-1666.

[22] MATSUMURA M, AKAI T, SAITO M, et al. Height of the energy barrier existing between cathodes and hydroxyquinoline—aluminum complex of organic electroluminescence devices [J]. Journal of applied physics, 1996, 79(1): 264-268.

[23] FAN C, YANG C. Yellow/orange emissive heavy-metal complexes as phosphors in monochromatic and white organic light-emitting devices [J]. Chemical society reviews, 2014, 43(17): 6439-6469.

[24] BURROWS P, FORREST S. Electroluminescence from trap-limited current transport in vacuum deposited organic light emitting devices [J]. Applied physics letters, 1994, 64(17): 2285-2287.

[25] ADACHI C, BALDO M A, THOMPSON M E, et al. Nearly 100% internal phosphorescence efficiency in an organic light-emitting device [J]. Journal of applied physics, 2001, 90(10): 5048-5051.

[26] LUO D, XIAO P, LIU B. Doping-free white organic light-emitting diodes [J]. The chemical record, 2019, 19(8): 1596-1610.

[27] POPE M, KALLMANN H, MAGNANTE P. Electroluminescence in organic crystals [J]. The journal of chemical physics, 1963, 38(8): 2042-2043.

[28] VINCETT P, BARLOW W, HANN R, et al. Electrical conduction and low voltage blue electroluminescence in vacuum-deposited organic films [J]. Thin solid films, 1982, 94(2): 171-183.

[29] TANG C W, VANSLYKE S A. Organic electroluminescent diodes [J]. Applied physics letters, 1987, 51(12): 913-915.

[30] BURROUGHES J H, BRADLEY D D, BROWN A, et al. Light-emitting diodes based on conjugated polymers [J]. Nature, 1990, 347(6293): 539-541.

[31] HUNG L, TANG C W, MASON M G. Enhanced electron injection in organic electroluminescence devices using an Al/LiF electrode [J]. Applied physics letters, 1997, 70(2): 152-154.

[32] MA Y, ZHANG H, SHEN J, et al. Electroluminescence from triplet metal—ligand charge-transfer excited state of transition metal complexes [J]. Synthetic metals, 1998, 94(3): 245-248.

[33] BALDO M A, O'BRIEN D F, YOU Y, et al. Highly efficient phosphorescent emission from organic electroluminescent devices [J]. Nature, 1998, 395(6698): 151-154.

[34] SHIN H J, CHOI S H, KIM D M, et al. 45-1: a novel 88-inch 8K OLED display for premium large-size TVs[J]. Journal of the society for information display, 2021, 52(1): 611-614.

[35] ZHANG Z, WANG Q, DAI Y, et al. High efficiency fluorescent white organic light-emitting diodes with red, green and blue separately monochromatic emission layers [J]. Organic electronics, 2009, 10(3): 491-495.

[36] SHIRASAKI Y, SUPRAN G J, BAWENDI M G, et al. Emergence of colloidal quantum-dot light-emitting technologies [J]. Nature photonics, 2013, 7(1): 13-23.

[37] JIANG C, ZHONG Z, LIU B, et al. Coffee-ring-free quantum dot thin film using inkjet printing from a mixed-solvent system on modified ZnO transport layer for light-emitting devices [J]. ACS Applied materials & interfaces, 2016, 8(39): 26162-26168.

[38] COLVIN V L, SCHLAMP M C, ALIVISATOS A P. Light-emitting diodes made from cadmium selenide nanocrystals and a semiconducting polymer [J]. Nature, 1994, 370(6488): 354-357.

[39] DAI X, ZHANG Z, JIN Y, et al. Solution-processed, high-performance light-emitting diodes based on quantum dots [J]. Nature, 2014, 515(7525): 96-99.

[40] SHEN H, GAO Q, ZHANG Y, et al. Visible quantum dot light-emitting diodes with simultaneous high brightness and efficiency [J]. Nature photonics, 2019, 13(3): 192-197.

[41] LIN T A, CHATTERJEE T, TSAI W L, et al. Sky-blue organic light emitting diode with 37% external quantum efficiency using thermally activated delayed fluorescence from spiroacridine-triazine hybrid [J]. Advanced materials, 2016, 28(32): 6976-6983.

[42] LIU B, LI X L, TAO H, et al. Manipulation of exciton distribution for high-performance fluorescent/phosphorescent hybrid white organic light-emitting diodes [J]. Journal of materials chemistry C, 2017, 5(31): 7668-7683.

[43] WANG T, ZHANG Y, GAO Y, et al. 63-4: development of ink-jet printing process for 55-inch UHD AMQLED display [J]. Journal of the society for information display, 2021, 52(1): 930-932.

[44] LUO D, WANG L, QIU Y, et al. Emergence of impurity-doped nanocrystal light-emitting diodes [J]. Nanomaterials, 2020, 10(6): 1226.

[45] SUN Y, JIANG Y, SUN X W, et al. Beyond OLED: efficient quantum dot light-emitting diodes for display and lighting application [J]. The chemical record, 2019, 19(8): 1729-1752.

[46] GHOSH CHAUDHURI R, PARIA S. Core/shell nanoparticles: classes, properties, synthesis mechanisms, characterization, and applications [J]. Chemical reviews, 2012, 112(4): 2373-2433.

[47] COE-SULLIVAN S, WOO W K, STECKEL J S, et al. Tuning the performance of hybrid organic/ inorganic quantum dot light-emitting devices [J]. Organic electronics, 2003, 4(2/3): 123-130.

[48] LIU B, XU M, WANG L, et al. Comprehensive study on the electron transport layer in blue flourescent organic light-emitting diodes [J]. ECS journal of solid state science and technology, 2013, 2(11): R258.

[49] JI W, SHEN H, ZHANG H, et al. Over 800% efficiency enhancement of all-inorganic quantum-dot light emitting diodes with an ultrathin alumina passivating layer [J]. Nanoscale, 2018, 10(23): 11103-11109.

[50] JI W, LIU S, ZHANG H, et al. Ultrasonic spray processed, highly efficient all-inorganic quantum-dot light-emitting diodes [J]. ACS photonics, 2017, 4(5): 1271-1278.

[51] LEE M M, TEUSCHER J, MIYASAKA T, et al. Efficient hybrid solar cells based on meso-superstructured organometal halide perovskites [J]. Science, 2012, 338(6107): 643-647.

[52] PROTESESCU L, YAKUNIN S, BODNARCHUK M I, et al. Nanocrystals of cesium lead halide perovskites (CsPbX$_3$, X= Cl, Br, and I): novel optoelectronic materials showing bright emission with wide color gamut [J]. Nano letters, 2015, 15(6): 3692-3696.

[53] HUANG H, SUSHA A S, KERSHAW S V, et al. Control of emission color of high quantum yield CH$_3$NH$_3$PbBr$_3$ perovskite quantum dots by precipitation temperature [J]. Advanced science, 2015, 2(9): 1500194.

[54] ZHOU Y, ZHAO Y. Chemical stability and instability of inorganic halide perovskites [J]. Energy & environmental science, 2019, 12(5): 1495-1511.

[55] TAN Z K, MOGHADDAM R S, LAI M L, et al. Bright light-emitting diodes based on organometal halide perovskite [J]. Nature nanotechnology, 2014, 9(9): 687-692.

[56] SONG J, LI J, LI X, et al. Quantum dot light-emitting diodes based on inorganic perovskite cesium lead halides (CsPbX$_3$)[J]. Advanced materials, 2015, 27(44): 7162-7167.

[57] CHIBA T, HAYASHI Y, EBE H, et al. Anion-exchange red perovskite quantum dots with ammonium iodine salts for highly efficient light-emitting devices [J]. Nature photonics, 2018, 12(11): 681-687.

[58] LIN K, XING J, QUAN L N, et al. Perovskite light-emitting diodes with external quantum efficiency exceeding 20 percent [J]. Nature, 2018, 562(7726): 245-248.

[59] ZHANG X, XU B, WANG W, et al. Plasmonic perovskite light-emitting diodes based on the Ag-CsPbBr$_3$ system [J]. ACS applied materials & interfaces, 2017, 9(5): 4926-4931.

[60] YANG K, LI F, LU P, et al. 11-1: Bright organic—inorganic perovskite quantum dots fabricated with simple ultrasonic treatment[J]. Journal of the society for information display, 2018, 49(1): 1952-1955.

[61] DE GRAEF M, MCHENRY M E. Structure of materials: an introduction to crystallography, diffraction and symmetry [M]. Cambridge: Cambridge University Press, 2012.

[62] QUAN L N, GARCíA DE ARQUER F P, SABATINI R P, et al. Perovskites for light emission [J]. Advanced materials, 2018, 30(45): 1801996.

[63] LIANG L, WENCONG L, NIANYI C. On the criteria of formation and lattice distortion of perovskite-type complex halides [J]. Journal of physics and chemistry of solids, 2004, 65(5): 855-860.

[64] BORRIELLO I, CANTELE G, NINNO D. Ab initio investigation of hybrid organic-inorganic perovskites based on tin halides [J]. Physical review B, 2008, 77(23): 235214.

[65] MOSCONI E, AMAT A, NAZEERUDDIN M K, et al. First-principles modeling of mixed halide organometal perovskites for photovoltaic applications [J]. The journal of physical chemistry C, 2013, 117(27): 13902-13913.

[66] ZHOU L, XIANG H Y, SHEN S, et al. High-performance flexible organic light-emitting diodes using embedded silver network transparent electrodes [J]. ACS nano, 2014, 8(12): 12796-12805.

[67] XU L H, OU Q D, LI Y Q, et al. Microcavity-free broadband light outcoupling enhancement in flexible organic light-emitting diodes with nanostructured transparent metal-dielectric composite electrodes [J]. ACS nano, 2016, 10(1): 1625-1632.

[68] LI X L, XIE G, LIU M, et al. High-efficiency WOLEDs with high color-rendering index based on a chromaticity-adjustable yellow thermally activated delayed fluorescence emitter [J]. Advanced materials,

2016, 28(23): 4614-4619.

[69] LIU Y, JING Y, ZHAO J, et al. Design optimization of lead-free perovskite $Cs_2AgInCl_6$: Bi nanocrystals with 11.4% photoluminescence quantum yield [J]. Chemistry of materials, 2019, 31(9): 3333-3339.

[70] ZOU S H, LIU Y S, LI J H, et al. Stabilizing cesium lead halide perovskite lattice through Mn (Ⅱ)substitution for air-stable light-emitting diodes [J]. Journal of the American chemical society, 2017, 139(33): 11443-11450.

[71] DING N, ZHOU D, SUN X, et al. Highly stable and water-soluble monodisperse $CsPbX_3/SiO_2$ nanocomposites for white-LED and cells imaging [J]. Nanotechnology, 2018, 29(34): 345703.

[72] ZHU Y, HE Y, GONG J, et al. Highly stable all-inorganic $CsPbBr_3$ nanocrystals film encapsulated with alumina by plasma-enhanced atomic layer deposition [J]. Materials express, 2018, 8(5): 469-474.

[73] LI F, GUO C, YOU L, et al. Photoinstable hybrid all-inorganic halide perovskite quantum dots as single downconverters for white light emitting devices [J]. Organic electronics, 2018, 63: 318-327.

[74] SHI Z, LI Y, LI S, et al. Localized surface plasmon enhanced all-inorganic perovskite quantum dot light-emitting diodes based on coaxial core/shell heterojunction architecture [J]. Advanced functional materials, 2018, 28(20): 1707031.

[75] CHEN L C, TIEN C H, TSENG Z L, et al. Influence of PMMA on all-inorganic halide perovskite $CsPbBr_3$ quantum dots combined with polymer matrix [J]. Materials, 2019, 12(6): 985.

[76] DAMERON A A, DAVIDSON S D, BURTON B B, et al. Gas diffusion barriers on polymers using multilayers fabricated by Al_2O_3 and rapid SiO_2 atomic layer deposition [J]. The journal of physical chemistry C, 2008, 112(12): 4573-4580.

[77] TALAPIN D V, LEE J S, KOVALENKO M V, et al. Prospects of colloidal nanocrystals for electronic and optoelectronic applications [J]. Chemical reviews, 2010, 110(1): 389-458.

[78] ITHURRIA S, TESSIER M, MAHLER B, et al. Colloidal nanoplatelets with two-dimensional electronic structure [J]. Nature materials, 2011, 10(12): 936-941.

[79] WU K, LI Q, JIA Y, et al. Efficient and ultrafast formation of long-lived charge-transfer exciton state in atomically thin cadmium selenide/cadmium telluride type-Ⅱ heteronanosheets [J]. ACS nano, 2015, 9(1): 961-968.

[80] JOO J, SON J S, KWON S G, et al. Low-temperature solution-phase synthesis of quantum well structured CdSe nanoribbons [J]. Journal of the American chemical society, 2006, 128(17): 5632-5633.

[81] OLUTAS M, GUZELTURK B, KELESTEMUR Y, et al. Lateral size-dependent spontaneous and stimulated emission properties in colloidal CdSe nanoplatelets [J]. ACS Nano, 2015, 9(5): 5041-5050.

[82] LI Q, XU Z, MCBRIDE J R, et al. Low threshold multiexciton optical gain in colloidal CdSe/CdTe Core/Crown type-Ⅱ nanoplatelet heterostructures [J]. ACS nano, 2017, 11(3): 2545-2553.

[83] LIU B, SHARMA M, YU J, et al. Light-emitting diodes with Cu-doped colloidal quantum wells: from ultrapure green, tunable dual-emission to white light [J]. Small, 2019, 15(38): 1901983.

[84] CHEN Z, NADAL B, MAHLER B, et al. Quasi-2D colloidal semiconductor nanoplatelets for narrow electroluminescence [J]. Advanced functional materials, 2014, 24(3): 295-302.

[85] FAN F, KANJANABOOS P, SARAVANAPAVANANTHAM M, et al. Colloidal $CdSe_{1-x}S_x$ nanoplatelets with narrow and continuously-tunable electroluminescence [J]. Nano letters, 2015, 15(7): 4611-4615.

[86] GIOVANELLA U, PASINI M, LORENZON M, et al. Efficient solution-processed nanoplatelet-based light-emitting diodes with high operational stability in air [J]. Nano letters, 2018, 18(6): 3441-3448.

[87] LIU B, ALTINTAS Y, WANG L, et al. Record high external quantum efficiency of 19.2% achieved in light-emitting diodes of colloidal quantum wells enabled by hot-injection shell growth [J]. Advanced materials, 2020, 32(8): 1905824.

[88] DING L, SUN Y Q, CHEN H, et al. A novel intermediate connector with improved charge generation and separation for large-area tandem white organic lighting devices [J]. Journal of materials chemistry C, 2014, 2(48): 10403-10408.

[89] LIU B, DELIKANLI S, GAO Y, et al. Nanocrystal light-emitting diodes based on type II nanoplatelets [J]. Nano energy, 2018, 47: 115-122.

[90] LV X, LOO K H, LAI Y M, et al. Energy-saving driver design for full-color large-area LED display panel systems [J]. IEEE transactions on industrial electronics, 2013, 61(9): 4665-4673.

[91] TEMPLIER F. GaN-based emissive microdisplays: a very promising technology for compact, ultra-high brightness display systems [J]. Journal of the society for information display, 2016, 24(11): 669-675.

[92] WU T, SHER C W, LIN Y, et al. Mini-LED and micro-LED: promising candidates for the next generation display technology [J]. Applied sciences, 2018, 8(9): 1557.

[93] HUANG Y, TAN G, GOU F, et al. Prospects and challenges of mini-LED and micro-LED displays [J]. Journal of the society for information display, 2019, 27(7): 387-401.

[94] WU Y E, LEE M H, LIN Y C, et al. 41-1: invited paper: active matrix mini-LED backlights for 1000PPI VR LCD[J]. Journal of the society for information display, 2019, 50(1): 562-565.

[95] XIAO J, FEI J, ZHENG F, et al. Mini-LED backlight units on glass for 75-inch 8K resolution liquid crystal display [J]. Journal of the society for information display, 2022, 30(1): 54-60.

[96] HSIANG E L, YANG Z, YANG Q, et al. Prospects and challenges of mini-LED, OLED, and micro-LED displays [J]. Journal of the society for information display, 2021, 29(6): 446-465.

[97] LEE S L, CHENG C C, LIU C J, et al. 9.4-inch 228PPI flexible micro-LED display [J]. Journal of the society for information display, 2021, 29(5): 360-369.

[98] JUNG T, CHOI J H, JANG S H, et al. 32-1: invited paper: review of micro-light-emitting-diode technology for micro-display applications[J]. Journal of the society for information display, 2019, 50(1): 442-446.

[99] SHI Y, LI Z, WANG K, et al. 43-3: 14 inch flexible LCD panel with colorless polyimide[J]. Journal of the society for information display, 2019, 50(1): 597-599.

[100] UCHINO S, AZUMI K, KATSUTA T, et al. A full integration of electromagnetic resonance sensor and capacitive touch sensor into LCD [J]. Journal of the society for information display, 2019, 27(6): 325-337.

[101] YASUDA S, ITO T, OIKAWA T, et al. Review of viewing-angle compensation of TN-mode LCDs using WV film [J]. Journal of the society for information display, 2009, 17(4): 377-381.

[102] AOKI N, KOMURA S, FURUHASHI T, et al. Advanced IPS technology for mobile applications [J]. Journal of the society for information display, 2007, 15(1): 23-29.

[103] ZHAO Y C, ZHAO F, CHANG C, et al. 28-3: world's First 85-in. 120 Hz-Driven 8K × 4K BCE IGZO GOA VA-LCD[J]. Journal of the society for information display, 2018, 49(1): 362-364.

[104] GE Z, ZHU X, WU T X, et al. P-157: a single cell-gap transflective VA LCD using positive liquid crystal materials[J]. Journal of the society for information display, 2006, 37(1): 802-805.

第6章 低功耗显示技术的基本器件原理

在万物联网的环境下，所有事物的表面未来都有可能贴上显示屏，因此，显示屏在室外强日光环境下的可视性与低功耗就变成十分重要的一环。电子纸技术具备日光下的高对比、不换页时的超低功耗，以及可以任意成型的柔性等特点，被视为实现可穿戴显示技术的一个重要方向。本章将介绍电子纸技术(也称为反射式显示)的显示原理与器件技术，并针对重要的主流技术做专利与发展现况的介绍。

6.1 反射式电子纸显示技术

可穿戴器件中应用的电子显示技术目前主要分为主动发光式显示和反射式显示。主动发光式显示器包含透射式显示与自发光显示，其中透射式显示自带背光源，而自发光显示的器件能够自主发光。透射式与自发光式显示都不需要外界环境光参与显示，目前常见的有发光二极管(LED)、主动式液晶显示器(LCD)、等离子体显示(PDP)、有机发光二极管(OLED)等[1]，通过直接将显示信号调制在主动发光器件上，再通过大量的像素相组合形成画面。由于画面由主动发光的像素组成，其亮度及色彩表现都足以满足可穿戴器件显示需求。然而，主动发光式显示器需要持续供电以保持和刷新图像，导致器件功耗较高，因此可穿戴器件普遍存在续航时间不足的问题，主动发光器件受限于可穿戴器件的小体积、轻重量，很难提升可穿戴设备的续航能力。此外，可穿戴器件大量使用户外场景，而主动发光器件在室外可读性较差，影响佩戴者的使用体验，如图6-1所示。因此在功耗与室外可读性上具有优势的反射式显示技术能成为可穿戴显示的一种解决方案。

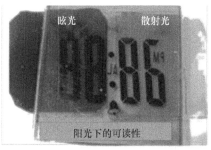

图 6-1 阳光下 LCD 对比度很低而电子纸显示清晰[2]

6.1.1 反射式显示技术的优势

1. 室外可读性

反射式显示技术在室外可读性上的优势主要在于高环境亮度下的高对比度与防眩光

的特性。主动发光式显示器正常情况下的对比度基本都能达到几万甚至几十万，但在高环境亮度的场合下根据环境对比度的定义公式，对比度将大大降低，如式(6-1)所示；与此相反，反射式显示器自身不发光而通过将显示信号调制在外界光的发射上，其对比度与环境亮度无关，如式(6-2)所示，因而在户外场合也能维持显示所需要的对比度。LCD(透射式显示)在低的环境光下(1lx)，对比度可以达到 1000，但是室外条件下环境光亮度能够达到 2000nit 左右，而 LCD(透射式显示)的亮度只有 300~500nit，此时根据式(6-1)，LCD的环境对比度只有 1.15~1.25，而电泳式电子纸随着环境光亮度的增强，在室外时的对比度变化不大，高环境亮度时对比度也能达到数十，远好于透射式 LCD。此外在色彩表现上，图 6-2 展示了反射式显示在室外环境光下的色域体积变化，在不同环境亮度、观看角度下电泳式电子纸(EPD)色域都几乎没有变化，而透射式 LCD 在室外环境光下色域体积(gamut volume)明显降低，并且观看角度也会显著影响其色域体积。

$$A - \mathrm{CR}_1 = \frac{L_{\text{Display-on}} + L_{\text{Ambient}}}{L_{\text{Display-off}} + L_{\text{Ambient}}} \tag{6-1}$$

$$A - \mathrm{CR}_2 = \frac{L_{\text{on-state reflect}}}{L_{\text{off-state reflect}}} \tag{6-2}$$

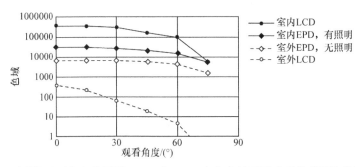

图 6-2　照明单元开启和关闭下，EPD 与 LCD 在室内外不同观看角度下的色域体积[3]

此外，眩光也是影响显示器件室外可读性的重要因素。眩光是一种视觉条件，这种条件的形成是由亮度分布不适当或亮度变化的幅度太大引起身体不舒适或降低观察重要物体的能力[4]。LCD 以及 LED 等主动式显示器发出的强光会直射眼睛，长时间阅读会产生强烈的不适感，同时器件外部有一层玻璃，当太阳光照射到显示器表面时会发生镜面反射，由于太阳光的光强高于背光源的光，因此会产生眩光，这使得主动发光显示器的屏幕在外环境中的能见度非常低。而反射式显示作为一种被动显示技术不会自主发光，依靠对入射环境光的反射来进行显示，能得到一种阅读纸张的视觉感受，同时基于电泳显示的 Kindle 电子墨水屏等反射式显示器由于没有玻璃镜面以及背光源，因此电子纸显示图像没有眩光效应，长时间显示下不会有视觉疲劳，同时由于电子纸中电子墨水颗粒固有的散射效应，对入射光会有比较强的背散射光，因此在太阳光下可以产生比较明显的油墨外观，有比较好的可读性。对于其他反射式显示器，可以通过加抗反射层和减少镜面反射来避免玻璃盖板带来的眩光：增加抗反射层的原理是减少反射光的强度，通过在玻璃表面上制备单层或多层的抗反射膜，减少玻璃盖板上的反射，同时还能增加透射进显示器的光强，有助于提高反射式显示器的反射亮度及色彩表现。但是这种方式只是通过抗反射层在总体上降低了反射率，并没有针对玻璃盖板的镜面反射进行优化。想要减少镜面反射导致的眩光，可以通过表面粗化及微透镜阵列来实现，如图 6-3 所示，微透镜阵列的表面能将有角度的外界光漫反射，解决了镜面反射眩光的问题，同时对于垂直于显示屏幕的光没有影响，保持显示质量的同时避免眩光。

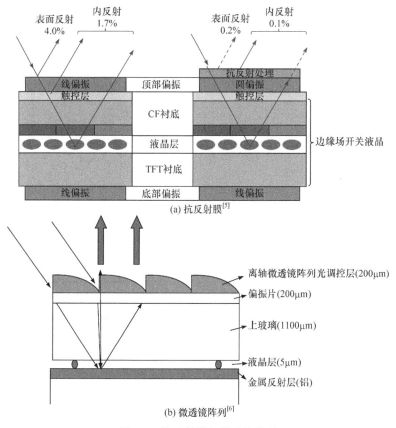

图 6-3　抗反射膜与微透镜阵列

2. 户外环境使用寿命

温度与湿度对于 LCD 等显示器件的使用寿命有着巨大的影响，如图 6-4 所示，在 25℃下，LCD 的使用寿命只有 30000h，并且随着使用时间的增加，LED 背光源的亮度会明显降低，进一步影响外部环境光下显示器件的可读性，而反射式电子纸在温度为 25℃、湿度为 60% 的情况下显示寿命超过五年，在使用中具有更好的稳定性。

3. 可穿戴器件户外续航能力

由于户外条件对于器件充电的限制，可穿戴应用强调器件的续航能力，因此低功耗显示对可穿戴器件有着重要意义，反射式显示的低功耗特性来源于它的显示原理以及双稳态特性。反射式显示作为一种被动显示技术依靠反射环境光进行显示，不需要供电维持自主发光器件。此外一些反射式显示器还具有双稳态性，图 6-5 展示了电子纸器件中带电粒子的受力情况，当给电子纸施加电压驱动时，带电粒子会在电场的作用下移动，从而能够显示图像。当移除供电源时，粒子在没有外加电场的作用下会受力平衡，粒子受到的浮力、重力、内建电场力和液体阻力多个力的合力为零，这会使得粒子保持在原先的空间位置，灰阶不再变化，电子纸就可以保存原有的图像[7]。电子纸显示屏上的画面仍然能够持续显示不会消失，仅在更换画面时才需要消耗电量，可以大大降低能耗，提高可穿戴器件的续航能力。

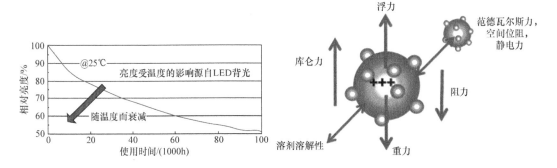

图 6-4　25℃下 LCD 亮度随使用时间衰减[6]　　　　图 6-5　电泳显示器件的双稳态[7]

6.1.2　反射式显示技术的发展

早在 20 世纪 70 年代反射式显示技术就已经出现，反射式 LCD 与透射式 LCD 几乎被同时提出，然而反射式 LCD 由于在亮度、对比度等方面的劣势始终无法成为显示技术发展的主流，只在一些器件中作为透反射(T/R)LCD 的反射模式得以应用[8]。由于被动式与主动式显示在显示效果上存在巨大差距，反射式显示技术一度发展缓慢，例如，目前应用最广泛的电泳显示技术在 1972 年就已经被 Ota 等提出[9]，然而这项技术直到 2007 年 Amazon 推出 Kindle 电子阅读器才成功实现应用。随着物联网的发展与对低功耗显示的需求，反射式显示技术正成为显示科技的一个重要研究领域，基于不同原理的显示技术被提出，目前的研究主要集中于电泳显示(electro-phoretic display，EPD)、反射式液晶显示(reflective liquid crystal display，R-LCD)、干涉调制显示(interferometric modulator display，IMOD)、电润湿(electro-wetting，EW)、电致变色(electro-chromic，EC)、相转换材料(phase changing materials，PCM)等方向，电泳显示是其中发展最成熟、应用最广泛的反射式显示技术。

6.2　反射式显示原理

除了已经大规模量产的电泳显示器，本节中会介绍几种基于不同显示原理的反射式显示技术，它们在响应速度、对比度等方面各有优劣，然而由于在制备工艺、器件性能等方面存在缺陷，目前都处于研究中，没有得到大规模应用。但它们的基本原理都值得刚接触本领域的研究人员借鉴与参考，因此也在本节做简单的介绍。

6.2.1 反射式液晶显示

反射式液晶显示技术的原理与传统液晶显示原理相同，都是利用驱动电压控制液晶的偏转形成不同的偏振状态，再通过偏光片和滤光片来实现不同光强和颜色的色彩显示。反射式液晶显示技术的区别在于其仍然是通过反射外界环境光线而非背光源光线来实现显示效果。经典的反射式液晶显示器的结构如下：取代传统液晶显示器背光源的是高反射率的平面镜，能够将进入显示器内部的环境光完全反射；通过控制驱动电压，可以控制出射光的偏振状态，结合偏光片即可调节反射光强；通过偏光片的过滤，可以在子像素中形成三原色，进而实现全彩显示功能。此外，由于反射式液晶在亮度及对比度上的缺点，可以加入穿透态与自发光的结合[10]，在液晶层下方或上方加入 LED、OLED 等发光层。例如，Emi-flective 显示器能在 OLED 的自发光与反射式显示中切换，兼具低功耗与室内高对比度显示的功能，如图 6-6 所示。

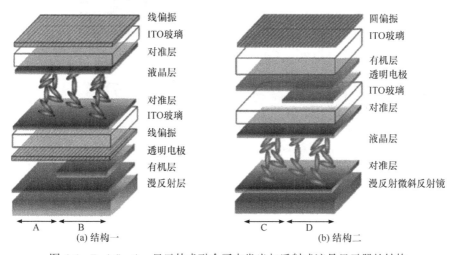

图 6-6 Emi-flective 显示技术融合了自发光与反射式液晶显示器的结构

传统的反射式液晶显示器需要持续施加电压才能维持偏转状态，这使得显示器需要持续供电，因此无法实现双稳态特性；为了解决这一问题，基于图 6-7 所示的胆甾相液晶的反射式显示器被提出。胆甾相液晶是一类特殊的液晶[11]，拥有在没有外界电压的情况下保持偏转状态的能力：这使得基于胆甾相液晶的反射式显示器也能实现双稳态性质，从而减少平均功耗。但是另一方面，胆甾相液晶的驱动时间较长，使胆甾相液晶显示技术无法实现较高的响应速度，难以适应高刷新率的显示需求。因此反射式液晶显示目前仍然不能同时确保高响应与双稳态特性。

6.2.2 干涉调制显示

干涉调制显示器[12]通过控制反射光的干涉产生各种颜色。像素的颜色是由一个电子开关光调制器来进行选择的，该调制器包括一个微型腔体，这个腔体使用驱动集成电路开关，类似于处理液晶显示器的驱动集成电路。基于干涉调制的反射平板显示器包括成千上万个独立的干涉调制器元件，每个元件都是基于微机电系统(MEMS)的设备，图 6-8 展示了这种基于 MEMS 的干涉调制显示(IMOD)器件的示意图。

图 6-7　光学寻址胆甾相液晶显示器[11]

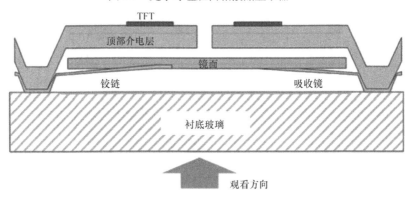

图 6-8　MEMS-干涉调制显示像素示意图[12]

　　在一种状态下，IMOD 亚像素反射特定波长的光，呈现特定的颜色，而在另一种状态下，它吸收入射光，通过衍射光栅效应呈现黑色。当没有被寻址驱动时，IMOD 显示器消耗很少的能量，因为只有在像素颜色需要改变的时候才消耗电力。

　　一组在打开时反射相同颜色的元素会产生单色显示，一个像素由三组子像素组成，三组子像素分别在打开的时候呈现红绿蓝三原色。由于每个元素只反射一定数量的光，因此将几个相同颜色的元素组合在一起作为子像素，可以根据特定时间内打开的元素数量来进行反射，作为一个像素不同的亮度级别。

　　IMOD 作为一个最小可控制单元，包括一个反射膜，该反射膜可以相对于半透明薄膜上下移动。在反射膜和半透明薄膜之间形成一个空腔，定义了一个气隙，IMOD 表现得像一个光学谐振结构，其反射颜色由气隙的大小决定。向 IMOD 施加电压会产生静电力，反射膜与半透明薄膜之间的间隙发生改变，进行状态切换。当这种元素呈现黑色时，IMOD 被改变为吸收器，其结果是几乎所有入射光都被吸收，没有颜色被反射，故呈现黑色。当间隙被控制为特定间隙时，特定波长的颜色光就会发生光学谐振，反射出相应的颜色。由于显示器使用来自环境源的光,所以显示器的亮度在大太阳下会增加。相比之下,背光 LCD 则会受到入射光的影响。

这种技术在性能方面非常有优势,低电压,响应快速,色彩丰富,但由于制造工艺和良率的限制,始终没有相关的产品推出。

6.2.3 电润湿与电流体

除了通过调制反射光的反射式液晶与干涉调制显示,电润湿与电流体技术是一类通过控制油墨液滴进行显示的反射式显示器。

1. 电润湿技术

电润湿技术[13]的原理是通过控制施加电压的有无和大小,在特殊材料的表面形成不同的亲疏水性质,进而控制材料表面液滴的形态和分布情况。电润湿显示技术就是基于这一原理,通过改变液体与基板之间的电压大小,就可以改变液体与基板的接触角,从而使得液体分布发生改变,从而在宏观上产生不同的反射率,进而像素化,实现显示功能。在不施加电压的情况下,带颜色的油在水和电极的疏水绝缘涂层之间形成一层扁平膜,此时环境光通过像素入射到油墨上,将会反射油墨的颜色。当在电极与水之间施加电压时,水与疏水绝缘涂层之间的界面张力发生了变化,结果导致液体的堆积状态不再稳定,水把油墨推移到一边,这就得到了一个部分透明的像素,如果在像素下是一个可反射白光的白色表面,就会得到一个白色像素,如图 6-9 所示。

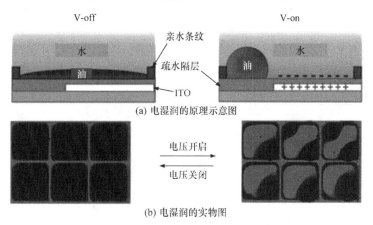

(a) 电湿润的原理示意图

(b) 电湿润的实物图

图 6-9 电润湿技术

相对于其他电子纸技术,电润湿技术的优势在于响应速度快,图像切换速度足以显示视频内容。此外电润湿技术易于通过叠层实现彩色显示,通过三基色的堆叠实现减法式的全彩显示,如图 6-10 所示。

然而电润湿技术的油墨不具有双稳态特性,需要一直保持电压的施加来维持其显示效果。另外也存在油墨成本较高且制造工艺难度大等问题。

2. 电流体技术

电流体显示技术原理与电湿润技术类似,在 2009 年被首次提出[15],由于在工作的状

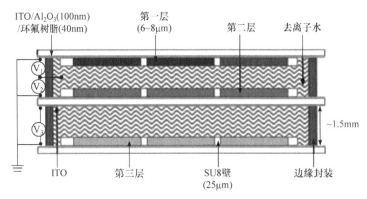

图 6-10　电润湿减法式全彩显示结构示意图[14]

态下会有液体经过其中的微流腔,因此称为电流体显示。相较于电润湿,电流体技术能实现双稳态特性。由于使用了类似于喷墨打印中的颜料分散体,其具有视频速度、高像素分辨率和产生明亮色彩的潜力。结构原理示意图和实物图如图 6-11 所示,结构当中会用到两个电湿润板[16,17],在工作过程当中,电压会驱动有色颜料在几十毫秒内将其拉入上面一层(显色层),替换不显颜色的油墨,此时能看到有色颜料的显色状态。当去除电压后,有色颜料会在表面张力的作用下再次回到底部一层(不显色层),此时就只能看到油墨的不显色状态。使用几何形状相同的可视通道和隐藏通道,可以平衡与表面张力相关的力,从而实现双稳态特性。2013 年,J. Heikenfeld 利用不对齐的层压制造方法,得到的电流体显示器反射率能够达到 90%,每英寸 150 像素的分辨率下切换速度为 15ms,其图片如图 6-11(c)所示[16]。图 6-11(d)展示了 2017 年 Steckl组将电流体器件放置在柔性衬底 PET 上的实物图,在柔性衬底上实现了比较理想的彩色显示[20]。

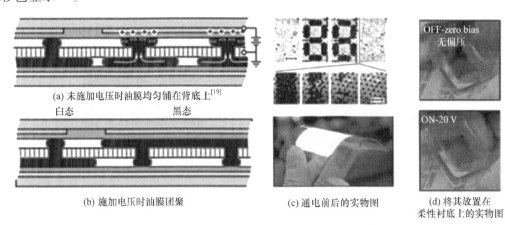

图 6-11　电流体显示技术结构原理示意图和实物图

　　与电润湿技术相似,电流体技术响应速度快,同时兼具双稳态、高亮度的特性,被认为是最有可能实现视频显示的电子纸技术[15,17],然而电流体产品的生产成本、产率以及设备的可靠性提升都需要进一步的研究。

6.3 电泳显示器件原理

电泳显示技术是目前商用最广泛、发展最成熟的反射式显示技术,同时电泳显示器件的可弯曲性也使其成为最有可能在可穿戴显示领域中应用的反射式显示技术。最早的电泳显示概念在 1972 年被 Ota 提出,然而具有实用意义的胶囊型电泳显示器件直到 1996 年才被 MIT 的 J. M. Jacob 和 Comiskey 等[19]提出,至今经过数十年的发展,电泳显示技术在胶体粒子科学、器件制备工艺等方面形成了完善的理论体系。在本节中将介绍电泳显示器件的显示原理、制备工艺以及目前的发展方向。

6.3.1 电泳显示原理

1. 电泳显示基本原理

电泳显示技术是通过施加电压,使电泳显示液(也称为电子墨水)中具有不同颜色的粒子发生电泳,形成不同的分布,从而产生宏观上的不同反射率,进而通过像素化实现显示功能。电子墨水包含显色粒子、表面电荷控制剂、增稠剂及分散溶剂等成分,其中,不同的显色粒子通常带有不同种类和数量的电荷;电荷控制剂能帮助显色粒子在分散溶剂中带有稳定的电荷;增稠剂能防止粒子在停止驱动后由扩散和内建电场导致的迁移,保持先前的空间位置,提高电泳显示器件的双稳态性能;分散溶剂则是整个体系的载体,通常采用非极性溶剂以尽可能减少漏电流和电化学反应。

图 6-12 是电泳显示的基本原理图,通过在驱动电极两端施加不同的电压,带有不同种类电荷的显示粒子将发生电泳运动,使粒子分布发生变化。以黑白电泳显示器为例,当白色粒子位于显示器的显示面时,高反射率的白色粒子将光线散射回观察者,使得画面看起来是白色的;当这些粒子位于显示器的后侧,黑色粒子位于显示面时,入射光就会被黑色粒子吸收,使得画面呈现黑色状态。如果将后电极划分为若干个小的图像像素,则可以通过对显示器的每个区域施加适当的电压从而控制像素区域的反射和吸收来形成图像。

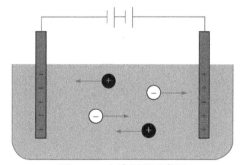

图 6-12 电泳原理示意图

2. 粒子起电机制

通过电泳技术进行显示首先需要稳定带电的颜色粒子,然而这在非极性溶剂作为分散溶剂的电子墨水中并不是一件易事。比耶鲁姆长度(Bjerrum length)是表征介质极性的一种方式,在溶液中,比耶鲁姆长度是两个自由电荷之间的最小距离。在水中,比耶鲁姆长度只有 0.71nm,而在非极性溶剂中,比耶鲁姆长度能达到数十纳米,较大的比耶鲁姆长度导致电荷之间极难分离,所以电子墨水中几乎不存在自由电荷。因此,为了在电子墨水中实现墨水粒子的电泳迁移，电子墨水需要加入表面电荷控制剂以稳定自由电荷并对墨水粒子起电。

在带电反胶束的形成[20]过程中，表面电荷控制剂分子由亲水极性端与疏水非极性端组成，在非极性溶剂中，当表面电荷控制剂分子的浓度高于一个临界值后，分子的极性端会相互聚集形成核-壳结构的反胶束，两个中性反胶束能进一步分离为两个极性相反的带电反胶束，带电反胶束将电荷"包裹"在核中从而稳定电子墨水中的自由电荷。

带电反胶束除了稳定自由电荷，还能对粒子起电，通过带电反胶束对墨水粒子起电存在三种机制[21-24]：①优先吸附，墨水粒子表面的疏水性导致正、负极性的带电反胶束在墨水粒子表面发生非对称的吸附，使粒子表面带电，例如，表面电荷控制剂AOT分子形成的负极性带电反胶束相较于正极性带电反胶束会优先吸附于二氧化硅粒子表面并使之带负电；②酸碱作用，中性的表面电荷控制剂分子吸附在粒子表面，由于粒子表面与表面电荷控制剂分子之间存在相对的酸性或碱性，因此电荷会在酸碱作用下在粒子表面与表面电荷控制剂分子之间转移，使粒子带上正电或是负电；③表面基团分离，基团从粒子表面分离并进入带电反胶束中使粒子表面带电，例如，在癸烷作为溶剂的AOT溶液中，云母粒子表面的钾离子从粒子表面迁移到带电反胶束中使云母粒子带负电。

3. 电泳显示的驱动信号设计

起电后的黑、白墨水粒子分别带上极性相反的电荷，为了控制黑、白粒子的分布以显示不同灰阶需要通过不同的电压驱动序列来实现。通常电泳粒子的驱动信号分为图6-13所示的四个阶段：①激活，通过高频的振荡信号激活粒子活性；②补偿直流平衡，电极间不同极性电压驱动时间的不一致会导致器件内部产生残余电荷，随着驱动次数的增加，内部残余电荷不断积累并形成较大的内部电场，严重影响器件的驱动效果与使用寿命，因此需要补偿信号以达到直流平衡；③擦除，擦除上一阶段图像并显示白色灰阶；④驱动，通过驱动信号写入

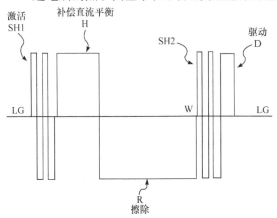

图6-13　电泳粒子驱动信号[25]

新的图像，驱动信号通过图6-14所示控制正、负驱动电压不同的占空比以显示不同灰阶。通过设计驱动信号可以改善电泳显示器件在不同温度与不同驱动条件下的性能，例如，由于驱动中电子纸相邻像素之间电场的影响，画面更新驱动时会残留前一画面的轮廓，造成"边缘残影"，通过对驱动电压波形进行优化，施加不同电压使得颗粒在微胶囊的分散剂中受力均衡，确保颗粒分布均匀，能在没有改变设备结构和材料的情况下，消除"边缘残影"现象[25-27]，除了在垂直方向上设计驱动信号，也能通过设计垂直与横向的三维驱动信号改善电泳显示的对比度[28]。三维驱动的电泳显示器件如图6-15所示。

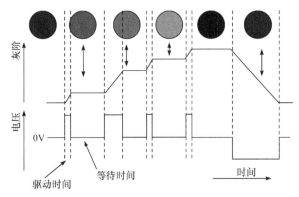

图 6-14　电泳显示器件驱动不同灰阶的驱动波形[26]

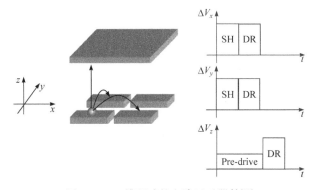

图 6-15　三维驱动的电泳显示器件[28]

6.3.2　电泳显示器件的制备工艺

电泳显示技术商用化较早，并且已在大量成熟产品中应用，因此相较于其他反射式显示技术，电泳显示器件在制备上发展最成熟，在器件可靠率上有巨大的优势。电泳显示器件的制备主要有微封装技术与膜层结构。

1. 电泳显示器件的微封装

电泳技术驱动电泳液中粒子分布完成显示，然而电泳液中粒子数量过于庞大，如果没有把粒子分隔开，容易发生聚集团聚、结块沉降，从而使得电子纸失灵，极大地缩短电子纸的寿命。同时也无法阻止粒子的横向移动，难以实现柔性可弯曲的特性。为了解决上述问题，需要把整体的电泳液切分成很多独立的小腔体，目前有两个主流方案，分别是微杯技术和微胶囊技术。

1998 年，Comiskey 等提出微胶囊式电子纸[19]，这是目前市面上常见的电泳型电子纸，黑白型微胶囊电子纸一般由上下电极、微胶囊、带正电荷的白色粒子、带负电荷的黑色粒子、增稠剂以及电荷控制剂等透明的电泳液组成。通过使用微胶囊封装方法可以减少粒子之间的团聚。当在电极上施加电场时，带正电的白色粒子就会往带负电的电极上移动，带负电的黑色粒子就会往相反方向移动。当使用者从上往下看时，就会看到处于微胶囊顶端的电泳粒子反射的颜色(黑色或者白色)，如图 6-16 所示。

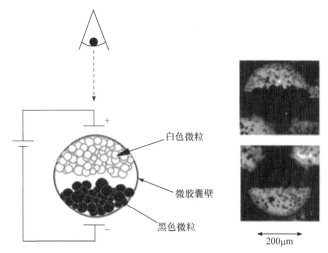

图 6-16　微胶囊电泳式电子纸[19]

　　但微胶囊方法所制备的电泳显示器仍然存在一些缺陷：对环境变化敏感，特别对潮湿和温度敏感；因为壁薄和微胶囊颗粒尺寸大，耐磨性差，需要在微胶囊中嵌入大量的聚合物，造成响应时间变慢；在微胶囊工艺中，电荷控制剂趋于扩散到水/油界面，所以微胶囊中的颜料颗粒的表面电荷密度和 Zeta 电位低，导致响应速率低；此外颗粒尺寸大、微胶囊的尺寸分布宽会造成分辨率较差。因此，2003 年 SiPix 公司的 Liang 开发了一种新的微封装方式[29]，利用 R2R(roll to roll)的制程实现微杯制备工艺并实现大批量生产，如图 6-17 所示。使用微杯的方法，有利于界面的改性与各种电泳粒子的封装填充。目前，制作微杯的方法主要有两种：模压法和光刻法。

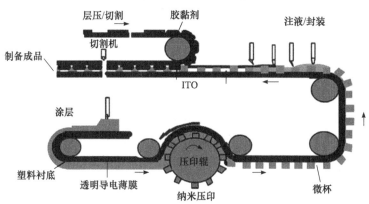

图 6-17　R2R 微杯制备流程图

$1ft/min = 5.08 \times 10^{-3} m/s$

　　光刻法在 1988 年就已经被提出[30]，如图 6-18 所示，其工艺流程包括涂覆成膜、掩覆膜曝光、显影、后曝光固化，以掩模光刻代替模具压模法，无需精密的模具，是一种简便价廉的方法，通过材料选择匹配与工艺优化，可制得抗蚀可挠的电子纸微杯。光刻法也有其不足之处，它无法实现批量生产，而模压法虽然需要制备精密的模具，但是可以实现批量生产，使生产速率大大提升。之后，规则化的微杯会产生大量的莫尔条纹，使产品的良率与影像品质大幅下降，SiPix 公司的 Bo-Ru Yang 等，进一步提出拓扑随机的微杯结构[31]，如图 6-18 所示。

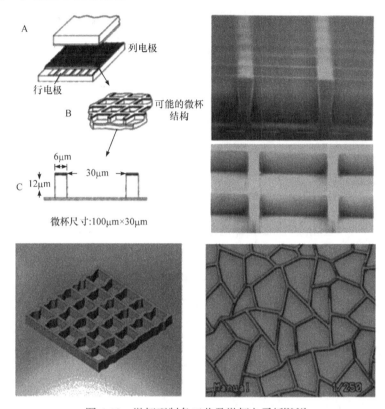

图 6-18   微杯型制备工艺及微杯电子纸[30,31]

2. 电泳显示器件的膜层结构

电泳液进行微胶囊或微杯结构封装后作为电泳显示器件的电泳层，通常电泳显示器件包括阵列基板、电泳层与盖板。阵列基板由阵列排布的薄膜晶体管和与之相连的像素电极组成，薄膜晶体管能够控制像素电极的充电进而驱动电泳层的黑、白粒子迁移，实现电泳显示器件的显示。图 6-19 展示了常见的电泳显示器件阵列基板的膜层结构[32]，相似于前述章节提到的 TFT-LCD，EPD 的像素电路包含一个薄膜晶体管、一个存储电容 C_{st}、一个电泳层电容以及一个与薄膜晶体管源极或漏极相连的像素电极。在电泳器件驱动时，与扫描线相连的薄膜晶体管栅极接入选通信号，同时与源极或漏极相连的数据线接入数据信号使薄膜晶体管导通，通过与源极或漏极相连的像素电极将不同的驱动电压加在像素电极与盖板之间的电泳显示区，实现不同灰阶显示的驱动。

受限于传统电泳显示器件只能进行黑、白双色显示且屏幕刷新率较低的特点，目前大部分电泳显示的应用集中于电子纸阅读器、电子价签条及户外广告牌等方向。为了进一步拓展电泳显示技术在消费电子领域的应用，满足可穿戴器件的使用场景需求，下一代电泳显示技术在彩色显示与快速响应两个方向上进行了改进。

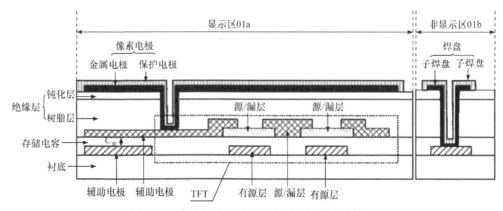

图 6-19　常见电泳显示器件阵列基板膜层结构[32]

6.3.3　彩色电泳显示器

通常黑、白双粒子的电子纸只能进行黑白两色显示，这样的显示效果已经不能满足现实的显示需要，一些公司(如 Eink)开始对电子纸的彩色显示进行研究，图 6-20 展示了两种商用的彩色电泳显示器件，目前实现彩色电泳显示有彩色滤光片与多粒子体系两种方式。

图 6-20　彩色电泳显示屏器件[33,34]

彩色滤光片技术[33]:图 6-21 所展示的彩色滤光片与传统液晶显示器中的滤光片相同，通过三色滤光片的组合在一个像素中实现彩色显示，因为彩色滤光片技术已经非常成熟，在黑白电子纸上添加彩色滤光膜几乎不需要对现有技术做改变，因此彩色滤光片是非常适合量产的解决方案。然而彩色滤光膜会过滤掉 70% 的环境光，这会让依赖于反射自然光显示的电子纸看起来十分暗淡，色彩饱和度较低，彩色显示效果不太理想。

多粒子体系彩色 EPD[35]:由于彩色滤光片在亮度和对比度上存在的缺陷，多粒子体系成为彩色 EPD 发展的主流。多粒子体系是在电子墨水中添加除了黑、白粒子外其他颜色的粒子共同参与电泳显示以实现多色彩显示，早期的彩色 EPD 是黑、白、红三色粒子体系，图 6-22 展示了三色 EPD 的示意图，由于黑色粒子与红色粒子在质荷比上的区别导致两种粒子的阈值电压和迁移率都不相同，因此能用同一极性的电压分别驱动两种粒子，通过改变最上层的粒子种类能够呈现不同的颜色。为了驱动三种粒子，在三色 EPD 的驱动波形设计中，在驱动阶段需要有顺序地驱动粒子，通常彩色电泳显示器先将带电粒子

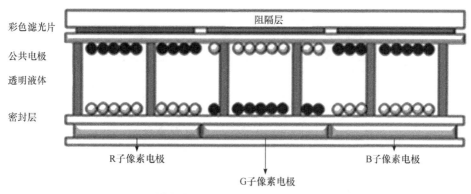

图 6-21　搭载彩色滤光片的电泳显示器件示意图[33]

状态重置为白色，经过交替脉冲激活粒子后用一个略低的驱动电压驱动彩色(红色)粒子，之后再驱动黑色或白色粒子。

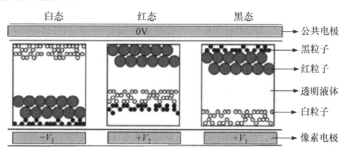

彩图6-22

图 6-22　三色 EPD 的显示原理[35]

　　然而三色 EPD 能显示的色域很小，为了显示更多的颜色，一种 RGB(红、绿、蓝)-CMY(青、洋红、黄)的混色 EPD 体系被提出[36]，图 6-23 是其一个像素的示意图，一个像素由三种子像素构成，每一种子像素都由 RGB 与 CMY 中各一种颜色的粒子组成。图 6-24 展示了 G-M 子像素的显示原理，通过三个电极的交替驱动能够在横向上实现不同颜色粒子的显示，再通过不同颜色子像素的混色显示不同的色彩。然而，横向上由于电极之间的间距比垂直方向大得多，横向电场非常微弱，使得颜料粒子很难在横向上有效驱动，此外子像素混色方案在色饱和度等方面并不理想。

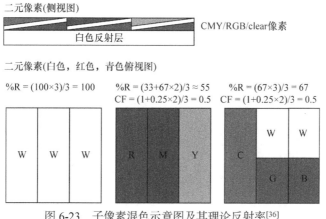

图 6-23　子像素混色示意图及其理论反射率[36]

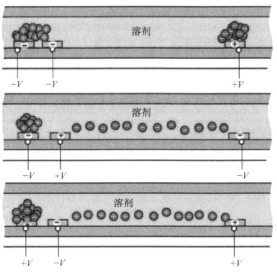

图 6-24　G-M 子像素的显示原理[36]

2016 年的 SID 展会上，Eink 公司推出了如图 6-25 所示的白、洋红、青、黄四色粒子体系(advanced color e-paper，ACeP)电泳显示技术，其中两种粒子带正电，两种粒子带负电[37]。ACeP 技术遵循彩色印刷的减法混色原理，避开了子像素混色方案在反射式显示中导致的亮度、色饱和度、分辨率降低等问题，能呈现出全彩的效果。ACeP 的彩色显示方式是将 C、M、Y、W 四种粒子集成到一个显示单元中，通过控制驱动波形可以控制四种粒子在垂直方向上的分布以呈现不同颜色的图像，其色彩利用率很高，可以使像素显示出 32000 种颜色，如图 6-25 和图 6-26 所示。然而，在一个像素单元内驱动

彩图6-25

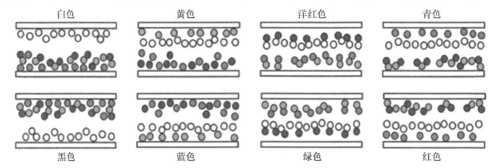

图 6-25　ACcP 的多粒子显示原理[37]

图 6-26　ACeP 优越的彩色显示性能[37]

不同带电颜色粒子的迁移十分复杂，导致 ACeP 在更新图像时需要更长的驱动时间，屏幕刷新率较低。

6.3.4　快速响应电泳显示器

电泳显示技术受限于墨水粒子的响应速度，屏幕刷新率与主动式 LCD、OLED 等显示器存在较大差距，因此目前对于 EPD 的应用只能在电子阅读器、户外广告等对屏幕刷新率不敏感的领域，极大地限制了 EPD 的发展。为了实现 EPD 的快速响应及 EPD 的视频显示，研究人员针对下一代快速响应 EPD 在电子墨水以及显示原理等方面进行了改进。

1. 快速电子墨水

在电子墨水分散剂、电荷控制剂、增稠剂等配方上进行修改是一种常见的可以有效改善电泳显示器件响应速度、双稳态、残影等性能的方法。2012 年，Eink 公司的 Bo-Ru Yang 等通过混合多种异己烷溶剂作为电子墨水分散剂提高了器件的图像转换速度，有效减少了显示的“边缘残影”现象，并使多色粒子可以混合在同一个电子墨水体系中[38]。通过改进电荷控制剂的添加能调控墨水粒子的带电量，提高粒子的迁移速率，在一些研究中，通过混合两种不同的电荷控制剂可以明显增加粒子的带电量[39]。添加增稠剂可以改善电泳显示器件的双稳态特性，然而增稠剂增大了电泳液的黏度，使粒子的迁移率大大降低，因此通过添加热可逆凝胶替代增稠剂，利用热可逆凝胶分子之间由于氢键、范德瓦耳斯力等分子间作用力形成的交联结构，达到增大电泳液黏度使粒子在停止驱动后保持双稳态的目的。在粒子驱动阶段，通过温度作用，这种交联结构也能被可逆打破，从而使电泳液黏度降低，粒子迁移率不受影响[40]。图 6-27 展示了一种快速电子墨水，在电子墨水中加入液晶配向层，液晶分子的偏转能使电子墨水具有更高的流动性，促进电泳粒子的迁移，提高电泳显示器件的响应速度[41]。

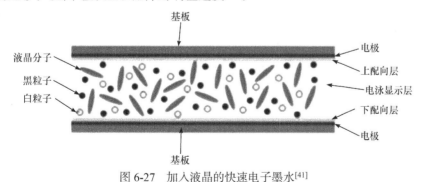

图 6-27　加入液晶的快速电子墨水[41]

2. CLEARink 的全反射结构

除了通过快速电子墨水提高响应速度，一些电子厂商开始在显示原理上对 EPD 进行改进。CLEARink Displays 公司的 Robert Fleming 开发了一种新颖的反射式显示技术，该显示技术基于全反射显示(total internal reflection，TIR)结构并结合单粒子电泳的现象，能通过单色粒子实现黑、白显示，具有超低能耗、薄如纸张、日光下阅读、适于彩色视频显示的特点。其结构如图 6-28 所示，由微结构透镜阵列、单色电泳粒子以及下电极组成，通过控制微结构透镜阵列的形状，以及通过电压控制单色电泳粒子的位置，可以使器件呈现出黑白颜色。当黑色粒子远离透镜侧时，光线入射到微结构透镜后，其透镜结构的形状可以使得光线发生全内反射以显示白态，而当黑色粒子接近透镜侧时，阻止光线的全内反射形成黑态。透镜可以设计出一个非常窄的光线角度分布，具有更高的亮度或更宽的视场角。同时 CLEARink 技术的响应速度相较于传统 EPD 器件，可以从 100ms 提升至 33ms[42]，是具有应用潜力的下一代电泳显示技术。

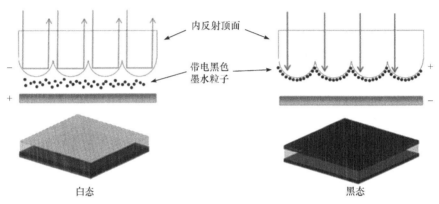

图 6-28　CLEARink 显示器件结构[42]

此外，CLEARink 同样能基于彩色滤光片实现彩色电泳显示，图 6-29 是彩色 CLEARink 的显示原理示意图，如图中的绿色子像素的显示，将传统的彩色滤光片阵列 (CFA) 前置在微结构透镜阵列上，在电场作用下黑粒子远离微透镜结构，使得光通过滤光片后能在微结构中全内反射所需颜色子像素，从而在图像中产生绿色，而在相邻的红、蓝子像素中，粒子被驱动到透镜侧以阻止光通过其他颜色子像素进行全内反射。因此，所有的颜色都能通过各像素红色、绿色和蓝色子像素的组合进行显示。2017 年的 SID Display Week 上展出了第一个彩色 CLEARink 演示显示器，这个演示显示器的对角线为 6 英寸，颜色分辨率为 106PPI，对比度约为 8∶1。

彩图6-29

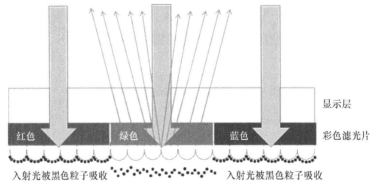

图 6-29　基于彩色滤光片的彩色 CLEARink 显示器件[43]

6.4 反射式显示在可穿戴设备中的应用与前景

由于在功耗以及室外可读性上的优势，反射式显示契合了可穿戴器件的显示需要，同时电泳显示器件的可弯曲性也拓展了反射式显示在可穿戴领域的应用方向，将电泳显示器件制备在柔性衬底上的柔性 EPD 成为可穿戴显示具有前景的一个应用方向。

柔性 EPD 制备的重点在于将 TFT 驱动背板制备在柔性衬底上[7]，图 6-30 是这种柔性有源驱动电子纸的发展历程，2003 年，Yu Chen 等将 a-Si 有源驱动阵列 TFT 制备在铁片衬底上驱动 EPD，其可弯曲半径达到 1.5cm，分辨率达到 96dpi[44]，2008 年，精工爱普生(Seiko Epson)提出利用 surface-free technology by laser ablation/annealing (SUFTLA)技术来制备柔性背板[44]，工艺流程如图 6-31 所示，TFT 背板首先制备在一层 a-Si 牺牲层上，通过激光烧蚀法剥离后转移到柔性塑料基底上，SUFTLA 技术制备出了厚度仅为 96μm 的 2.1 英寸柔性有源阵列电泳显示器。

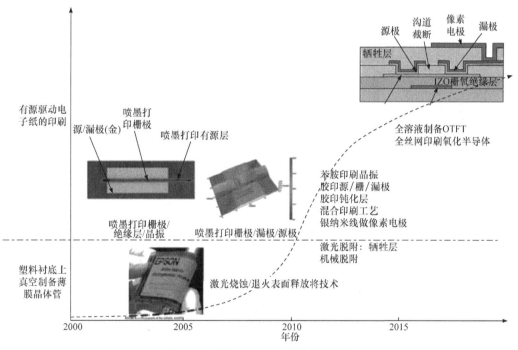

图 6-30 柔性 AM-EPD 器件的发展[7]

TFT 背板包括薄膜晶体管 TFT、像素电极以及存储电容，使用 SUFTLA 工艺能将 TFT 背板制备在柔性衬底上，然而传统 TFT 背板并不能很好地适应这种柔性的应用。传统 TFT 背板中像素电极由真空溅镀的金属氧化物(如氧化铟锡 ITO 等)构成，但是这些材料较为脆弱，不适应柔性背板的可拉伸需求，因此具有优良导电性与化学稳定性的纳米银线成为一种良好的替代，纳米银线在可见光波段有着比 ITO 更好的透过率，同时具有优良的可拉伸性，在弯曲测试中，纳米银线在超过 50000 次弯曲半径为 5mm 的弯折测试中，薄

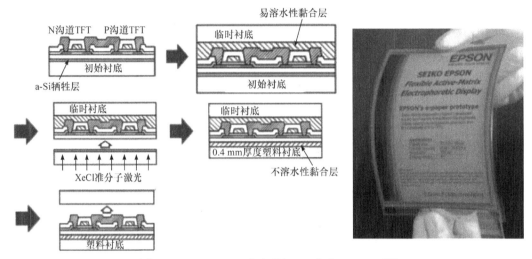

图 6-31　SUFTLA 工艺流程与 2.1 英寸 AM-EPD[44]

膜电阻几乎没有大幅增长，并且相较于 ITO 电极，纳米银线在弯折中没有出现裂隙[45]。纳米银线使用可溶的 AgNW 油墨，利用旋转涂层再光刻的方法进行图案化的制备，相比于需要昂贵真空溅镀设备的传统金属氧化物，真空溅镀法更简单，易于进行大规模制备，图 6-32 展示了纳米银线的制备工艺以及其优良的可拉伸特性。

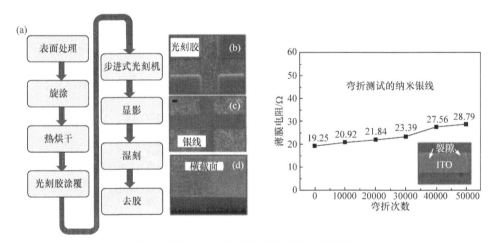

图 6-32　纳米银线图案化过程(左)及弯曲测试(右)[45]

传统 TFT 背板中的多晶硅薄膜晶体管也正在被有机薄膜晶体管(OTFT)所取代，后者具有更高的场效应迁移率与一致性，同时 OTFT 具有很好的柔韧性，非常适合制备柔性 TFT 背板。相比于需要复杂的真空溅镀工艺制备的 TFT 器件，OTFT 能通过打印技术进行简便的制备，图 6-33 展示了 OTFT 的印刷过程，其中 OTFT 的栅电极需要具备良好的导电性，同时与衬底有良好的黏附性，因此可以采用丝网印刷的方法用银油墨进行制备，通过控制油墨的黏度即可控制栅电极的宽度与厚度。而源漏电极与有机层接触，需要有尽量小的接触电阻，防止器件迁移率的降低，所以使用喷墨印刷的方法用 PEDOT:PSS 进行制备。

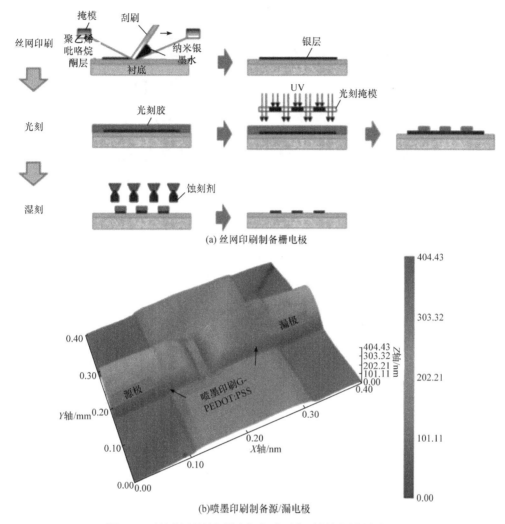

(a) 丝网印刷制备栅电极

(b)喷墨印刷制备源/漏电极

图 6-33　丝网印刷制备栅电极与喷墨印刷制备源/漏电极[48]

　　而通过进一步的发展，目前柔性 AM-EPD 已经能够实现大面积柔性材料的制备，图 6-34(a)是 2010 年 19 英寸微杯式硬屏 AM-EPD，图 6-34(b)是 2018 年于韩国显示学会 IMID 上展示的 30 英寸柔性 AM-EPD。

　　除了柔性 TFT 背板，柔性可拉伸的 EPD 显示层也是柔性 EPD 器件在可穿戴中应用的重点，早期柔性 EPD 制备在铁片或柔性塑料等不透气的衬底上，很难直接应用于一些贴肤的可穿戴器件中，为进一步满足可穿戴显示的需要，可以将 EPD 器件制备在织物等透气柔性衬底上以提升佩戴者的舒适度[47]，也能制备在纸、水凝胶等衬底上，提升器件的可拉伸性能。图 6-35 和图 6-36 展示了中山大学杨柏儒团队提出的一种"三明治"结构的可拉伸 EPD[48]，通过将微胶囊加入 PDMS 弹性体，并夹在两个含有氯化锂的聚丙烯酰胺水凝胶(PAAm-LiCl 水凝胶)的透明电极之间，通过原位黏附法进行粘接，弥补了水凝胶-弹性体在黏附性及生物相容性上的缺陷。所制备的可拉伸 EPD 显示层能够承受 80% 的应变并且不会出现气泡影响显示效果，同时即使经过超过 1200 次的 50%应力的拉伸，

(a) 19英寸微杯式硬屏AM-EPD

(b) 30英寸柔性AM-EPD

图 6-34　由 TFT 阵列驱动的 AM-EPD 样机

膜层的电阻也不会发生明显变化，此外，通过磁控的方式还能在可拉伸 EPD 上进行书写或者擦除图案。可拉伸 EPD 在应力下良好的显示性能以及其优良的生物相容性展示了它在可穿戴设备中的应用潜力。

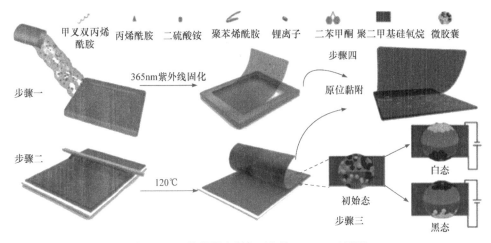

图 6-35　原位黏附法制备可拉伸 EPD 显示层[48]

　　可穿戴的应用也为 EPD 器件的发展提供了更多的方向，在可穿戴器件的使用中不可避免地会与人体皮肤等组织发生摩擦，因此，利用这种摩擦进行自供能的电泳显示器件被提出[49]，图 6-37 展示了利用纳米摩擦发电机(TENG)进行自供能的 EPD，当顶部与底部电极摩擦时，摩擦起电产生交流电，再通过整流桥输出能够驱动 EPD 的直流信号，通过这种结合可穿戴应用场景进行自供能的方法，可穿戴 EPD 器件的续航能力能够得到进一步提升。

　　此外，将柔性电子纸与彩色电子纸结合制备的彩色可穿戴电子纸能显示多样化信息，具有更强的实用性。2020 年，柔性电子纸厂商 Plastic Logic 与 Eink 共同推出了第一款基于 ACeP 与有机薄膜晶体管(OTFT)的柔性彩色电子纸，其重量仅 15g，厚度为530μm，同时 5.4 英寸的显示屏可弯曲半径能达到 50mm，在可穿戴应用上具有很高的可行性。

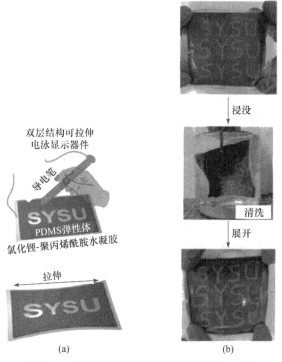

图 6-36　具有良好可拉伸性的可书写 EPD[48]

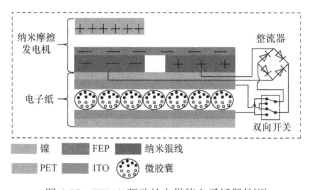

彩图6-37

图 6-37　TENG 驱动的自供能电子纸器件[49]

相较于已经商用的基于 OLED 显示的可穿戴器件，电子纸显示在刷新率、分辨率、色域等方面仍有不小的差距，电子纸在可穿戴领域的应用还有较大的发展空间。然而，电子纸器件的低功耗、轻重量、高室外可读性等特性使之在室外可穿戴领域有着不可替代的优势，具有巨大的发展潜力。

参 考 文 献

[1] JUSTEL T, NIKOL H. Optimization of luminescent materials for plasma display panels [J]. Advanced materials, 2000, 12(7): 527-530.

[2] SANO S, KANDA T, UEMOTO K, et al. P-34: the effects of illuminance on visibility of reading tablet devices and e-paper [J]. Journal of the society for information display, 2012, 43:1186-1189.

[3] HERTEL D. Predicting the viewing direction performance of e-paper displays with front light under ambient lighting conditions [J]. Journal of the society for information display, 2015, 46(1): 330-333.

[4] WOLF E. Glare and age [J]. Archives of ophthalmology (Chicago, Ill : 1960), 1960, 64: 502-514.

[5] KAWAHIRA Y, MURATA K, NAKAI T, et al. Sunlight-readable low-reflection FFS-LCD [J]. Journal of the society for information display, 2018, 49(1): 985-988.

[6] KO F J, SHIEH H P D. 45.4: asymmetrical microlens array light control film for reflective LCDs application[J]. Journal of the society for information display, 2000, 31(1): 1071-1073.

[7] YANG B R P, GU Y, XU J, et al. Understanding the mechanisms of e-ink operation[C]. Proceedings of the international display workshops (Web). Sapporo, 2019, 26: 1-3.

[8] GURTLER R W, MAZE C. Liquid crystal displays [J]. IEEE spectrum, 1972, 9(11): 25-29.

[9] OTA I, OHNISHI J, YOSHIYAMA M. Electrophoretic display device [C]. IEEE conference record of 1972 conference on display devices, New York 1972: 46-50.

[10] YANG B R, HSU C W, SHIEH H P D. Emi-flective display device with attribute of high glare-free-ambient-contrast-ratio [J]. Japanese journal of applied physics part 1-regular papers brief communications & review papers, 2007, 46(11): 7418-7420.

[11] VENKATARAMAN N, MAGYAR G, LIGHTFOOT M, et al. Thin flexible photosensitive cholesteric displays [J]. Journal of the society for information display, 2009, 17(10): 869-873.

[12] HONG J, CHAN E, CHANG T, et al. 54.4 L: late-news paper: single mirror interferometric display-a new paradigm for reflective display technologies [J]. Journal of the society for information display, 2014, 45(1): 793-796.

[13] CHANG R L J, LIU P W, WU C Y, et al. 54.2: reliable and high performance transparent electrowetting displays[J]. Journal of the society for information display, 2014, 45(1): 785-788.

[14] YOU H, STECKL A J. Three-color electrowetting display device for electronic paper [J]. Applied physics letters, 2010, 97(2): 023514-1-023514-3.

[15] HEIKENFELD J, ZHOU K, KREIT E, et al. Electrofluidic displays using Young-Laplace transposition of brilliant pigment dispersions [J]. Nature photonics, 2009, 3(5): 292-296.

[16] HAGEDON M, HEIKENFELD J, DEAN K A, et al. 112.1: invited paper: electrofluidic imaging films for brighter, faster, and lower-cost e-paper[J]. Journal of the society for information display, 2013, 44(1): 111-114.

[17] HEIKENFELD J, ZHOU K. Electrofluidic displays [M]//Handbook of Visual Display Technology. Heidelberg: Springer, 2012.

[18] DENG Y, TANG B, HENZEN A V, et al. Recent progress in video electronic paper displays based on electro-fluidic technology[J]. Journal of the society for information display, 2017, 48(1): 535-538.

[19] COMISKEY B, ALBERT J D, YOSHIZAWA H, et al. An electrophoretic ink for all-printed reflective electronic displays [J]. Nature, 1998, 394(6690): 253-255.

[20] KARVAR M, STRUBBE F, BEUNIS F, et al. Transport of charged aerosol OT inverse micelles in nonpolar liquids [J]. Langmuir, 2011, 27(17): 10386-10391.

[21] SMITH P G, JR PATEL M N, KIM J, et al. Effect of surface hydrophilicity on charging mechanism of colloids in low-permittivity solvents [J]. Journal of physical chemistry C, 2007, 111(2): 840-848.

[22] PUGH R J, MATSUNAGA T, FOWKES F M. The dispersibility and stability of carbon black in media of low dielectric constant. 1. Electrostatic and steric contributions to colloidal stability [J]. Colloids and surfaces, 1983, 7(3): 183-207.

[23] BRISCOE W H, HORN R G. Direct measurement of surface forces due to charging of solids immersed in a nonpolar liquid [J]. Langmuir, 2002, 18(10): 3945-3956.

[24] SCHREUER C, VANDEWIELE S, BRANS T, et al. Single charging events on colloidal particles in a nonpolar liquid with surfactant [J]. Journal of applied physics, 2018, 123(1): 0151051-0151059.

[25] ZHOU G, CORTIE R H, JOHNSON M T, et al. Method of compensating temperature dependence of driving schemes for electrophoretic displays: US 7623113 B2 [P]. 2006-12-28.

[26] JOHNSON M T, ZHOU G, ZEHNER R, et al. High quality images on electronic paper displays[J]. Digest of technical papers-SID international symposium, 2005, 36(2): 1666-1669.

[27] 胡典禄, 王喜杜, 罗裕杰. 一种电泳显示器驱动方法: CN110111746B [P]. 2019-08-09.

[28] YANG B R, LIU Y T, WEI C A, et al. Three dimensional driving scheme for electrophoretic display devices: US8681191B2[P]. 2014-03-25.

[29] LIANG R C, HOU J, ZANG H M, et al. Microcup® electronic paper by roll-to-roll manufacturing processes[J]. Journal of the society for information display, 2003, 16(2): 16-21.

[30] MINNEMA L, VAN DER ZANDE J M. Pattern generation in polyimide coatings and its application in an electrophoretic image display [J]. Polymer engineering and science, 1988, 28(12): 815-822.

[31] YANG B R, LIN C, KANG Y M. Microcup designs for electrophoretic display [P]. U S 0208343, 2014.

[32] 华刚, 王敏, 苏少凯. 电子纸: CN214751248 [P]. 2021-02-08.

[33] DUTHALER G, AU J, DAVIS M, et al. active-matrix color displays using electrophoretic ink and color filters[J]. Journal of the society for information display, 2002, 33(1): 1374-1377.

[34] IAN F, POYUAN L, CHUNG R. Kaleido color ereader displays [J]. Proceedings of the International Display Workshop, 2020, 27(3): 754-756.

[35] WANG M, LIN C, DU H, et al. 59.1: invited paper: electrophoretic display platform comprising B, W, R particles[J]. Journal of the society for information display, 2014, 45(1): 857-860.

[36] MUKHERJEE S, SMITH N, GOULDING M, et al. A first demonstration and analysis of the biprimary color system for reflective displays [J]. Journal of the society for information display, 2014, 22(2): 106-114.

[37] TELFER S J, MCCREARY M D. 42-4: invited paper: a full-color electrophoretic display[J]. Journal of the society for information display, 2016, 47(1): 574-577.

[38] YANG B R, HSIEH Y, ZANG H, et al. Electrophoretic display fluid: US9341915 [P]. 2013-01-08.

[39] PONTO B S, BERG J C. Nanoparticle charging with mixed reverse micelles in apolar media [J]. Colloids and surfaces a-physicochemical and engineering aspects, 2020, 586:1-8.

[40] 杨柏儒, 杨明阳, 秦宗. 一种兼具快速响应与双稳态的聚合物掺杂电泳墨水: CN114045063 [P]. 2021-01-08.

[41] 杨柏儒, 张雅帝, 许嘉哲. 快速响应的电子墨水及其器件结构: C 109507841 [P]. 2018-12-24.

[42] FLEMING R, PERUVEMBA S, HOLMAN R, et al. Electronic paper 2.0: frustrated eTIR as a path to color and video[J]. Journal of the society for information display, 2018, 49(1): 630-632.

[43] FLEMING R, KAZLAS P, JOHANSSON T, et al. Tablet-size eTIR display for low-power epaper applications with color video capability[J]. Journal of the society for information display, 2019, 50(1): 505-508.

[44] CHEN Y, AU J, KAZLAS P, et al. Flexible active-matrix electronic ink display [J]. Nature, 2003, 423:136.

[45] TSENG S H, HUNG S H, HWU K L, et al. 8.3: transparent silver nanowire film as pixel electrode for flexible electrophoretic display[J]. Journal of the society for information display, 2012, 43(1): 82-84.

[46] LEE M W, LEE M Y, PARK J S, et al. OTFT backplane for eletrophorentic display fabricated by combined printing technology[J]. Journal of the society for information display, 2010, 41(1): 1280-1283.

[47] 杨柏儒, 胡文杰. 提升穿戴舒适性的电子纸器件制备方法: CN 109445224 [P]. 2018-12-24.

[48] QIU Z, WU Z, ZHONG M, et al. Stretchable, washable, and rewritable electrophoretic displays with tough hydrogel-elastomer interface[J]. Advanced materials technologies, 2022, 7(5): 2100961.

[49] GU Y, HOU T, CHEN P, et al. Self-powered electronic paper with energy supplies and information inputs solely from mechanical motions [J]. Photonics research, 2020, 8(9): 1496-1505.

第7章　可穿戴柔性显示器件基本原理

在前面的章节里，对显示器件的一些基本原理进行了相关的介绍。本章将对可穿戴柔性显示器件基本原理进行介绍，主要围绕目前相对成熟的可穿戴柔性 AMOLED 与柔性 LCD 显示进行介绍。其中，可穿戴柔性 AMOLED 技术主要涉及柔性衬底、柔性薄膜晶体管(thin film transistor，TFT)、柔性 OLED、硅基 OLED、柔性封装、柔性盖窗等。柔性 AM-QLED、AM-PeLED 与 AM-CQW-LED 等技术的未来发展，则可以相应地借鉴 AMOLED 技术，因此本章不再叙述。此外，柔性 LCD 主要将对柔性穿透式 LCD、光线调控技术、封装上彩色滤光技术(color-filter on encapsulation，COE)等进行介绍。

7.1　柔　性　衬　底

衬底(substrate)，也称为基板，柔性显示技术与传统基于刚性玻璃显示技术的最大区别在于使用了柔性衬底[1]。目前，在柔性显示技术中，基于柔性 AMOLED 显示技术最为成熟，也得到了产业界与学术界的广泛关注。对于柔性 AMOLED 显示技术，首先需要考虑的问题就是如何选择衬底。

7.1.1　柔性衬底的种类

到目前为止，已经报道了 3 种常见类型的柔性衬底，分别为金属箔、超薄玻璃、塑料。此外，近年来，聚二甲基硅氧烷、橡胶、纸片和丝绸等也被发现可作为高性能柔性衬底[2]。要成为高性能的柔性衬底材料，需要满足以下要求：显著的机械变形能力、光滑的表面、良好的热耐久性、高氧和防潮性能，以及对底发射和透明柔性 OLED 的有效透明度[3]。此外，柔性衬底还需要考虑 TFT 工艺的兼容性问题，这是因为常规 TFT 工艺中涉及高温、光刻等步骤与柔性衬底的不兼容，容易导致直接在柔性衬底上制备 TFT 的工艺相较于常规工艺更加复杂，工艺的限制更多。

对于超薄玻璃的柔性衬底，尽管有良好的耐热性，但其本身无法改变的脆性阻碍了该类型柔性衬底的进一步发展。因此，基于超薄玻璃的柔性衬底显示技术主要存在于早期研究当中，现阶段仍未成为主流。

对于基于金属箔的柔性衬底，其金属薄膜主要是不锈钢薄膜。和塑料薄膜相比，不锈钢薄膜耐受高温，在高温和光刻工艺中具有良好的稳定性，不易发生形变，可直接与常规 TFT 制备工艺结合。除此之外，金属薄膜具有更稳定的化学性质，可以抵御水汽和氧化，不需要另外制作保护层。在使用中，由于金属薄膜的热膨胀系数与 TFT 材料的差别较小，在不同温度条件下薄膜内部的应力小，器件有更长的使用寿命。但是，金属箔相对较重的重量、粗糙的表面与位于衬底和器件之间的绝缘层使柔性 AMOLED 复杂化。此外，金属箔本身固有的不透明特性，限制了其在底发射和透明柔性 AMOELD 中的应用。

在柔性衬底中，考虑到成本和性能之间的权衡，基于塑料的柔性基材已经被人们积极地探索，尽管耐热性不够好。塑料衬底的热膨胀系数普遍较刚性材料大，在高温下容易变形，因此无法忍受常规 TFT 制备工艺中的高温工艺。常规 TFT 工艺温度普遍超过 400℃，而低温多晶硅制备中采用退火所需温度更是高达 450℃。该温度下刚性玻璃基板维持形貌稳定已经出现困难，柔性衬底在该温度下更是会直接玻璃化。使用环境温度的升高同样会对 TFT 的性能造成影响。柔性基板与 TFT 材料薄膜之间较大的热膨胀系数差会导致薄膜内应力的产生，影响 TFT 的性能，同时 TFT 在使用中更容易断裂。光刻工艺涉及光刻胶以及显影液的使用，但浸没在液体中的柔性衬底容易发生溶胀，同样会导致衬底变形。目前虽有研究承受高温工艺的有机薄膜材料，但远未能实现商业化。柔性衬底与现有的 TFT 制备技术相结合依然要考虑避免高温导致的变形。

对于基于塑料的柔性衬底，可以直接在其上方制备 TFT，但是需要衬底具备平整的表面、良好的形貌稳定性和热稳定性；同时也要兼顾较高的可见光透过率及较低的雾度以保证显示器件开口率。目前已经商业化的塑料薄膜材料包括聚对苯二甲酸乙二酯(PET)、聚碳酸酯(PC)、聚醚砜(PES)、聚苯二甲酸乙二醇酯(PEN)以及聚酰亚胺(polyimide，PI)等[4]。在以上材料中，AMOLED 中研究较多的主要是 PEN 与 PI。其中，PEN 凭借着较高的可见光透射率、与玻璃材料接近的表面粗糙度、适中的热膨胀系数、较低的水汽吸收率，成为主要的柔性塑料衬底材料之一。此外，虽然 PI 有着最高的工艺温度，但其本身为黄色，存在对可见光的吸收，透光性不如 PEN。但是无色 PI(colorless PI，CPI)兼具耐高温特性与良好的光学性能，特别是在适合中小型 OLED 的 LTPS 工艺中[5]，它是目前柔性衬底方向的研究热点。考虑到衬底较好的耐热性和尺寸稳定性能满足 LTPS 工艺温度在 400℃ 以上的要求。PI 具有较高的玻璃化转变温度和较低的热膨胀系数，是目前应用最广泛的柔性显示衬底材料[6]。

7.1.2　聚酰亚胺

PI 材料是柔性显示器发展的关键材料。PI 主要有高温琥珀色液体 PI 和无色 PI，可以适用于不同的应用场景[7]。在传统 AMOLED 平板显示器中，常常需要使用低温多晶硅 TFT。因此，琥珀色的 PI 基板的温度上限越高，越利于半导体器件的性能，特别是 TFT 背板。另外，无色 PI 主要用于 AMOLED 基板、LCD 背板、触摸传感器面板基板和彩色滤光片基板。不同的应用，对 PI 材料的要求是不同的，尤其是 Tg、CTE 和光学延迟。在 2018 年 SID 会议上，DowDuPont 公司对比了不同应用下，PI 的相关参数指标，发现 PI 的性能会伴随应用的不同而变化[8]。

制备 PI 基板最常用的方法之一是将液体 PI 涂敷在玻璃表面，经高温固化后转变为固体 PI[9]。另一种更简单、更快的方法就是将 PI 薄膜直接压印在玻璃表面。但是第一种方法更利于解决如压印过程中的粗糙表面等问题。气体(fume)生成是涂覆过程中面临的挑战，在涂层和固化过程中会出现颗粒和气泡问题。这些问题可以通过修改流程来改善参数，如优化真空干燥和热固化过程[10]。

对于柔性 OLED 显示器而言，采用 PI 基板时，由于 PI 的柔韧性，其需要载体玻璃的支撑。基于 PI 衬底的显示屏生产工艺大致如下：一般采用载体玻璃基板来支撑较薄的 PI 树脂膜。在玻璃表面涂覆 PI 前驱体，在高温下固化[11]。PI 经固化后附着在载体玻璃上，然后在 PI 上制备电极、TFT、绝缘层、有机功能层、电路等。在某些情况下，由于某些特殊设备的限制，载体玻璃的 PI 薄膜被分成两张。封装工艺完成后，贴附支撑基板，将面板与载体玻璃分离，即可得到基于 PI 基板的柔性显示器[12]。

基于 PI 的优良特性，世界上各大显示公司也都着手研究基于 PI 的显示技术。在 2015 年 SID 会议上，LG 公司首次在 PI 上制作了 18 英寸柔性 OLED 显示器，其弯曲半径可达 30mm，具有真正的柔性面板特性[13]。面板的规格：总厚度为 180μm，顶发射型的分辨率为 810 × RGB × 1200(WXGA)，亮度为 300nit，用淡黄色的 PI 作基板。其中，多阻隔层(multibarrier)的 PI 是实现该大尺寸柔性 OLED 显示的关键技术之一。这是因为要将塑料基板用于柔性显示，其中一项具有挑战性的技术是多阻隔层膜的性能，包括面板的柔韧性、水蒸气透过率(WVTR)的可靠性，甚至是多阻隔层膜与 PI 之间的附着力。随着无机膜层的增加，由固有应力和热应力引起的机械应力对面板弯曲变形和柔性可靠性至关重要。通过沉积应力匹配的多阻隔层膜则可以解决这一问题。图 7-1 显示了不同堆栈的多势垒结构示意图，对比了多阻隔层的可靠性。无论无机堆栈结构如何，两种多阻隔层结构均表现出合理的 WVTR 特性(约 10^{-5}g/(m^2 · d))。然而，经过环境可靠性测试(85℃/85%RH，储存)，SiO$_2$/PI 界面结构出现了膨胀破坏，这可能是由于相对亲水性的 SiO$_2$ 导致 SiO$_2$/PI 界面间黏附减弱，而 SiN$_x$/PI 结构应用于面板与多阻隔层/SiO$_2$/PI 结构相比，则具有较高的稳定性。

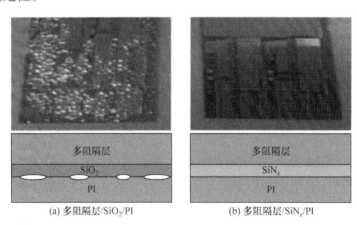

(a) 多阻隔层/SiO$_2$/PI   (b) 多阻隔层/SiN$_x$/PI

图 7-1　在 PI 上的不同无机层的黏附性测试[13]

2018 年，韩国 LG 公司在 8.5 代玻璃的 PI 衬底上开发了高可靠性的 a-IGZOTFT，它被认为是可穿戴显示器的关键技术[14]。基于 PI 衬底的 TFT 的电学特性与玻璃基 TFT 相差不大。虽然基于 PI 衬底的 TFT 的 V_{th} 变化略大于基于玻璃衬底的 TFT，但基于玻璃衬底的 TFT 和基于 PI 衬底的 TFT 之间的差异是可以忽略的。此外，基于 PI 衬底的 TFT 在弯曲半径为 30mm 的环境下，即使经过 12 万次循环，也能正常工作，因此具有显著的柔性。

同年，LG 公司报道了世界上第一个大尺寸 77 英寸透明柔性 OLED 显示屏，并公布其制作工艺流程和关键技术，如图 7-2 所示[15]。采用在 TFT 上的白光 OLED +彩色滤光片法制备了上述显示器。在 TFT 和彩色滤光片衬底上，采用透明 PI 作为多层阻隔层的塑料基板。对于透明柔性显示器，需要额外考虑多阻隔层，以解决由传统多阻隔层折射率的差异而导致的透射率下降的问题。通过开发特殊的多阻隔层，以提高透明度与优越的水蒸气透过率特性。将优化后的非晶钢镓氧化锌 TFT 应用于多阻隔层上，在塑料基板上表现出高度均匀的电性能和可靠性。研究了 PI 中粒子在激光分离过程中引起的典型面板失效机理，提出在 PI 与载玻片之间设置牺牲层以减少面板失效的情况。最终，实现了弯曲半径为 80mm、透光率为 40% 的 77 英寸超高清透明柔性 OLED 显示屏。

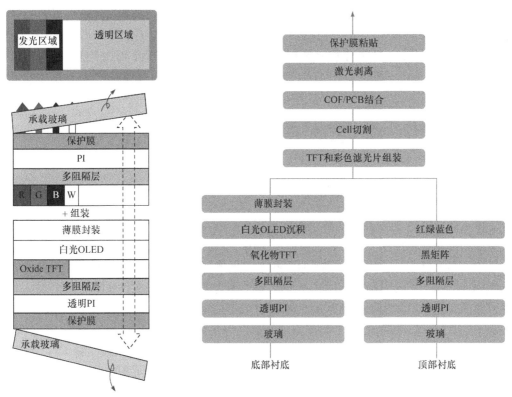

图 7-2　制备在 PI 衬底上的 77 英寸透明柔性 OLED 面板结构和工艺流程[15]

在 2020 年 SID 会议上，京东方报道了使用柔性 PI 作为基板的 1000PPI 超高分辨率的 OLED 显示器[16]。通过对像素电路、版图设计、120Hz 驱动方案、连续和间歇发射、LTPS TFT 工艺、驱动 TFT 稳定处理、光学补偿等进行研究和优化，制作了 3.23 英寸、1000PPI、2160 × 2400、90Hz 的 PMOS 面板和 2.2 英寸、1000PPI、1080 × 1920、120Hz 的 NMOS 面板，如图 7-3 所示。

近年来，尽管有关 PI 的技术得到了长足的发展，但是目前 PI 仍然存在一定的缺点：①PI 易泛黄，这限制了它在底发射和透明 OLED 中的应用。针对这一问题，目前正在开发无色 PI。②PI 的水蒸气透过率高，这是聚合物材料中普遍存在的问题。其中，水分将

(a) PMOS 3.23英寸2160×2400　　　　(b) NMOS 2.2英寸1080×1920

图 7-3　制备在 PI 衬底上的 1000PPI 的 OLED 样机[16]

通过聚合物层降低 TFT 的特性，甚至降低 OLED 的性能，从而影响整个显示系统。典型的塑料材料的在 25℃时的水蒸气透过率为 $10^{-1}\sim10^1$ g/(m² · d)，因此该因素容易导致 OLED 的性能降低。其解决办法包括：可以将 SiN$_x$ 和 SiO$_2$ 层组成水蒸气扩散屏障[10,17,18]，也可用夹层结构(如 PI 衬底/无机材料/PI 衬底)代替单层的 PI 衬底，因为夹层衬底具有较低的 WVTR 和较低的热膨胀率。③无色 PI 成本仍然较高，还需要进一步的发展才能更好地满足实际需求。

7.2　柔性可穿戴 TFT

7.2.1　柔性 TFT 的特点

显示领域中，使用 TFT 对各个像素进行寻址驱动的主动式矩阵驱动(active matrix)方式是最为成熟且常用的驱动方式，被广泛应用于如今的 LCD、OLED 及 QLED 等各类较为主流的显示器中。近些年，柔性 TFT 技术发展迅速。从 TFT 的均匀性、开关特性、技术成熟度考虑，主要采用柔性衬底和常规 TFT 结合的方式制备柔性 TFT，然而柔性基板要求的低工艺温度增加了柔性基板与常规 TFT 工艺结合的难度[19-22]。采用非晶硅及低温多晶硅等常规 TFT 技术的柔性 TFT 需要规避高温工艺导致的衬底变形，而 OTFT、氧化物 TFT 等新型 TFT 技术则直接在柔性衬底能忍受的低工艺温度下直接制备 TFT。目前在较低的工艺温度下沉积栅极介电氮化硅薄膜主要采用 PECVD 沉积技术，但低温下沉积的薄膜具有亟待弥补的缺陷。为了避免高温工艺对柔性衬底的破坏，基于更低工艺温度的 TFT 制备技术也是目前的主流技术之一。其中最为成熟，应用最为广泛的就是低温多晶硅技术，该技术能在大幅降低工艺温度的同时，实现高的有源层迁移率。在制作完 TFT 之后都要进行退火，以减少 PECVD 沉积非晶硅薄膜中的氢含量。退火前，得益于高温工艺，非晶硅中的氢含量已经降至 10%。进一步退火将氢含量降至 1%，所需的退火工艺温度较高，达到了 450℃以上，即使是常用的耐高温玻璃基板也有变形的可能，因此一般工艺中使用具有耐高温特性的 PI 或者 CPI 作为柔性衬底。本节将从柔性衬底材料的特点出发，介绍几种主流的柔性 TFT 剥离转移技术。

7.2.2　TFT 剥离转移技术

为了获得高性能的柔性显示屏，剥离技术至关重要。这是因为在实际的生产中，难以找到兼具柔性、光学特性和热稳定性的衬底材料。一般而言，对于柔性 OLED 显示技术，在 TFT、OLED 加工之前，需要将柔性衬底与刚性的玻璃基板黏合，在完成器件制备以及封装以后，再将柔性衬底与刚性玻璃剥离。因此，在剥离工艺中需要考虑的主要因素是找到一种较好的将柔性衬底与刚性的玻璃基板相结合且容易剥离的方法。接下来对柔性 TFT 的剥离转移进行介绍。

目前发展较为成熟的剥离转移技术是激光退火表面释放技术(surface free technology by laser annealing，SUFTLA)，其原理为在刚性衬底上制备 TFT 阵列，再将 TFT 阵列从刚性衬底上剥离后贴附至柔性衬底上，实现 TFT 的柔性化，如图 7-4 所示[23]。该技术的关键工艺在于制作 TFT 前需要在临时的刚性衬底上用 PECVD 沉积一层含氢非晶硅作为牺牲层。制作完 TFT 后，在 TFT 顶部涂布水溶性胶水使其与转移衬底黏合，再采用 XeCl 准分子激光照射底部的非晶硅。准分子激光照射临时衬底一侧的非晶硅时，残留在非晶硅中的氢将会被激活逸出成为氢气，同时气体膨胀在非晶硅内部形成一个蒸气压，非晶硅结构出现孔洞，降低了非晶硅材料之间的黏附性，从而将 TFT 从临时衬底上剥离。从临时衬底上剥离之后，用非水溶性固化 UV 胶将柔性基板与 TFT 黏合，最后将器件浸没在水中，水溶性胶溶解，转移衬底与 TFT 之间的黏附力减弱，随即从 TFT 上剥下，即获得在柔性衬底上的 TFT。

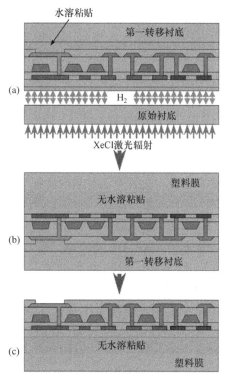

图 7-4　SUFTLA 的工艺流程(TFT 器件从初始衬底上剥离，并用 XeCl 激光辐射在塑料薄膜上转移)[23]

　　一般与 SUFTLA 技术搭配的低温多晶硅 TFT 有着比非晶硅 TFT 温度更高的制备工艺。由于 SUFLTA 技术完整地避开了所有的高温工艺，制备 TFT 的过程没有受到低温的制约，还极大程度上拓宽了柔性衬底可应用的范围，可以搭配常规的 TFT 工艺生产高质量的 TFT。然而，采用 SUFTLA 有两个需要解决的问题：较大的热膨胀系数差和苛刻的产率要求。

　　另一种剥离转移技术就是激光释放塑基电子技术(electronics on plastic by laser release，EPLaR)。该技术首先采用柔性衬底材料固定在刚性的临时基板上，然后在上面制作 TFT。和 SUFTLA 技术一样，首先在刚性的承托板上沉积一层非晶硅牺牲层，在牺牲层上涂布一层 PI。然后在被固定的 PI 层上制备 TFT 阵列，最后通过激光照射牺牲层将柔性衬底连同 TFT 从刚性承托板上剥离下来。典型的 EPLaR 工艺如图 7-5 所示[24]，主要可以分为 4 步：①在玻璃基板上先后旋涂聚酰亚胺和 SiN$_x$ 钝化层；②在玻璃/聚酰亚胺衬底上刻蚀 TFT；③增加电泳箔；④将柔性显示器从玻璃基板剥离。

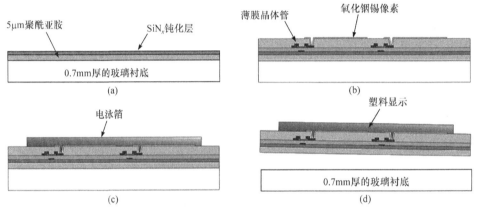

图 7-5　EPLaR 工艺流程[24]

　　相较于 SUFTLA 技术，EPLaR 技术的优点和缺点都十分明显。EPLaR 技术在制作过程中基本不涉及面板的转移，有较高的产率。然而该工艺没有规避光刻工艺，无法避免材料溶胀；没有避开高温，采用非晶硅和低温多晶硅 TFT 的制作工艺，对柔性衬底的玻璃化温度和耐受工艺温度要求很高，柔性衬底材料的选择十分受限，以相对耐受高温的 PI 材料为主。

　　针对柔性衬底在该工艺下的变形，Lee 等研究了一种新的方法，消除了衬底变形对器件的影响[25]。和 EPLaR 技术有些许不同的是，该方法没有在承托板上沉积牺牲层，而是沉积了一层脱黏层。该脱黏层与 PI 材料的黏附性较差，因此在旋涂 PI 材料时，需要旋涂超过脱黏层面积的 PI，使其与承托板表面相互接触而粘连。虽然在制作过程中衬底仍然会发生变形，但是衬底变形发生在衬底的边缘，制备的 TFT 始终都在脱黏层范围内，受衬底变形的影响较小。最后，沿 TFT 将衬底剪下，与脱黏层黏附力较弱的 PI 可以很容易被剥离下来。该方法可以有效减少工艺因素产生的变形对 TFT 器件的影响。

7.3　柔性 OLED

7.3.1　柔性 OLED 的发展与现状

同传统的刚性 OLED 类相比，柔性 AMOLED 在柔性衬底上制备好 TFT 以后，下一步则是制备 OLED。本节将通过对单独的柔性 OLED 发光器件的介绍，更好地理解柔性 AMOLED 显示技术中的发光特性。与大多数在刚性玻璃基板上制造的传统 OLED 相比，柔性 OLED 需承受巨大的机械变形(如滚动、拉伸、旋转、弯曲、褶皱、扭曲或更复杂的外观)[25]。因此，柔性 OLED 可以让我们的生活更有艺术感(例如，柔性 OLED 可以被设计用于包、可折叠手机、曲面灯等)。

对于单独的柔性 OLED 发光器件而言，1992 年，Gustafsson 等首次在 PET 衬底上制备了具有可溶性导电聚合物的柔性 OLED[26]。1997 年，Gu 等首次用小分子有机材料制备了柔性 OLED[27]。从那时起，大量的注意力被放在追求柔性 OLED[28] 上。Lu 等利用高效的阳极堆叠和基于透镜的结构来释放柔性塑料上的绿色 OLED 的全部潜力，获得了出色的结果，最大 PE 为 290lm/W[29]。如今，商用柔性 OLED 智能手机层出不穷。

此外，通过精心设计单个分子发光材料，或使用互补色、三色或四色发光材料(如蓝/黄、蓝/绿/红、蓝/绿/黄/红)，可以设计出白光 OLED。白光 OLED 作为高质量显示和固态照明的理想选择之一，由于消费电子产品需求而蓬勃发展，其性能已经大幅度提高。对于基于玻璃衬底的传统白光 OLED，其功率效率已经超过 150lm/W [30]。并且，传统白光 OLED 的其他性能(如寿命、CRI、CCT、亮度和色稳定性)也已被证明可以满足实际商业化的需求。在柔性白光 OLED 方面，2005 年，Mikami 等首次报道了 PE 为 4.3lm/W 的柔性白光 OLED [31]。虽然由于使用荧光材料，其效率并不高，但该工作开启了柔性白光 OLED 的研究。通过使用磷光或 TADF 发光材料，可以提高柔性白光 OLED 的效率。这是因为磷光材料和 TADF 材料都可以实现理论上的 100%的内量子效率。因此，单态激子和三态激子都将被捕获。考虑到这些事实，柔性白光 OLED 的效率(例如，最大 EQE 为 72.4%，PE 为 168.5lm/W)可以与基于玻璃基板的传统白光 OLED 一样高[32]。此外，近年来，柔性白光 OLED 的 CRI、CIE 色度坐标等参数也都得到了逐步提高。另外，除了底发射的柔性白光 OLED，顶发射和透明柔性白光 OLED 也已被报道。因此，这些结构创新为柔性白光 OLED 提供了满足各种应用需求的能力。

为了实现高性能的柔性 OLED，需要考虑以下几个条件：选择有效的柔性衬底、使用透明导电电极、引入有效的器件结构，以及开发先进的光耦合取出技术。要构造一个柔性 OLED，首先要选择一个柔性衬底。其中，柔性衬底在 7.1 节中已做了详细介绍。然后，在柔性衬底上制备底部电极(电极Ⅰ)，如图 7-6(a)所示[33]。对于不同的应用，电极Ⅰ应该相应地调整。例如，电极Ⅰ对于底发射和透明的柔性 OLED 是透明的，但对于顶发射的柔性 OLED 可能是不透明的。随后，沉积第一电荷注入和传输层、发光层、第二电荷注入和输运层以及顶部电极(电极Ⅱ)。电荷注入和输运层的作用是促进空穴或电子到达发光层，这与传统 OLED 类似(图 7-6(b))。对于电极Ⅱ，通常分别采用不透明金属和透明金属作为底发射型柔性 OLED 和顶发射/透明柔性 OLED。与传统的 OLED 不同，如果衬底弯曲或拉伸，柔性 OLED 中的电极、电荷注入和传输层以及发光层将发生机械变形。因此，与常规 OLED 相比，柔性 OLED 更容易发生电流泄漏。因此，柔性电极需谨慎选取。

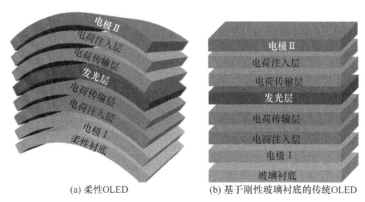

　　　　　(a) 柔性OLED　　　　　　　(b) 基于刚性玻璃衬底的传统OLED

图 7-6　柔性 OLED 和基于刚性玻璃衬底的传统 OLED 器件结构图[33]

7.3.2　柔性导电电极

对于底发射和透明的柔性 OLED，电极 I 应具有优异的光学透明度(例如，在可见光区 90%的透光率)、良好的导电性(例如，片材方阻为 20Ω/sq)和机械柔性。迄今为止，ITO 是最常用的电极。然而，ITO 的机械柔性还不够理想。因此，人们在用金属纳米线或网格、碳基材料(如石墨烯、碳纳米管、还原氧化石墨烯)、导电聚合物等替代 ITO 方面做了大量的努力[34]。特别是石墨烯薄膜的透光率很大程度上依赖于晶体质量。结果表明，单层石墨烯的透光率可达 97.7%[35]。此外，由于低片阻、高透明度、高柔韧性和低温溶液加工工艺，金属纳米线有望成为电极 I[36]。特别是纳米银线是应用最广泛的金属纳米线，它可以均匀分散到乙醇中形成高质量的油墨。此外，纳米银线可以打破波导模式和全内反射的限制，提高外耦合效率[37]。纳米铜线也受到了人们的关注，因为铜的价格相对较低，其导电性仅次于银(例如，铜的丰富程度是银的 1000 倍，而成本仅为银的 1%)[38]。对于金属网格来说，银和铜也是开发最广泛的元素。此外，碳基材料由于易于制造和成本低而得到了广泛的研究。然而，碳基材料的电阻相对较高，给应用带来了挑战。在导电聚合物方面(如众所周知的聚(3,4-乙烯二氧噻吩)/聚苯乙烯磺酸盐(PEDOT:PSS))，其固有的有限导电性是其进一步发展的障碍[39]。

另外，对于顶发射型柔性 OLED，电极 I 沉积在薄玻璃或塑料基板上时应表现出高反射率。由于银的高导电性和反射率，银被广泛用于顶发射器件的阳极[40]。然而，银的功函数非常低(4.3eV)，因此，通常会引入界面修饰层(如氧化钼、1,4,5,8,9,11-六氮杂三苯六碳腈(HAT-CN)、p 掺杂技术)来降低阳极与空穴传输层之间的空穴势垒，降低电压[41]。对于金属箔基的柔性基底，高反射分布布拉格反射器(DBR)已被报道为上发射 OLED 衬底绝缘层的良好候选材料。此外，人们还探索了许多复合电极，如 AuCl₃ 修饰的石墨烯电极[42]、银纳米颗粒修饰的石墨电极[43]、ZnO/Ag/ZnO 纳米膜电极等[44]。

7.3.3　柔性光耦合取出技术

同传统的刚性 OLED 类似，在柔性 OLED 中，由于折射率的不同，在界面处也会发生全内反射[45-48]。然而，对于常用的塑料衬底，它们的折射率(如 PET 的约 1.65)高于玻璃。如 5.1 节所述，虽然 SPP 模式保持不变，但外部模式、衬底模式和 ITO/有机模式都与传统的玻璃衬底 OLED 不同。通过使用塑料衬底，ITO/有机模式发射可以重新分布到衬底模式。理想情况下，如果柔性基片的折射率与 ITO 的折射率相等，这种再分布将完全发生。然后，可以使用光耦合外取出技术(如散射层、微透镜阵列)将衬底模式发射提取到外部模式，提高 EQE。除了光耦合外取出技术外，还报道了许多光耦合内取出技术(如光子晶体、微腔结构、周期衍射光栅、纳米印迹准随机光子结构)。

近几年柔性 OLED 的性能不断得到提升。尤其是结合磷光器件结构和高效光耦合取出技术，柔性 OLED 效率可以与刚性 OLED 相媲美。随着柔性透明电极的不断发展，柔性 OLED 的性能有望得到进一步提高。 但是到目前为止，柔性 OLED 的商业产品的发展还面临着许多挑战。对于外部柔性光取出技术，即光取出技术主要作用于衬底出光面一侧，可以借鉴传统的刚性玻璃上的光取出技术(如采用微透镜光取出技术)。但是对于内部柔性光取出技术，即光取出技术作用于衬底与器件的一侧，则需要考虑工艺兼容性的问题以及大面积生产时均匀性的问题。尤其对于柔性白光 OLED 而言，还需要考虑光色偏移的问题。

如果能够有效地利用光取出技术，柔性 OLED 不仅有望在效率上得到进一步提高(例如，柔性白光 OLED 有望达到理论效率极限值 248lm/W)，工作电压也有望降低，并且寿命也可以延长。解决上述问题后，柔性 OLED 的量产前景广阔，所采用的技术对相关光电领域(如显示、照明、激光、太阳能电池、光电探测器、薄膜晶体管、传感器)也有一定的参考价值。

7.4　硅基 OLED

7.4.1　硅基有机发光二极管的特点

可穿戴式显示的一个重要领域为微显示，这是因为微显示具有短小轻薄(物理尺寸较小，对角线尺寸小于 1 英寸(2.54cm))的特点，迎合了当前便携式移动计算小体积、高分辨率和低功耗等需求，尤其在近眼显示、AR、VR 等领域具有重要应用前景。此外，微显示在军用产业中也有着非常广泛的应用，常用于电子战系统、通信系统(如便携式通信机、单兵作战头盔)、雷达系统、导弹火控系统、坦克以及装甲车等。因此，对微型显示技术的研究就有着广泛的现实意义和商业价值。

硅基 OLED 微显示(OLED-on-silicon)是一种将 OLED 发光单元制作在以单晶硅为衬底的驱动电路芯片上的微型显示系统，将像素点直接沉积到硅片的表面，改变了传统的显示技术中屏幕与驱动互相分离的局面，从而大大缩减了尺寸与成本，提高了开口率。OLED 微显示不仅具有小尺寸、大视野、信息含量高、重量轻、便携等优点，而且还兼

图 7-7　硅基 OLED 微型显示器[53]

具 OLED 的各种优点，如自发光、响应时间短、功耗低(硅基 OLED 显示系统电流很小，通常为 nA 级)、视角广(>170°)等微型显示器技术[49-52]。此外，其驱动电路还与标准的 CMOS 工艺兼容，制作工艺容易实现且成本较低。因此，硅基 OLED 微显示是 CMOS 技术和 OLED 技术的有效结合，是微电子产业和光电子产业的交叉集成，更是硅基有机电子，其特殊的优势可以满足旺盛的可穿戴显示市场需求，因而得到全球学术界与产业界的研究。图 7-7 为北京大学深圳研究生院张盛东教授等于 2021 年制备的可以产生 2.89pA 电流，灰度级为 0 的硅基 OLED 微型显示器[53]。

对于硅基 OLED 微显示技术而言，首先需要在硅基板上制作 CMOS 电路，然后在 CMOS 电路上直接制作 OLED 显示器件，这样每个像素点驱动电路可以对应每个 OLED 像素点。由于硅基板不透明，因此硅基 OLED 主要采用顶发射 OLED 器件。顶发射 OLED 器件由于可以将像素驱动电路制作在 OLED 器件下方，解决了器件像素驱动电路和显示发光面积相互竞争的问题，提高了显示器件的开口率。而硅基顶发射 OLED 除了可以利用现有成熟的硅基驱动电路外，还可以做成硅上微显示屏。以上优点使得硅基顶发射 OLED 逐渐成为近年来的一个研究热点。

7.4.2　高性能硅基 OLED 的制备

图 7-8 就是一个典型的含像素点的硅基 OLED 的结构图[54]。按照从上到下的顺序，分别包括硅衬底、CMOS 驱动电路(包括像素点驱动电路、行列译码电路、扫描控制电路等)、OLED 器件(作为像素点，主要采用的是顶发射器件结构)、封装等。因此，为了实现高性能的硅基 OLED 微显示，需要从多个方面对其进行优化。

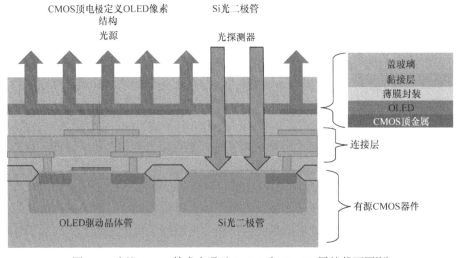

图 7-8　硅基 OLED 技术中通过 OLED 和 CMOS 层的截面图[54]

（1）硅基 OLED 微显示技术由于采用硅片作为显示背板，因此 CMOS 工艺最后所用到的金属决定了像素的形状。硅片表面形貌示意图如图 7-9 所示[55]。标准的 CMOS 工艺需要根据最后的金属进行相应的修改，以满足硅基 OLED 微显示技术的一些特殊的要求：①表面粗糙度必须优化，因为 OLED 层非常薄，必须要防止顶部金属的尖峰刺穿 OLED，否则容易发生短路；②高反射率，因为它直接影响 OLED 的效率；③高清洁度，表面必须没有金属氧化物和颗粒，以保证电气性能和避免像素故障。

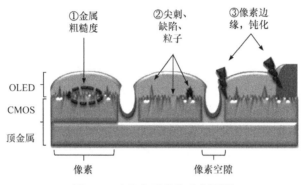

图 7-9　硅片表面形貌示意图[55]

（2）在完成 CMOS 工艺后，需要设计顶发射 OLED 器件。高性能的顶发射 OLED 器件设计可以参 5.2 节。值得注意的是，对于硅基 OLED 器件，由于其尺寸变小，需要对其散热系统进行优化，这样才能有效提高器件亮度并延长其寿命。

对于驱动电路，需要提高其速度以避免显示图像的延迟。尤其对于可穿戴显示中的 VR 显示器，使用时如果出现延迟现象，则容易产生眩晕。因为眩晕主要是由人眼中的图像与人感知到的真实位置不匹配造成的，因此解决这个问题的关键是减少 VR 设备的延迟。其中方法就是，在电路设计时优化输出缓冲放大器以提高显示速度。

另外，驱动 OLED 所需的电路位于像素的正下方，CMOS 背板能够集成更多的功能，如与传感器集成。在双向 OLED 微显示器中，每一个像素上都可以添加一个光电二极管用于光传感，可以实现与显示器具有相同分辨率的嵌入式图像传感器。

7.5　柔性 LCD

柔性 LCD 技术是对传统 LCD 技术的发展与突破，能够拓展应用场景，提升用户体验，在促进人机交互，实现可穿戴电子、车载显示、智能家居等多方面具有重要的应用价值。柔性显示器件，具备轻便、防摔、便携、可折叠、提升用户体验等诸多优点，被认为是新一代的显示产品[56-58]。而柔性 LCD 技术在具备上述柔性显示器件优点的同时，因其可与 LCD 产业成熟的工艺体系相对接，还具有成本低廉、显示性能稳定、环保等优点。

柔性液晶显示器是一种通过将传统液晶显示技术相关材料结构柔性化，并调整相关生产工艺来实现柔性显示的技术。柔性液晶显示器与传统液晶显示器件结构类似，在实现柔性的过程中，需要把硬质玻璃衬底转换成柔性衬底，把传统微球支撑物转换成柔性支撑物。另外，为适应柔性制程，配向层需在柔性衬底可承受的温度范围内涂布，且液晶显示的驱动电极需具备较好的柔性与图形化能力，柔性背光模组发光要均匀等。

1. 柔性封装与盒厚控制技术

LCD 的图片显示质量与液晶盒的厚度均匀性息息相关。不均匀的液晶盒厚度会导致亮度不均匀和漏光现象。传统 LCD 采用边缘封框胶的技术封装，由于刚性玻璃支撑，采用分散的等孔径微球即可使得液晶盒盒厚均一。柔性 LCD 若采用这种封装方式在柔性弯折情况下将无法保证液晶盒盒厚均一，且封装效果与稳定性不佳。

为保证柔性 LCD 器件的稳定性，封装材料必须保持较高的黏附力，保证液晶显示器件能够承受多次弯折，液晶被封装完好不漏液。同时为保证液晶显示器件在弯折后的显示质量，要求液晶封装层必须保持均一的高度，使液晶盒维持均一盒厚。

针对这个问题，目前解决方案主要有两种。一种是微结构，如微杯技术，微杯通常采用压印、光刻等方法制备，能维持均一盒厚，它的缺点在于维持液晶盒盒厚的同时不能粘连上下基板，液晶盒黏附力与机械性能受到挑战。

另一种是聚合物墙(polymer wall，PW)技术[59]，聚合物墙技术是一种利用光聚合单体在特定区域聚合成墙，连接柔性液晶盒上下基板的技术。它作用于液晶与光聚合单体的混合体系，通过掩模曝光使单体的光固化反应发生在特定区域，并在特定区域形成聚合物墙结构，连接液晶盒的上下基板。它能够在维持柔性液晶显示器的均一盒厚的同时，粘连上下基板，实现液晶显示器的稳定封装。聚合物墙技术的优点在于，封装液晶的同时本身具备较好的黏附力与机械性能，能够抵抗多次弯折；同时产生的聚合物墙可以保持相同的高度，确保液晶显示器件的均一盒厚。

聚合物墙的形成过程，是液晶分子与光聚合单体相分离的过程。在掩模曝光区，光聚合单体在光引发剂与紫外线的共同作用下，发生聚合反应。光固化单体聚合成聚合物，继而形成聚合物墙。这个过程中，由于聚合反应曝光区光聚合单体含量不断减少，产生的浓度差促进非曝光区的光聚合单体不断向曝光区扩散。

目前聚合物墙技术的主要技术瓶颈有两点：①液晶分子与光聚合单体分子在光聚合过程中分离不彻底。光聚合单体在聚合成聚合物墙的过程中，可能遗留未聚合的单体分子于液晶中，对液晶显示的电光响应造成损害。②在形成过程中容易出现微墙体形貌与掩模板图案不一致的现象。特别是当掩模板线宽较小时，聚合物墙通常难以还原掩模板形貌，表现出增宽现象，导致小线宽的聚合物墙难以实现。目前，学者已经提出热退火、图案化电场、图形化衬底、溶解度差异等方法来优化聚合物墙的形成。

2. 低温配向技术

传统配向层为聚酰亚胺及相关改性材料，涂布后需要高温退火制程，而绝大多数柔性衬底不耐高温，因此低温配向引起了人们广泛的研究兴趣。其中包括以下方案：光配向技术[60]、微沟道配向[61]、单分子自组装层配向[62]等。

　　光配向技术采用线偏振紫外线对配向层的各向异性光敏感性对其进行非接触的曝光配向，既免去了摩擦配向当中带来的种种问题，又能够对配向进行调控，引起了人们浓厚的兴趣。

　　目前，光配向技术最主要的分类依据是光反应的类型，主要可分为以下三种：①光异构(photo-isomerization)，含有偶氮结构的材料在偏振光照下发生异构化反应；②光交联(photo-dimerization)，肉桂酸或类似基团的聚合物能在偏振光照下发生聚合反应；③光降解(photo-degradation)，光敏聚酰亚胺一类能在光照下降解，而在垂直于偏振光的方向保留。

　　微沟道配向技术则是通过压印法在柔性电极上制备约几微米宽的微沟道。通过微沟道诱导液晶沿沟道方向排列，形成定向排列。该方法的好处是可以通过压印法同时制备配向的微沟道和间隙物。缺点是需要很精细的模板和压印胶的设计。

　　单分子自组装层配向(self assembled monolayer，SAM)利用具有长脂肪链的表面活性剂在基板上形成单分子自组装层。其中亲水端与基板通过共价键稳定地结合，疏水端由于范德瓦耳斯力而排列形成配向层。目前已报道过卵磷脂、HTAB、OTS 等。该方法的优点是制程简易，共价键结合能强。

3. 柔性背光技术

　　背光系统是穿透式液晶显示器的重要组成部分。LCD 背光系统一般由一个光波导和一些光学薄膜，如反射器、漫射器等薄膜组成。根据 LED 背光源在背光模组中位置的不同，背光模组可分为侧入式背光模组和直下式背光模组。

　　直下式背光模组是指将 LED 置于液晶面板底部，LED 发出的光线在腔体中实现光线的均匀混合。理论上，混光距离越大，射出的光线的均匀性就越好。直下式背光模组的优点是高辉度、宽色域、出光角度好、结构简单并且可以实现各个区域亮度的动态调控，表现力很突出。但是由于直下式背光模组是利用空间距离来进行混光，理论上空间距离越大，光线经过混光后就越柔和，这势必会增加直下式背光模组的厚度、重量。而近年来，Mini-LED 横空出世，以 Mini-LED 作为 LCD 的直下式背光源 LCD 的厚度可低至 1~2mm，很好地解决了这个问题。

　　侧入式背光模组中，光源布置在模组的侧面，光线沿着与液晶面板平行的方向出射，然后进入导光板。导光板的表面布置有散射颗粒或能起到散射作用的光学微结构，它们会破坏发出的光线在导光板内传播的全反射条件，将发出的光线由水平方向传播转化为向上出射。通过调整散射颗粒或光学微结构的分布和形态就可以在导光板的上方得到均匀的光能量分布。

　　对于典型的柔性背光模组，其可用来实现超薄柔性的 LCD 显示器。入射光在光波导中通过全反射传播，到达光波导与光学图形接触点的传播光被拾取到光学图形薄膜上。在光学窗口拾取的光被反射在光学图案的斜坡上。最后，这些光向液晶面板辐射。通过对光学图案的合理安排，换言之，在光源附近安排比在光源远处少的光学图案，可以获得较高的亮度均匀性。该柔性背光的优点如下。

　　(1) 可以通过优化光学图案的形状和尺寸、光学图案与光波导的反射率等因素来控制辐射的角分布。因此，不需要棱镜片准直光线来增加亮度。

(2) 光波导结构中下表面没有结构,因此所有的光都可以在没有反射器的情况下向观众辐射。

(3) 光学图案薄膜具有散射入射光的功能,可以在没有漫射器的情况下获得漫射光。

4. 色彩滤波阵列技术

黑矩阵是 LCD 中用于遮盖 TFT 结构以及滤色片之间的杂光的结构,通常被制造在显示器的上基板上。当柔性 LCD 弯曲时,上下基板之间微小的位移会使得黑矩阵与下基板上的 TFT 阵列发生错位,造成漏光。解决黑矩阵偏移的方法之一是将黑矩阵与 TFT 阵列以及滤色片做在同一块基板上,即色彩滤波阵列(color filter on array, COA)技术[63]。同时,由于 COA 技术中黑矩阵位于下基板,在制造时不需要为上下基板对准的容差而增大黑矩阵的尺寸,从而可以使黑矩阵做得更小,改善传统彩色滤光片开口率低的问题[64]。

在实际操作中,由于 COA 技术所使用的黑矩阵材料的透光率高于传统的黑矩阵,COA 技术中的黑矩阵需要做得更厚,以防止漏光的发生。但同时,黑矩阵也不能做得太厚,否则会影响后续步骤用于光刻对准的 CCD 相机捕捉金属标记的能力,导致后续对准失效。这是一个需要经验控制的参数。COA 技术在制造过程中需要使用更多道的光罩,生产成本较高。一种改进方法为 BPS(black photo spacer)技术,即将黑矩阵跟聚合物墙结合,用一道光罩生产出的技术。这使得 BPS 技术下生产的液晶面板只需经过 9 次曝光和光刻,降低了生产成本。

7.6　显示器件中的光调控技术

7.6.1　偏光片在显示器件中的作用

在液晶显示之中,偏光片是其能够成像的关键部件[65-69]。由于液晶显示面板不具备直接发光的能力,需要采用一个持续发光的背光源来提供显示需要的光线。而背光源往往是一个整体的结构,不能针对某一像素位置进行独立的开关,因此在背光源上方需要一个"开关"结构控制每一个像素位置光线通过与否。液晶由于其独特的电场响应偏转特性,能够对光的偏振方向进行调控。因此基于正交偏光片的液晶盒就能够起到上述调控特定像素位置光通过的作用。背光源的光线在经过下方偏光片之后,被偏光片起偏,根据电场施加前后液晶排列方向的不同,光线在经过液晶盒后能够表现出与原偏振方向相同或垂直的偏振特性。若光线平行于原偏振方向,则光线无法经过与下方偏光片正交的上方偏光片,此时表现为暗态;若光线垂直于原偏振方向,则光纤能够正常通过上方偏光片,表现出亮态。因此偏光片是液晶显示中不可或缺的一部分。

相比于液晶显示,OLED 显示是自发光显示设备,因此不需要放置于液晶盒上下两层的偏光片来作为"开关"控制背光源光的通过。但在实际生产上,圆偏光片仍然是 OLED 显示器件中非常重要的部件之一。它起到的作用与液晶显示中的线偏光片不同,是为了防止强烈的环境光被 OLED 中阴极金属层或封装层反射而与自发光混合,从而降低了显示对比度并影响正常画面的显示效果[70-73]。圆偏光片由线偏光片和相位延迟片组成,自然光在经过圆偏光片的线偏光层和 $\lambda/4$ 相位延迟层后，会转变为圆偏振光，圆偏振光经过 OLED 的反射面反射后会发生半波损失，偏振方向从右旋(左旋)变为左旋(右旋)，因此再次经过圆偏光片时，反射光的偏振方向会与其中的线偏光片组件的方向垂直，无法出射。通过对入射环境光偏振方向的调制，圆偏光片能够使入射环境光无法逃逸出显示面板，因此起到抗环境光反射的效果。

　　传统的圆偏光片一般采用拉伸型碘系线偏光片和聚合物树脂相位延迟片，由于线偏光片在制作的拉伸工艺中存在拉伸破裂的问题以及偏光片本身怕水氧需要保护膜的问题，线偏光片的厚度很难缩减到 50μm 以下，除此之外，聚合物树脂材料的双折射率差较小，也导致相位延迟片的厚度较大，在圆偏光片制作过程中还需要对各个膜层采用压敏胶进行贴合，这些问题共同导致了最终的圆偏光片厚度很难缩小到 100μm 以内。而在可穿戴显示之中，对于器件的弯折次数、弯曲半径等条件有要求，厚度过大会严重影响弯折性能，因此减少线偏光片以及圆偏光片的厚度势在必行。

　　为了减少偏光片光学薄膜的厚度和压敏胶贴合的使用，往往采用涂布式偏光片的方案来代替传统的拉伸型偏光片。涂布式偏光片采用二向色染料薄膜作为线偏光层，并采用高双折射率差的液晶材料作为相位延迟层。二向色染料分子一般为椭球形结构，其在分子的长轴和短轴两个正交的方向上对可见光波段有着不同程度的吸收，普遍具有透过短轴方向的光而尽可能吸收长轴方向的光的二向色特性。但如果二向色染料分子组成的薄膜中分子是随意排列的，那么由于每个分子对于光的偏振吸收方向都有所不同，在宏观上就无法表现出偏振的特性，因此需要将二向色染料定向排列来实现宏观上的偏振效果。由于定向排列过程不需要拉伸，因此可以制成几微米级别的超薄偏光片。而按照定向排列的原理又可以将偏光片的制成过程分为溶致液晶型偏光片和宾主效应型偏光片。而作为相位延迟层，由于液晶材料在定向排列之后能够在两个特定的正交方向上表现出较高的双折射率差，因此可以将相位延迟层的厚度大幅缩减。并且这两个功能薄膜之间不需要通过压敏胶贴合，可以直接采用涂布的方式一体化制成。涂布型圆偏光片中的两个组件为溶致液晶偏光片与宾主效应偏光片。此外，除了线偏光片，还需要一个具有双折射效应的 $\lambda/4$ 光学薄膜来实现线偏光转圆偏光的效果，即负色散相位延迟片。

7.6.2　封装上彩色滤光技术

　　封装上彩色滤光技术(COE)，是一种无偏光片技术，是最近几年随着柔性 OLED 的发展而提出的代替圆偏光片的抗反射结构[71,74,75]。其基本原理为：在柔性 OLED 封装层的上方制作彩色滤光片，让滤光片所对应的颜色与 OLED 像素层 RGB 的微腔一一对应。由于红色滤光片能够最大限度地透过红光而吸收其他光，这就会导致环境光中只有红光能够进入像素层的红色微腔之中，而红色微腔的反射光谱中对于红色光的反射最弱，也即红色像素的阴极对于红色环境光的反射最弱，因此外界环境光在经过红色滤光片后只有很小一部分光能够被反射，绿色像素和蓝色像素同理。与圆偏光片让反射光无法出射的思路不同，COE 技术直接减少环境光在阴极反射的角度来起到抗反射的效果。

如果提高对比柔性封装层上的滤光片的透过光谱和其所对应的像素微腔的反射光谱，可以看到透过光谱的最大值区域往往对应着反射光谱的波谷处，因此反射光的强度也会降低。通过减小像素的口径比并增大彩色滤光片的色域，就可以进一步增强 COE 技术的抗反射效果。2019 年，京东方制成的基于 COE 结构的 OLED 器件，已经实现了 6% 以内的抗反射效果。无论是厚度还是亮度都比传统的圆偏光片技术更为优异。

7.7 柔 性 封 装

7.7.1 柔性封装特点

自 OLED 第一次商品化以来，OLED 器件的材料性能和工作寿命取得了突飞猛进的发展。由于 OLED 器件中的有机功能材料和金属电极材料对环境中的水汽和氧气极度敏感，水氧能破坏器件内部的界面，这些材料暴露于空气之中会使得 OLED 器件老化严重，导致器件寿命显著缩短。为保证 OLED 器件能够长时间工作，需要对其进行密封处理，隔绝水氧，因此封装成为制造工艺中至关重要的一步。制备柔性显示器件时，除了衬底、TFT、OLED 需要具备柔性特征外，还需要保证良好的柔性封装。目前，柔性封装的性能仍然是一个巨大的挑战。在柔性 OLED 器件的封装技术上，薄膜封装(thin film encapsulation，TFE)技术成为最重要、最有希望的发展方向[76-78]。据统计，在 2025 年左右，薄膜封装技术的市场预估值达 5.5 亿美元。

通常认为，OLED 封装指标需要满足水蒸气透过率(WVTR)小于 1×10^{-6}g/(m^2·d)，氧气透过率(OTR)小于 10^{-3}cm^2/d。研究表明，氧气侵蚀导致 OLED 寿命的衰减约占 5%，而水汽的影响占到 95%。因此，人们的研究往往集中在阻隔薄膜的 WVTR 性能上。在玻璃等刚性衬底上，用玻璃盖板封装材料可以将 WVTR 控制在 1×10^{-6}g/(m^2·d)以内。但是，对于柔性 OLED 显示屏，现行的玻璃盖板封装已不再适用，需要研究新的适用于柔性 OLED 显示屏的薄膜封装方法。

TFE 是指在 OLED 器件表面制备一层超薄的水氧阻隔层，防止外界水氧渗透到器件内部，对其显示性能造成影响。由于封装薄膜厚度较薄(仅为微米量级)，因此薄膜封装能确保柔性显示屏具有良好的弯折特性。但是，考虑到 OLED 器件中的有机材料的耐受温度不宜超过 100℃，因此薄膜封装遇到的一个挑战是，利用较低的沉积温度，获得具有较高水氧阻隔性能的阻隔薄膜，同时该阻隔薄膜的制备，不能导致 OLED 显示性能的劣化。

此外，薄膜封装的光学性能也十分重要。在可见光范围内，如果对于顶发射或者透明显示技术，薄膜封装结构对 OLED 发射光谱的透过率需要达到 90%以上。此外，薄膜封装还需要避免对 OLED 出光的光谱偏移和角度影响，若薄膜封装能够进一步提高 OLED 光耦合外取出效率，将更有利于 OLED 显示的发展，这是对薄膜封装方法的另一个挑战。另外，封装薄膜与 OLED 器件的黏附性、封装薄膜内应力以及缺陷控制等因素，都将严重影响显示屏的显示质量和显示寿命。因此，柔性 OLED 显示屏的薄膜封装是决定其寿命以及应用的决定性因素。图 7-10 为柔性薄膜封装示意图。

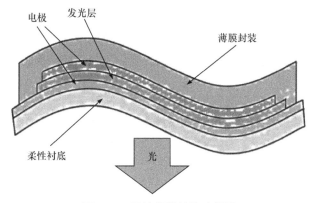

图 7-10　柔性薄膜封装示意图

7.7.2　柔性封装发展现状

在薄膜封装研究方面，国内研究较少。虽然目前应用原子层沉积技术(ALD)、PECVD、溅射等工艺制备的复合封装薄膜在水汽阻挡方面有了较大提升，获得了较低的水汽透过率。但是，文献报道的这些封装薄膜结构仍然很难获得高寿命的 OLED 器件，主要是薄膜的均匀性、缺陷的存在、应力引起的裂变等问题造成的[79-81]。因此，对于薄膜封装，还没有达到能够完全产业化的应用要求，在材料选取、结构设计、器件制备工艺等方面还有待提高。

近年来，针对提高 OLED 显示屏寿命和可靠性的水氧阻隔膜的研究取得了一些进展，对薄膜封装机制进行了一定的探索，提出了分子渗透是通过扭曲通路的概念，并且阐明了气体分子扩散通道的原理，如图 7-11 所示。

目前，薄膜封装主要有两种结构。一种是利用无机/有机薄膜叠层组成的多层杂化结构。无机薄膜起到气体阻隔作用，有机薄膜是去耦层，增加气体的扩散长度和阻力。这种有机/无机杂化封装

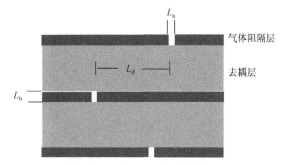

图 7-11　气体分子扩散通道示意图

结构最先由 Vitex 公司开发[82]。无机薄膜采用 PECVD(化学气相沉积)或 PVD(真空溅射)等方法制备，在不超过 100℃的制备温度下，沉积 SiN_x、SiO_2 或 Al_2O_3 等薄膜。由于无机薄膜内的缺陷具有外延生长的特性，单纯使用或增加无机薄膜厚度并不会改善水氧阻隔特性。因此，在两层无机薄膜之间通常会插入有机薄膜，作为去耦合层，填补无机薄膜的缺陷，并延长水氧分子的扩散路线。通常采用的有机材料有环氧树脂、聚脲、丙烯酸酯等。有机薄膜的成膜方法包括化学气相沉积法、热蒸发法、溶液加工法等。虽然基于有机/无机结构的封装效果明显，但该方法目前在实用方面还有一些关键问题需要解决：①工艺复杂。由于有机薄膜不具备较高的水氧阻隔性能，因此需要制备多个周期的有机/无机叠层薄膜，才能获得理想的阻隔效果。另外，无机薄膜通常为真空制备方式，而有机薄膜需要在常压下进行制备，因此，无机/有机薄膜生长切换的过程复杂，且容易互相污染，影响封装效果。②严重影响 OLED 屏的显示性能。有机薄膜的制备需要紫外光照

射或加热使其高分子交联，而这个过程可能损伤 OLED 器件的性能。③弯折性能较差。有机薄膜通常较厚，这导致整体封装薄膜厚度无法降低，进而影响柔性显示屏整体的抗弯折性能。鉴于以上原因，有机/无机杂化的薄膜封装目前还没有作为标准方法实现大规模的应用。

　　另一种封装方案是全无机薄膜封装方法，该方法目前越来越受到人们的关注。其中 ALD 是实现全无机薄膜封装的关键。ALD 技术是一种基于表面控制的薄膜沉积技术，其原理是在薄膜制备过程中，采用两种或更多的化学气相前驱体依次在基底表面发生化学反应从而产生固态的致密薄膜。这方面的研究，国外国内研究组有些报道。Meyer 研究组在 2013 年使用 Al_2O_3/ZrO_2 纳米叠层结构，使薄膜的 WVTR 接近 $10^{-6}g/(m^2 \cdot d)$ 数量级[83,84]；Singh 研究组使用 ALD 生长的 Al_2O_3/TiO_2 的纳米叠层结构，获得了较好的封装特性和抗弯折性能[85]。吉林大学的段羽研究组，在深入研究 ALD 生长机理与阻隔特性之间关系的基础上，研制了单层 ZrO_2 阻隔薄膜，其 WVTR 达到了 $6.0 \times 10^{-4}g/(m^2 \cdot d)$，甚至更低，展现了封装应用潜力[86,87]。但是，目前利用 ALD 制备封装薄膜仍然存在很多问题。首先，利用 ALD 生长薄膜，其生长速率过低。其次，适用于低温制备隔绝薄膜的前驱体相对较少，目前只有 Al_2O_3、ZrO_2、TiO_2 等少数氧化物薄膜可以在较低温度下生长，不利于薄膜封装性能的进一步提升。

　　总而言之，无论是采用无机/有机叠层薄膜，或者全无机薄膜结构的薄膜封装，都需要在提高封装的可靠性和提升应用潜力等方面进行深入研究。例如，结构设计上一种常用的方法就是：提高 PECVD 薄膜封装性能。方案有多层结构和有机/无机分级结构等，PECVD 沉积的薄膜封装需要复合结构是由于 PECVD 在低温下沉积的薄膜孔隙度较高。以柔性 OLED 发光器件作为载体，采用有机/无机薄膜复合结构封装 OLED 器件，器件结构如图 7-12 所示。

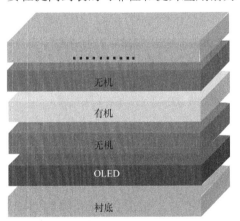

图 7-12　薄膜封装的器件结构图

　　为了获得高性能的 TFE，需要对 TFE 工艺及结构进行优化。例如，无机层薄膜的制备方法可以采取等离子增强化学气相沉积(PECVD)与等离子增强原子层沉积(PEALD)技术，有机层薄膜的制备方法可以采取喷墨打印(IJP)技术。此外，对于每个膜层，也需要分别从薄膜的光学性质、力学性质、膜层均一性等方面进行表征，由此确定每种工艺的最优条件。另外，在薄膜封装的结构设计中，在有机膜层与无机膜层的搭配上，主要对光学及封装性能进行表征，最终实现具有高透过率、高弯折性、高封装性能的薄膜封装结构。

　　为了推动柔性 OLED 的商业化应用，从而使高性能薄膜封装具备柔性显示的应用潜力。在制备薄膜封装的时候，一些注意事项如下。

　　(1) 制备工艺对薄膜封装的性能至关重要，因此对于不同的制备工艺，需要研究其对封装的影响。例如，采用 PEALD 技术沉积无机层薄膜时(如 Al_2O_3 等)，重点关注

TMA 脉冲时间、RF 脉冲时间、RF 功率和循环数对薄膜的厚度、折射率、表面形貌和应力的影响;采用 PECVD 技术制备无机层薄膜时(如 SiN_x 等),着重研究射频功率、SiH_4 和 NH_3 流量对 SiN_x 薄膜的膜厚、折射率、均一性的影响。采用 IJP 技术制备有机层薄膜时(如 PMMA 等),需研究薄膜厚度对薄膜的均一性、光学透过率和表面形貌的影响。

(2) 薄膜的结构对封装性能也有重要影响,因此需要对每一层薄膜的特性加以深入探索。例如,设计薄膜封装的叠层复合结构时,需要对其性能进行表征和对比。可以通过光谱反射仪和扫描电子显微镜(SEM)对薄膜的结构与光学性能进行表征,并运用到柔性 OLED 显示器件上,进行高温高湿存储老化可靠性实验(如 60℃/90%RH 等),研究其封装性能及可弯折性能。

(3) 由于水氧会影响整个 OLED 显示屏的性能,因此在制备薄膜时需要着重关注柔性 OLED 薄膜封装的水氧阻隔性能,优化单层薄膜的工艺参数,改善薄膜封装叠层复合结构的性能。

(4) 薄膜黏附力影响整个薄膜封装的效果。这是因为薄膜封装复合结构在弯折后虽然具有水氧阻隔性能,但是可靠性有所下降,因此需要进一步提升复合结构的薄膜黏附力,并进行应力匹配和优化,以提升复合结构的弯折可靠性。

(5) 对于顶发射 OLED(AMOLED 技术常用器件结构)和透明 OLED 显示技术,薄膜封装对 OLED 出光有重要的影响,因此需要深入研究薄膜封装的光学效应。例如,设计一种带有光取出结构的透明柔性衬底的方法,提高光取出效率和 CIE 指数随观测角度变化的稳定性。

7.8　柔　性　盖　窗

根据基板的曲率和变形方式,柔性显示器可分为弯曲显示器、可卷曲(rollable)显示器、可拉伸显示器和可折叠显示器等几类[88-92]。近年来,可折叠显示器因其独特的设计、重量轻、屏幕面积大等优点而在最新的移动显示器中备受关注。可折叠智能手机作为柔性显示技术的产品之一,已于 2018 年成功推出,尽管价格非常高,而且存在一些可靠性问题,但这标志着新一代手机技术的问世。

对于可折叠 OLED 显示器件,有三个核心技术:①可折叠的铰链,用来控制 OLED 面板的折叠运动轨迹;②柔性 OLED 器件,在 7.3 节已做介绍;③柔性盖窗(cover window)。设计可折叠盖窗时主要需要考虑三个因素:①良好的可折叠性,即在动态或者静态下都可以进行相应的折叠;②光学特性,包括透光率、颜色等;③稳定性,包括作用力强性、耐磨性等,如图 7-13 所示[93]。因此,为了获得高性能的可折叠盖窗,往往需要折中考虑以上三个特性。

对于可折叠盖窗,目前有两种相互竞争的技术,即超薄玻璃(ultra-thin glass,UTG)窗和透明 PI(CPI)窗[94]。它们各自的优缺点如下:①在柔韧性方面,由于陶瓷材料固有的裂纹特性,超薄玻璃虽然可以在弯曲半径几毫米以下弯曲,但是玻璃材料在外力作用下的冲击强度较低;而 CPI 延展性好,不易碎裂;②在成本方面,超薄玻璃的工艺还没

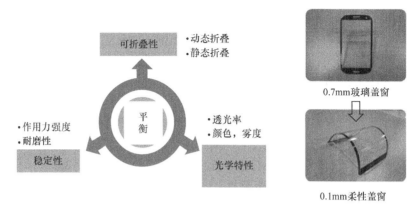

图 7-13 可折叠盖窗所需特性[93]

有完全成熟，良率低，而 CPI 量产技术成熟，因此 CPI 更具有成本优势；③在透光性方面，由于玻璃的固有优势，透光率往往超过 90%，而 CPI 本身依旧是薄膜，透光率普遍小于 90%，因此在折叠屏显示上超薄玻璃的观感会更好；④在耐磨性方面，超薄玻璃硬度更高，而 CPI 往往不耐磨，非常容易留下划痕。

为了更好地发展盖窗技术，可以通过透明胶黏剂将超薄玻璃与 CPI 合二为一，利用它们各自的优点(如折叠铰链处采用 CPI，在平整处采用超薄玻璃)，将它们设计为一个两层的柔性盖窗。此外，为了批量生产柔性盖窗，可采用卷对卷(roll-to-roll)涂层工艺在柔性盖窗上涂覆透明硬涂层(hard coating，HC)膜。卷对卷溅射工艺具有可扩展性大、沉积速率高、成分可控等优点，适合于柔性 HC 材料的制备。特别是，可折叠显示器的弯曲半径小或曲率大，因此盖窗上的柔性透明涂层应具有机械柔性。

盖窗在可折叠显示器中的主要作用是保护可折叠显示器面板免受外部冲击和划伤。在基于玻璃的平板显示器的情况下，盖窗玻璃可以保护显示面板不受到外部冲击和/或由于覆盖玻璃造成的划痕。然而，在可折叠显示器中，为了保护可折叠显示器面板，需要开发涂覆在窗口基板上的透明柔性 HC 薄膜。近年来，HC 薄膜得到了广大科研工作者的关注与研究。例如，Hwang 等报道了通过紫外固化工艺[95]制备出类似梯形的聚倍半硅氧烷 HC 膜。

一般而言，透明柔性 HC 膜需要满足可折叠显示器高透光率、优越的柔性、高抗划痕性、高冲击防护能力等关键要求。在常见 HC 材料中，碳化硅因其低介电常数、良好的机械柔韧性和较高的硬度而受到广泛关注[96]。例如，Park 等通过反应性卷对卷溅射工艺在 CPI 基板上开发了一种新型碳化硅 HC 薄膜，碳化硅/CPI 薄膜在弯曲、滚动、折叠和扭转 3mm 的小曲率条件下，透明性达 85%以上，具有良好的机械柔韧性，用于可折叠电子器件的盖窗[97]。虽然已有关于柔性 OLED、柔性 TFT 和塑料衬底的广泛研究报道，但对于适用于可折叠显示器的透明和柔性盖窗的研究仍然缺乏[98-100]。因此，如果攻克柔性盖窗的相关技术瓶颈，那么柔性可穿戴显示技术将可以更好地服务人类。

参 考 文 献

[1] XU R P, LI Y Q, TANG J X. Recent advances in flexible organic light-emitting diodes [J]. Journal of

materials chemistry C, 2016, 4(39): 9116-9142.

[2] HAN T H, JEONG S H, LEE Y J, et al. Flexible transparent electrodes for organic light-emitting diodes [J]. Journal of information display, 2015, 16(2): 71-84.

[3] HUANG J J, CHEN Y P, LIEN S Y, et al. High mechanical and electrical reliability of bottom-gate microcrystalline silicon thin film transistors on polyimide substrate [J]. Current applied physics, 2011, 11(1): S266-S270.

[4] YANG X Y, MUTLUGUN E, DANG C, et al. Highly flexible, electrically driven, top-emitting, quantum dot light-emitting stickers [J]. ACS nano, 2014, 8(8): 8224-8231.

[5] KAO S C, LI L J, HSIEN M C, et al. The challenges of flexible OLED display development [J]. Journal of the society for information display, 2017, 48(2): 1034-1037.

[6] PARK J S, KIM T W, STRYAKHILEV D, et al. Flexible full color organic light-emitting diode display on polyimide plastic substrate driven by amorphous indium gallium zinc oxide thin-film transistors [J]. Applied physics letters, 2009, 95(1): 013503.

[7] CHOI M C, KIM Y, HA C S. Polymers for flexible displays: from material selection to device applications [J]. Progress in polymer science, 2008, 33(6): 581-630.

[8] LI Y, KIM J H. Advances in flexible display materials [J]. Journal of the society for information display, 2018, 49(S1): 465-467.

[9] WANG H, HSIEH M, XIE C, et al. P-106: influence of substrate structure on the properties of flexible AMOLED displays [J]. Journal of the society for information display, 2016, 47(1): 1526-1528.

[10] CHEN L Q, SUN T, LI H, et al. 33-3: study of bonding technology on flexible substrate[J]. Journal of the society for information display, 2016, 47(1): 419-421.

[11] CHEN J L, LIU C T. Technology advances in flexible displays and substrates [J]. IEEE access, 2013, 1: 150-158.

[12] HAYASHI K, HAMADA Y, AKIYAMA J, et al. Impact of carrier glass substrate characteristics on flexible OLED display production [J]. Journal of the society for information display, 2019, 50(1): 660-663.

[13] YOON J, KWON H, LEE M, et al. 65.1: invited paper: world 1st large size 18-inch flexible OLED display and the key technologies[J]. Journal of the society for information display, 2015, 46(1): 962-965.

[14] YOO W B, HA C K, KWON J W, et al. Flexible a-IGZO TFT for large sized OLED TV[J]. Journal of the society for information display, 2018, 49(1): 714-716.

[15] PARK C I, SEONG M, KIM M A, et al. World's first large size 77-inch transparent flexible OLED display [J]. Journal of the society for information display, 2018, 26(5): 287-295.

[16] YU Z, HU M, WANG Z, et al. 12-4: 1000PPI LTPS OLED display for VR application[J]. Journal of the society for information display, 2020, 51(1): 156-159.

[17] SOBRINHO A S D, CZEREMUSZKIN G, LATRECHE M, et al. Defect-permeation correlation for ultrathin transparent barrier coatings on polymers [J]. Journal of vacuum science & technology a-vacuum surfaces and films, 2000, 18(1): 149-157.

[18] CHEN T N, WUU D S, WU C C, et al. High-performance transparent barrier films of SiO_x/SiN_x stacks on flexible polymer substrates [J]. Journal of the electrochemical society, 2006, 153(10): F244-F248.

[19] SARMA K R. Flexible displays: TFT technology: substrate options and TFT processing strategies[M]. Handbook of Visual Display Technology, 2012: 897-932.

[20] LUCOVSKY G, PHILLIPS J C. Why SiN_x: H is the preferred gate dielectric for amorphous Si thin film transistors (TFTs)and SiO_2 is the preferred gate dielectric for polycrystalline Si TFTs[C]. Symposium on flat-panel displays and sensors-principles, materials and processes held at the 1999 MRS spring meeting. San Francisco, 1999: 135-140.

[21] BROTHERTON S D. Polycrystalline silicon thin film transistors [J]. Semiconductor science and technology, 1995, 10(6): 721.

[22] PARK K C, NAM W J, KANG S H, et al. Incomplete laser annealing of ion doping damage at source/drain junctions of poly-Si thin-film transistors [J]. Electrochemical and solid state letters, 2004, 7(6): G116-G118.

[23] INOUE S, UTSUNOMIYA S, SHIMODA T. 28.1: invited paper: transfer mechanism in surface free technology by laser annealing/ablation (SUFTLA®)[J]. Journal of the society for information display, 2003, 34(1): 984-987.

[24] FRENCH I, MCCULLOCH D, BOEREFIJN I, et al. 54.2: thin plastic electrophoretic displays fabricated by a novel process[J]. Journal of the society for information display, 2005, 36(1): 1634-1637.

[25] LEE C C, CHANG Y Y, CHENG H C, et al. 54.1: invited paper: a novel approach to make flexible active matrix displays[J]. Journal of the society for information display, 2010, 41(1): 810-813.

[26] GUSTAFSSON G, CAO Y, TREACY G M, et al. Flexible light-emitting diodes made from soluble conducting polymers [J]. Nature (UK), 1992, 357(6378): 477-479.

[27] GU G, BURROWS P E, VENKATESH S, et al. Vacuum-deposited, nonpolymeric flexible organic light-emitting devices [J]. Optics letters, 1997, 22(3): 172-174.

[28] ZOU M Z, MA Y, YUAN X, et al. Flexible devices: from materials, architectures to applications [J]. Journal of semiconductors, 2018, 39(1): 011010.

[29] WANG Z B, HELANDER M G, QIU J, et al. Unlocking the full potential of organic light-emitting diodes on flexible plastic [J]. Nature photonics, 2011, 5(12): 753-757.

[30] LIU B Q, LI X L, TAO H, et al. Manipulation of exciton distribution for high-performance fluorescent/phosphorescent hybrid white organic light-emitting diodes [J]. Journal of materials chemistry C, 2017, 5(31): 7668-7683.

[31] MIKAMI A, KOSHIYAMA T, TSUBOKAWA T. High-efficiency color and white organic light-emitting devices prepared on flexible plastic substrates [J]. Japanese journal of applied physics part 1-regular papers brief communications & review papers, 2005, 44(1B): 608-612.

[32] XIANG H Y, LI Y Q, MENG S S, et al. Extremely efficient transparent flexible organic light-emitting diodes with nanostructured composite electrodes [J]. Advanced optical materials, 2018, 6(21): 1800831.

[33] LUO D X, CHEN Q Z, LIU B Q, et al. Emergence of flexible white organic light-emitting diodes[J]. Polymers, 2019, 11(2): 384.

[34] GAYNOR W, BURKHARD G F, MCGEHEE M D, et al. Smooth nanowire/polymer composite transparent electrodes [J]. Advanced materials, 2011, 23(26): 2905-2910.

[35] NAM V B, LEE D. Copper nanowires and their applications for flexible, transparent conducting films: a review [J]. Nanomaterials, 2016, 6(3): 47.

[36] ZHU H, SHEN Y, LI Y Q, et al. Recent advances in flexible and wearable organic optoelectronic devices [J]. Journal of semiconductors, 2018, 39(1): 011011.

[37] CHENG Y, WANG S L, WANG R R, et al. Copper nanowire based transparent conductive films with high stability and superior stretchability [J]. Journal of materials chemistry C, 2014, 2(27): 5309-5316.

[38] MADARIA A R, KUMAR A, ZHOU C W. Large scale, highly conductive and patterned transparent films of silver nanowires on arbitrary substrates and their application in touch screens [J]. Nanotechnology, 2011, 22(24): 245201.

[39] SHI H, LIU C C, JIANG Q L, et al. Effective approaches to improve the electrical conductivity of PEDOT:PSS: a review [J]. Advanced electronic materials, 2015, 1(4): 1500017.

[40] LIU G H, ZHOU X, CHEN S M. Very bright and efficient microcavity top-emitting quantum dot light-

emitting diodes with Ag electrodes [J]. ACS applied materials & interfaces, 2016, 8(26): 16768-16775.

[41] KUMAR G, LI Y D, BIRING S, et al. Highly efficient ITO-free organic light-emitting diodes employing a roughened ultra-thin silver electrode [J]. Organic electronics, 2017, 42: 52-58.

[42] WEI M Z, WANG H R, WANG J T, et al. Flexible transparent electrodes for organic light-emitting diodes simply fabricated with AuCl$_3$-modied graphene [J]. Organic electronics, 2018, 63: 71-77.

[43] WANG S L, YANG J L, XU T, et al. Highly efficient and foldable top-emission organic light-emitting diodes based on Ag-nanoparticles modified graphite electrode [J]. Organic electronics, 2019, 64: 146-153.

[44] LEE J, HAN T H, PARK M H, et al. Synergetic electrode architecture for efficient graphene-based flexible organic light-emitting diodes [J]. Nature communications, 2016, 7: 11791.

[45] SCHWARTZ G, REINEKE S, ROSENOW T C, et al. Triplet harvesting in hybrid white organic light-emitting diodes [J]. Advanced functional materials, 2009, 19(9): 1319-1333.

[46] REINEKE S, LINDNER F, SCHWARTZ G, et al. White organic light-emitting diodes with fluorescent tube efficiency [J]. Nature (UK), 2009, 459(7244): 234-238.

[47] BI Y G, FENG J, LIU Y S, et al. Surface plasmon-polariton mediated red emission from organic light-emitting devices based on metallic electrodes integrated with dual-periodic corrugation [J]. Scientific reports, 2014, 4: 7108.

[48] CHO H, KIM E, MOON J, et al. Organic wrinkles embedded in high-index medium as planar internal scattering structures for organic light-emitting diodes [J]. Organic electronics, 2017, 46: 139-144.

[49] 代永平. 微型显示器技术(一)[J]. 光电子技术, 2005, (3): 204-210.

[50] 代永平. 微型显示器技术(二)[J]. 光电子技术, 2005, (4): 271-275.

[51] LEVY G B, EVANS W, EBNER J, et al. An 852/spl times/600 pixel OLED-on-silicon color microdisplay using CMOS subthreshold-voltage-scaling current drivers [J]. IEEE journal of solid-state circuits, 2002, 37(12): 1879-1889.

[52] 张积梅, 吴玉琦, 刘畅. 硅基 OLED 微显示技术的优势与发展现状[J]. 集成电路应用, 2012(9): 20-22.

[53] LAM H M, QIU H Z, LI C L, et al. OLEDoS microdisplay with OLED threshold voltage detection and fast-progressive compensation[J]. Journal of the society for information display, 2021, 52(1): 173-176.

[54] VOGEL U, RICHTER B, HILD O, et al. 52-2: invited paper: OLED microdisplays—enabling advanced near-to-eye displays, sensors, and beyond[J]. Journal of the society for information display, 2016, 47(1): 703-706.

[55] WARTENBERG P, RICHTER B, BRENNER S, et al. 15.5 L: late-news paper: SVGA full-color bidirectional OLED microdisplay[J]. Journal of the society for information display, 2015, 46(1): 204-206.

[56] TAKEDA A, KATAOKA S, SASAKI T, et al. A super-high-image-quality multi-domain vertical alignment LCD by new rubbing-less technology [J]. 1998 SID international symposium digest of technical papers, 1998, 29: 1077-1080.

[57] XINYUAN C, YU Z, YONGCHAO Z, et al. The investigation about heterogeneous LC alignment in the sub-pixel of 8-domain design pixel during the PSVA curing process [J]. Journal of the society for information display, 2019, 50(1): 379-381.

[58] ISHINABE T, SAKAI H, FUJIKAKE H. 37.4 L: late-news paper: high contrast flexible blue phase LCD with polymer walls[J]. Journal of the society for information display, 2015, 46(1): 553-556.

[59] LE ROUX F, TAYLOR R A, BRADLEY D D C. Enhanced and polarization-dependent coupling for photoaligned liquid crystalline conjugated polymer microcavities[J]. ACS photonics, 2020, 7(3): 746-758.

[60] LIM Y W, KWAK C H, LEE S D. Anisotropic nano-imprinting technique for fabricating a patterned optical film of a liquid crystalline polymer[J]. Journal of nanoscience and nanotechnology, 2008, 8(9): 4775-4778.

[61] CHEN S S, TAN L L, TENG Y X, et al. Study of drug-eluting coating on metal coronary stent[J].

Materials science and engineering C, 2013, 33(3): 1476-1480.

[62] NAGASAWA A, FUJISAWA K. P-175L: late-news poster: an ultra slim backlight system using optical-patterned film[J]. Journal of the society for information display, 2005, 36(1): 570-573.

[63] YE C L, FU R H, QIU J, et al. 4-4: the application of BOA on curved panel[J]. Journal of the society for information display, 2016, 47(1): 25-27.

[64] LIU M G, YE C L, YU C Z, et al. The development of emerging LCD with black photo spacer application[J]. Journal of the society for information display, 2017, 48(1): 1565-1568.

[65] OKA S, HYODO Y, JIN L, et al. Ultra-narrow border display with a cover glass using liquid crystal displays with a polyimide substrate [J]. Journal of the society for information display, 2020, 28(4): 360-367.

[66] 龚建勋, 刘正义, 曾德长, 等. 溶致液晶偏振薄膜的研究 [J]. 功能材料与器件学报, 2006, 12(5): 6.

[67] UKAI Y, OHYAMA T, FENNELL L, et al. Current status and future prospect of in-cell-polarizer technology [J]. Journal of the society for information display, 2005, 13(1): 17-24.

[68] SU P, CHIGRINOV V G, HOI SING K. High-performance coatable polarizer by photoalignment[J]. Journal of the society for information display, 2017, 48(1): 1866-1868.

[69] MA X L, CHEN X C, XIAO L, et al. A new coatable circular polarizer for anti-reflection of flexible AMOLED[J]. Journal of the society for information display, 2017, 48(1): 1735-1737.

[70] PARK S H, LEE S W, HWANG B H, et al. 38.6 l: late-news paper: advanced coatable polarizer technology by using novel liquid crystalline materials and organic dyes[J]. Journal of the society for information display, 2011, 42(1): 532-535.

[71] MOROZOV E, KUZMIN V, FEDOTOV S. Polymer-small molecule film or coating having reverse or flat dispersion of retardation: US 201514590511[P]. 2015-01-06.

[72] YANG S, LEE H, LEE J H J O E. Negative dispersion of birefringence of smectic liquid crystal-polymer composite: dependence on the constituent molecules and temperature [J]. Optics express, 2015, 23(3): 2466-2471.

[73] BELTRAN E, GARDINER I, GOEBEL M. Coatable optical films for advanced displays [J]. Journal of the society for information display, 2017, 48(1): 790-792.

[74] CHOI Y J, YOON W J, BANG G, et al. Coatable compensator for flexible display: single-layered negative dispersion retarder fabricated by coating, self-assembling, and polymerizing host-guest reactive mesogens [J]. ACS applied materials & interfaces, 2019, 11(19): 17766-17773.

[75] XU C X, SHU S, LU J N, et al. 24-4: Foldable AMOLED display utilizing novel COE structure [J]. SID symposium digest of technical papers, 2018 , 49(1): 310-313.

[76] YOON K H, KIM H S, HAN K S, et al. Extremely high barrier performance of organic–inorganic nanolaminated thin films for organic light-emitting diodes [J]. ACS applied materials & interfaces, 2017, 9(6): 5399-5408.

[77] MIRVAKILI M N, VAN BUI H, VAN OMMEN J R, et al. Enhanced barrier performance of engineered paper by atomic layer deposited Al_2O_3 thin films [J]. ACS applied materials & interfaces, 2016, 8(21): 13590-13600.

[78] PARK J, SETH J, CHO S, et al. Hybrid multilayered films comprising organic monolayers and inorganic nanolayers for excellent flexible encapsulation films [J]. Applied surface science, 2020, 502: 144109.

[79] SPEE D A, SCHIPPER M R, VAN DER WERF K H, et al. All hot wire CVD organic/inorganic hybrid barrier layers for thin film encapsulation [J]. Mrs proceedings, 2012, 1447 : V08-03.

[80] PARK S H K, OH J, HWANG C S, et al. Ultrathin film encapsulation of an OLED by ALD [J]. Electrochemical and solid state letters, 2005, 8(2): H21-H23.

[81] PARK J S, CHAE H, CHUNG H K, et al. Thin film encapsulation for flexible AM-OLED: a review [J].

Semiconductor science and technology, 2011, 26(3): 034001.

[82] AFFINITO J D, GROSS M E, CORONADO C A, et al. A new method for fabricating transparent barrier layers [J]. Thin solid films (Switzerland), 1996, 290-291: 63-67.

[83] MEYER J, GORRN P, BERTRAM F, et al. Al₂O₃/ZrO₂ nanolaminates as ultrahigh gas-diffusion barriers-a strategy for reliable encapsulation of organic electronics [J]. Advanced materials, 2009, 21(18): 1845.

[84] MEYER J, SCHMIDT H, KOWALSKY W, et al. The origin of low water vapor transmission rates through Al₂O₃/ZrO₂ nanolaminate gas-diffusion barriers grown by atomic layer deposition [J]. Applied physics letters, 2010, 96(24): 243308.

[85] SINGH A, KLUMBIES H, SCHRODER U, et al. Barrier performance optimization of atomic layer deposited diffusion barriers for organic light emitting diodes using X-ray reflectivity investigations [J]. Applied physics letters, 2013, 103(23): 233302.

[86] DUAN Y, SUN F B, YANG Y Q, et al. Thin-film barrier performance of zirconium oxide using the low-temperature atomic layer deposition method[J]. ACS applied materials & interfaces, 2014, 6(6): 3799-3804.

[87] YANG Y Q, DUAN Y, CHEN P, et al. Realization of thin film encapsulation by atomic layer deposition of Al₂O₃ at low temperature[J]. Journal of physical chemistry C, 2013, 117(39): 20308-20312.

[88] HAN H J, CHO W J, LEE S J, et al. Stress-free folding hinge for foldable OLED display device [J]. Journal of the society for information display, 2021, 52(1): 1336-1339.

[89] WANG X, HE F, ZIMMER J. Chemically toughened flexible ultrathin glass: US14854432[P]. 2016-01-07.

[90] SUN N, JIANG C M, LI Q K, et al. Performance of OLED under mechanical strain: a review [J]. Journal of materials science-materials in electronics, 2020, 31(23): 20688-20729.

[91] CHOI M K, YANG J, HYEON T, et al. Flexible quantum dot light-emitting diodes for next-generation displays [J]. Npj flexible electronics, 2018, 2(1): 10.

[92] CHOI J, PARK C H, KWACK J H, et al. Ag fiber/IZO composite electrodes: improved chemical and thermal stability and uniform light emission in flexible organic light-emitting diodes[J]. Scientific reports, 2019, 9: 738.

[93] JEONG Y C. Flexible cover window for foldable display[J]. Journal of the society for information display, 2018, 49(1): 1921-1924.

[94] MAINDRON T, CHAMBION B, PROVOST M, et al. Curved OLED microdisplays [J]. Journal of the society for information display, 2019, 27(11): 723-733.

[95] HWANG S O, LEE A S, LEE J Y, et al. Mechanical properties of ladder-like polysilsesquioxane-based hard coating films containing different organic functional groups [J]. Progress in organic coatings, 2018, 121: 105-111.

[96] LEE J, JANG W, KIM H, et al. Characteristics of low-κ SiOC films deposited via atomic layer deposition [J]. Thin solid films, 2018, 645: 334-339.

[97] PARK J H, KIM C H, LEE J H, et al. Transparent and flexible SiOC films on colorless polyimide substrate for flexible cover window[J]. Micromachines, 2021, 12(3): 233.

[98] LEE J H, KIM H K. Flexible w-doped In₂O₃ films grown on ion beam treated polyethylene terephthalate substrate using roll to roll sputtering [J]. Materials science in semiconductor processing, 2019, 89: 176-185.

[99] MIZUKAMI M, CHO S I, WATANABE K, et al. Flexible organic light-Emitting diode displays driven by inkjet-printed high-mobility organic thin-film transistors[J]. IEEE electron device letters, 2018, 39(1): 39-42.

[100] FUJIWARA Y, KASHIMA I, AKIBA S. Ultra-thin chemically strengthened cover glass with high impact failure resistance for foldable devices[J]. Journal of the society for information display, 2018, 49(1): 401-404.

第8章 头戴显示与虚拟现实、增强现实

随着信息社会的高速发展，传统的大尺寸平板显示设备难以应用于越来越多的使用环境。因此，轻便、可穿戴的显示器件是目前新型显示设备的主要研发方向之一。在可穿戴显示设备的诸多形态中，头戴显示器(head-mounted display，HMD)尤为重要。眼睛是人类观察外界环境的窗口，HMD 可以为使用者提供更加丰富的视觉信息，从而实现虚拟现实(virtual reality，VR)、增强现实(augmented reality，AR)、混合现实(mixed reality，MR)等高级显示技术。

本章主要讨论 HMD 的设计与实现。首先根据人眼的光学特性设定合适的系统指标，包括视场角、分辨率、延迟等，然后选择合适的微显示器作为图像源，根据 VR、AR 的不同需求与不同的光学原理设计合适的光机系统以实现不同的显示效果。在此基础上，我们对 HMD 的需求不只停留在 2D 图像显示。为解决 HMD 显示系统中的辐辏调节冲突(vergence-accommodation conflict，VAC)问题，我们需要探索包括多像面重建技术、光场重建技术与视网膜投影技术等的真 3D 显示技术以实现更高质量的显示。以上 HMD 的研究架构如图 8-1 所示。

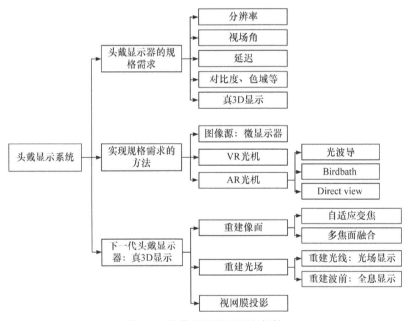

图 8-1 头戴显示器的研究架构

8.1 头戴显示器规格与微显示器

1968 年，计算机图形学先驱伊万·萨瑟兰(Ivan Sutherland)展示了世界上第一个现代

意义上的 HMD[1]。由于其外形特殊且较为笨重，这一设备后来被戏称为"达摩克利斯之剑"(The sword of Damocles)。早期 HMD 设备以单目头盔模式为主，且主要应用于军事设备，双目 HMD 出现后才开始慢慢运用到其他领域，但大多用于专业用途。20 世纪 90 年代，很多厂商正式开始了头戴显示器民用化之路，最具代表性的就是任天堂在 1995 年推出的 Virtual Boy。但是由于价格昂贵、分辨率低、笨重且舒适感低、容易造成用户晕动症等缺点，最后 Virtual Boy 的总销量不到 100 万台，同时期，其他厂商的 HMD 产品销量则更加惨淡，这意味着 HMD 商业化道路的初步尝试由于早期显示设备的性能参数无法满足人眼需求而失败。而后，LCD 技术的发展和 OLED 技术的普及，厂商将目光重新投向 HMD 领域。近几年，VR、AR 领域不断有新的突破，市场上出现了许多高性能 HMD 设备，如 Oculus Rift、SONY PSVR 以及 HTC VIVE 等，取得了较好的商业成绩。HMD 设备的成功离不开学术界与产业界对人体工程学、人眼特性与微显示设备的研究。本节将对 HMD 设计中的性能指标与微显示器进行介绍。

8.1.1　头戴显示器的重要规格

舒适度与沉浸度是 HMD 设计的两个核心要求。优秀的 HMD 设备既要佩戴舒适，又要提供足以混淆虚拟画面与现实场景的观看体验。前者常与 HMD 的结构设计有关，后者与人眼相关特性关系密切。其中，除常规平板显示器件的各种技术指标外，与 HMD 显示效果相关的最为重要的性能指标包括分辨率、视场角、刷新速率与延迟等，下面一一介绍。

要向使用者提供足够的沉浸感，必然要将显示画面覆盖人眼可观察的范围，这项指标由视场角(field of view，FOV)衡量。HMD 边缘与眼睛连线的夹角就是视场角。如图 8-2(a)所示，$\angle AOB$ 是水平 FOV，$\angle COD$ 是垂直 FOV。人眼的单目水平 FOV 约为 160°，垂直 FOV 约为 130°，双目水平 FOV 约为 200°，双目视场重合部分的水平 FOV 约为 120°[2]。更大的 FOV 能提供更多内容，对于 VR 设备，FOV 指标尤其重要。更大的 FOV 可以为使用者带来更沉浸的体验，但实现大视场角需要更大尺寸的光学元件，这会使得 HMD 体积变大。在设计 HMD 设备时需要在实现更大 FOV 与缩小设备尺寸之间做出协调。

由于 HMD 中图像源显示的图像信息会先通过光机系统再被人眼接收，使用 PPI 来表示 HMD 设备的分辨率便不够准确。这里引入角分辨率(单位：PPD)表征 HMD 设备的分辨率。角分辨率指的是视场角中平均每一度夹角内的像素点数量，如图 8-2(b)所示。由于在成像光学领域通常使用正弦亮度变化图像作为评价成像效果的标准图像，我们会使用与 PPD 等价的每角度周期数(CPD)衡量角分辨率，其中"周期"指的是正弦图像的周期，如图 8-2(c)所示。易证得 1PPD = 0.5CPD。在 VR 设备中，视场角需要达到 100°以上，同时角分辨率要达到 60PPD 的人眼分辨极限。显然，当显示器像素数目一定时，视场角与角分辨率成反比，因此需要分辨率极高的图像源。

人眼接收图像的过程是时域上视神经细胞中电信号积分的过程。如果使用平面显示技术营造虚拟现实效果，则需要考虑显示器件本身的响应时间与 HMD 系统中信号响应时间带来的延迟。其中，显示器件本身的响应速度占主要部分。通常采用刷新率与响应

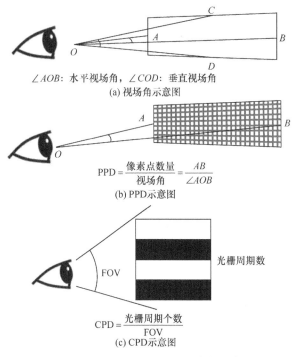

$\angle AOB$: 水平视场角，$\angle COD$: 垂直视场角

(a) 视场角示意图

$$PPD = \frac{像素点数量}{视场角} = \frac{AB}{\angle AOB}$$

(b) PPD示意图

光栅周期数

$$CPD = \frac{光栅周期个数}{FOV}$$

(c) CPD示意图

图 8-2　头戴显示器的重要规格参数示意图

时间两个指标来描述显示器的延迟。刷新率指的是每秒钟画面被刷新的次数。对于 HMD 这类使用者可能会频繁转动改变画面的设备，足够高的刷新率才能避免眩晕。所以一般 HMD 的刷新率都在 90Hz、120Hz 甚至更高。此外，响应时间也是评价 HMD 延迟的重要指标，通常，使用灰阶(gray to gray，GtG)响应时间描述[3]。GtG 时间指的是像素从某一灰度切换至另一灰度所需的时间，可以通过物理方式测量。此外，另一种基于动态画面测量的动态画面响应时间(motion picture response time，MPRT)指标也逐渐被学界与产业界使用。MPRT 指的是切换至当前画面后上一帧画面的暂留时间，通常定义为上一帧画面的亮度由 90%下降到 10%所需的时间。测量 MPRT 常使用摄像机追踪方法[4]，需要特制的测量设备。

8.1.2　微显示器

HMD 设备需要微型图像源，需要符合 8.1.1 节所述若干指标的微显示器。微显示器的对角线长度一般小于 2 英寸(约 5cm)，典型的硅上液晶微显示器的对角线尺寸约为 1cm。微显示器中的像素密度极高，一般大于 1000PPI，远超手机等平板显示设备。此外，对于 AR 设备，由于环境光的亮度较高，要保证成像清晰可见，微显示器需要极高的亮度[5,6]。

微显示器按使用方式主要分为两类：一类是被动微显示器，需要外界光源照射显示图像，主要包括 DMD 与 LCoS；另一类是主动发光显示器，自身可显示图像，主要包括 OLED、Mini-LED 与 Micro-LED 显示器。各种显示设备的性能在表 8-1 中列出[7]。

表 8-1　各种显示设备的性能对比

显示设备	成熟度	亮度/nit	光效率	形状因素	光学系统复杂性	对比率
LCoS	高	$10^4 \sim 10^5$	低	大	中	约 $10^3 : 1$
DLP	高	$10^4 \sim 10^5$	中	中	中	约 $10^3 : 1$
μOLED	中	$10^2 \sim 10^4$	高	小	低	约 $10^4 : 1$
μLED	低	$10^5 \sim 10^6$	高	小	低	约 $10^5 : 1$

　　硅基 OLED 微显示器是一种自发光型的微显示器，是目前 VR/AR 微显示器的首选。硅基 OLED 微显示器的优点在于高对比、广色域和来自 CMOS 工艺以及单晶硅背板的超高像素密度[8]，但由于它是有机器件，其固有的寿命和可靠性不够，最高亮度相对较低，且生产成本较高。LCoS 微显示器的优点是最高亮度较高，并且加工工艺成熟。但是 LCoS 存在着液晶显示器固有的对比度问题，并且由于不易设置彩色滤光片，基于 LCoS 的彩色显示一般靠场色序方法实现，可能出现色分离现象。DMD 微显示器采用反射型显示技术，使用微机电系统加工工艺制成，又称数字光处理器(digital light processor, DLP)。DMD 显示的基本原理是光的反射。由于 DMD 的刷新率极高，可以通过开关的占空比决定灰阶。DMD 微显示器的优点在于对比度高、光学效率高、工作特性不受可见光波长影响，制作工艺也较为成熟，但它的加工工艺由德州仪器公司掌握，成本较高。Micro-LED 微显示器是一种新型微显示器技术，采用自发光显示，本质是将 LED 微型化。Micro-LED 微显示器的优点在于对比度高、光学效率高[9]，缺点是 Micro-LED 的加工工艺较不成熟，如巨量转移[10]、光萃取效率低[11]等问题仍未解决，目前暂无商业化的 Micro-LED 设备。各类微显示器的性能参数总结如表 8-1 所示。

8.2　近眼光学系统

　　在显示器件的基础上，我们对目前常见的几种 HMD 显示模式进行研究，并针对各种显示模式的不同需求对常见的光机系统进行介绍。

8.2.1　虚拟现实、增强现实与混合现实

　　虚拟现实(VR)技术是指通过 HMD 设备显示计算机渲染的图像从而营造虚拟 3D 效果的技术。VR 技术可以向使用者提供一个虚拟的立体空间，从而让使用者获得传统平板显示器无法实现的沉浸式体验。增强现实(AR)技术是指将显示器的图像叠加到真实世界中，以辅助使用者增强信息感知能力的技术。混合现实(mixed reality，MR)技术是指将显示器营造的虚拟 3D 图像与真实世界相融合的技术。与 AR 不同，MR 技术注重虚拟立体图像与环境之间的交互，是计算机感知技术、人机交互技术等与可穿戴立体显示技术的融合[12]。

　　在设备方面，VR 设备与 AR、MR 设备有较大的不同。要在硬件层面上实现 VR 显示，需要在缩小设备体积的同时满足前面提及的针对人眼特性的显示性能指标，这要求对 VR 系统的光机结构——目镜系统进行优化。要实现 AR 与 MR 显示，首先需要解决

的问题是让使用者透过显示器看到外界，即将图像与外界环境相融合。目前解决这一问题的路线有两条：一是视频透视系统，二是光学透视系统。视频透视系统使用摄像头，实时拍摄外界的画面，经图像处理后与虚拟画面相结合，最后使用者便可观察到 AR 效果。这种系统的结构简单，但是由于相机的拍摄过程和图像处理过程存在一定延迟，且外界图像的清晰度取决于相机的性能，此外相机拍摄的图像无法再现外界环境光中的相位信息，种种因素会削弱使用者的沉浸感，因此视频透视系统不是实现 AR、MR 的最佳方案。光学透视系统通过光机系统的设计，让外界光线与显示器发出的图像同时进入人眼，从而可以实现真正的 AR、MR 显示。目前已有多种实现光学透视的商业化的 AR、MR 设备，如 Google Glass、HoloLens 等，但它们各自存在一些不足，针对光学透视系统的研究仍需进一步深入。

接下来介绍在 VR 设备中应用的较为基础的目镜系统，根据 AR 光学透视系统的时间发展脉络依次介绍分束器系统、Birdbath 系统与光波导系统，分析它们的工作原理与目前的研究进展。

8.2.2　基本目镜系统与虚拟现实技术

目镜是用来观察其前方光学系统所成图像的光学器件。如图 8-3 所示，VR 设备中的光学结构可以简单地看作由图像源(微显示器)、目镜系统、人眼组成。VR 系统中图像源离人眼较近，目镜可将初始图像光线偏折，成正立放大的虚像，同时将图像拉远，从而使人眼更好地观察。

在目镜系统设计中始终需要考虑人眼，尤其是瞳孔与目镜之间的关系。其中，光学模组与眼球之间的锥形区域称为眼盒(eye box)，用户在这个范围内能够看到完整清晰的图像。当用户能看到完整的图像时，瞳孔与其前方第一个光学元件之间的距离称为出瞳距离(eye relief)。为了让人眼穿戴舒适，出瞳距离一般应该大于 12mm。人双眼瞳孔之间的距离称为瞳距(inter-pupillary distance，IPD)。瞳距在双目视觉系统中是一个极其重要的参数。每个人的瞳距各不相同，错误的瞳距设置可能会造成图像畸变或人眼疲劳、头昏等情况。成年人的瞳距平均值为 63mm，且主要集中在 50～75mm。小孩的瞳距可能只有 40mm。

上述情况为最简单的目镜系统，由于在此系统中我们通过目镜直接观察微显示器，通常称为直视系统(non-pupil-forming)，如图 8-3(a)所示。直视系统结构简单紧凑，其功能也较为简单，通常被应用于 VR HMD 设备。此外，在直视系统的设计过程中，需要根据系统指标选择相应规格的微显示器，微处理器选择会受到限制。在直视系统的基础上，可以在微显示器之前再添加一组光学器件对图像源生成图像进行处理，形成中间像，再通过目镜进行观察，这样便可以增加光学图像处理的自由度。由于在此系统中观察到的不是图像源本身，所以将之称为非直视系统(pupil-forming)[13]，如图 8-3(b)所示。非直视系统增加了光机系统的复杂度，但可以实现更多的功能，如出瞳扩展等，更多地被应用于 AR HMD 设备中。

目镜系统中较为重要的研究方向是如何将系统做得更轻薄。器件方面，要使目镜系统更加紧凑，需要超短焦透镜。传统透镜做小焦距需要增加其表面曲率，同时为了保证 FOV，透镜面积通常较大，较大较厚的玻璃透镜带来的是较大的重量。于是，以衍射光学中

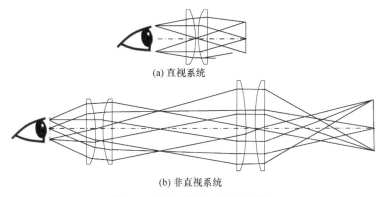

(a) 直视系统

(b) 非直视系统

图 8-3　直视系统和非直视系统

菲涅耳波带片原理制作的菲涅耳透镜被发明并应用至目镜系统中，这大幅降低了透镜的厚度与重量[14]，其结构如图 8-4(a)所示。相比传统透镜，菲涅耳透镜在成像过程中存在杂散光问题，会导致成像质量略微下降。除此之外，基于偏振光学的 Pancake 折叠变焦系统[15]也是目前研究热点。Pancake 系统的名字来源于其结构[16]：如图 8-4(b)所示，Pancake 系统由若干薄膜叠加组成。图像设备发射的非偏振光首先经过偏光片和波片转换为圆偏振光，之后在半透半反并加载了透镜相位分布的薄膜(BS)的作用下被第一次聚焦。之后，圆偏振光在波片作用后变成线偏振光，被只能透过指定偏振方向的偏振分束器(PBS)反射，恢复为圆偏振光之后被夹在中央的 BS 第二次聚焦并反射，圆偏振光的旋转方向被逆转，最终经过线偏光片作用后透过 PBS，离开系统。Pancake 系统不仅实现了超薄结构，而且通过折叠原理实现了二次聚焦，可以大幅降低目镜系统的结构复杂度。随着全息光学器件(HOE)加工技术的发展，Pancake 结构可以将 HMD 设备简化为眼镜形态[17]，未来发展潜力巨大。

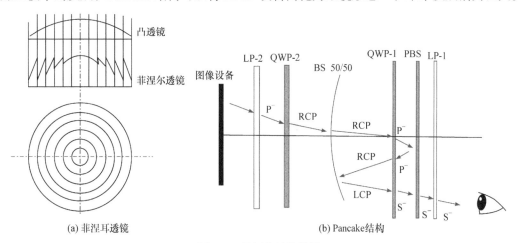

(a) 菲涅耳透镜

(b) Pancake 结构

图 8-4　超短焦结构设计

8.2.3　光学透视结构与增强现实技术

1. 分束器系统与 Birdbath 系统

要实现光学透视的 AR 效果，必然要让外界环境光线与图像源所成图像同时被人眼接收。由于传统显示器大多为不透明的面板，这就需要将微显示器从人眼正前方移开，之后通过光机系统将图像传递至人眼。这一光机结构是 AR HMD 设备的核心。最为简单的光学透视系统仅需一枚半透镜半反射的分束器即可，如图 8-5(a)所示。其中，将结合了环境光与显示图像的分束器称为光学组合器(combiner)。其缺点较为明显：若需要目镜系统投影较大尺寸的图像，则需要较大尺寸的分束器，这对于 AR HMD 设备是不可接受的。

在分束器的基础上，人们又设计出了许多基于半透半反组合器原理的早期光学透视系统，其中较为典型的是"虫眼"(bug-eye)系统与 Birdbath 系统[18,19]。"虫眼"系统中的组合器是一个自由曲面的半透半反镜，组合器本身起到了组合器和目镜双重作用，工作光路如图 8-5(b)所示。"虫眼"系统可以提供较大的 FOV，对亮度的损失较小。但是"虫眼"系统对自由曲面的设计有较高的要求，画面容易产生畸变，光路需要采用消像差设计，同时在图像渲染过程中需要对此做出修正。采用"虫眼"系统的头戴式显示器有 Mira Prism、Meta 2 等。Birdbath 系统在此基础上做了一系列改进。该系统因其使用的球面组合器与花园的鸟池造型类似而得名。Birdbath 系统主要由一个平面分束镜和一个曲面镜组成。如图 8-5(c)所示，来自显示屏的光线首先传播至 45°倾斜的分束镜，一部分透射，另一部分经反射后入射至曲面镜，再由球面镜反射后透过分束镜入射人眼。采用这种光学设计的头戴式显示器有联想 Mirage AR、ODG R8 和 R9 等。相比"虫眼"系统，Birdbath 系统的图像畸变更小，体积也有所减小。Birdbath 系统最大的缺陷是亮度损失问题。以 50/50 分束镜为例，光线经过从显示屏到人眼的光路后，光强约为出发时的 25%。对于更为常见的 80/20 分束镜，最终光强只有 16%。加之曲面反射镜的反射与其他能量损耗，实际到达人眼的光强会进一步减少，这使得显示器的亮度有很大部分被浪费。此外，由于非理想的分束镜存在表面反射和内部反射，实际使用时少部分显示器发出的光会沿其他光路进入人眼，导致"鬼影"、重影的现象。

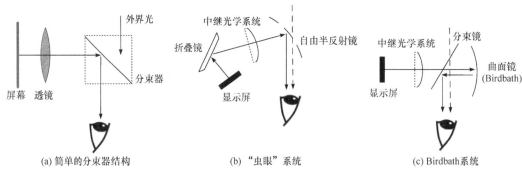

(a) 简单的分束器结构　　　　(b) "虫眼"系统　　　　(c) Birdbath 系统

图 8-5　典型分束器光学透视系统示意图

2. 波导系统

在"虫眼"系统与 Birdbath 系统里光的传播介质大部分为空气，在设计光机系统时需要较大的空间。由几何光学知识可知，光线在由高折射率介质射向低传播介质时，在入射角满足条件的情况下会发生全反射(TIR)现象。如此，便可以运用 TIR 原理，将高折射率的玻璃或其他材料加工成想要的光的传播路径——光波导，从而降低光机系统的整体体积与重量, 加工出更轻便的 VR、AR HMD 设备。基于光波导原理的 AR HMD 设备开发是目前研究的热点之一。

光波导光学透视系统的核心元件有两个: 耦合器(coupler)、光波导。由物理光学的知识, 除反射、折射外, 光的衍射也可实现对光传播路径的偏转, 基于衍射原理制成的光学元件称为光栅。因此, 可以将光栅作为组合器使用, 这里称为耦合器。光波导系统的基本原理如图 8-6(a)所示: 图像源的图像进入光波导后, 经光栅的作用被耦合(即令入射光偏转至满足全反射条件)进光波导。光线经波导传输至出射位置后被另一片光栅解耦合(即破坏全反射条件), 射出波导。与此同时, 外界光线由于自身不满足全反射条件, 可以直接透过解耦合光栅传播至人眼, 从而实现显示屏图像与外界光线的融合。

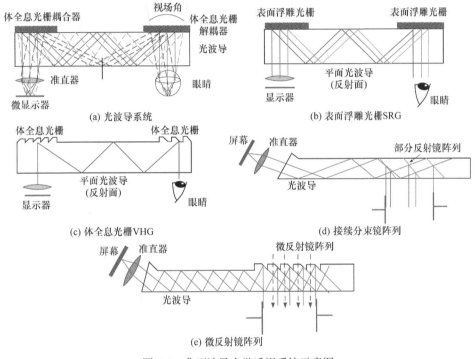

图 8-6 典型波导光学透视系统示意图

由光波导系统的工作原理可知, 作为耦合器的光栅的光学性能是重中之重。从原理上划分, 光波导系统的耦合光栅可分为两大类: 基于衍射光学的体全息光栅(volume holographic grating, VHG)、表面浮雕光栅(surface relief grating, SRG)和基于几何光学原理的接续分束镜阵列、微反射镜阵列等。下面介绍其结构与工作原理。

首先是体全息光栅(VHG), 其结构如图 8-6(b)所示。VHG 技术的基础原理是布拉格反射。由矢量衍射理论可知, 可以使用光的干涉现象在光敏材料中生成由多种不同波长光波作为参考波前的多个干涉条纹, 这样便可以实现对多种光波的偏转[6]。同样基于衍射光学原理的表面浮雕光栅(SRG)结构如图 8-6(c)所示。SRG 的制作方式是在表面加工出若干具有周期性的沟槽, 形成平面光栅结构。通过调整沟槽的密度与形状, 可以扩大 SRG 的工作波段与允许入射角范围, 从而实现彩色图像的耦合[20]。

VHG 的加工成本较低，且较容易实现大面积制备，成品率较高，容易实现角度与波长复用。但 VHG 的缺点是其干涉条纹的折射率对比度一般较低，使得其工作入射角范围和工作波段较小[6]。为解决这一问题，DigiLens 公司的 AR HMD 产品中的 VHG 使用液晶替代传统体全息技术采用的光敏材料，具有光效率更高、可重复配置和工作等优点[21]，工作波段与允许入射角有所扩大[22]。相比于 VHG，SRG 的工作波段与允许入射角远大于 VHG，但其加工需要光刻，难度较大，良率较低，均一性较差，容易产生由色散造成的彩虹条纹影响观感[23]。使用 SRG 作为光波导耦合器的较为成熟的产品是由微软公司研发的 HoloLens。HoloLens 采用双层光波导设计。两层光波导分别传播蓝、绿光波段与红光波段信息，减小了彩虹效应[12]。由于 VHG、SRG 均基于衍射光学原理设计，高阶衍射问题与工作波长问题是二者的共同缺点，目前还没有能完美解决上述问题的方案。

基于几何光学原理的接续分束镜光栅采用半透半反设计，其结构为多片倾斜角一定、间距一定的分束镜片，如图 8-6(d)所示。当入射光线到达解耦合器时，部分光线被反射解耦合，部分光线继续传播。接续分束镜阵列最大的特点是工作原理相对简单，可以实现全波段工作，没有色散问题。但它的加工难度很大，成本较高，加工良率较低。分束镜阵列本身会对环境光有一定影响，导致最终观察到的杂散光较多，且易形成"鬼影"、重影等影响观察。学术研究方面，来自北京理工大学与清华大学的课题组对几何光波导中的杂散光形成原因做了分析，并对如何消除杂散光进行了研究[24,25]。除加工工艺外，几何光波导的设计相比传统光机系统更为困难。来自美国亚利桑那大学的科研团队对影响几何光波导最终成像效果的因素进行了分析，并提出了若干测量与优化几何光波导光学性能、检测结构缺陷的新型方法，以及提出了若干几何光波导的性能指标[25]。在产业界，以色列的 Lumus 公司是几何光波导 AR HMD 设备的代表性研发公司[26]。其生产的 Lumus Maximus 原型机可实现 50° FOV 与 3000nit 的亮度。

除接续分束镜阵列外，另一种基于微结构的微反射镜阵列也经常被使用。如图 8-6(e)所示，其结构与闪耀光栅类似。微反射镜阵列可使用金刚石切割或塑料注模技术生产，相比接续分束镜阵列工序更加简单，成本更低。此外，三星公司与莫斯科物理技术学院提出了阶梯微反射镜阵列，实现了超薄的几何光波导显示[27]。

以上各种光波导系统各自有优缺点，但其共同的缺点是：相比 Birdbath 系统，其最终显示亮度较低，且 FOV 较小。影响光波导系统 FOV 的主要因素除耦合光栅的工作入射角范围外，还包括光波导本身材料的折射率。目前学界与产业界对耦合光栅的光学性能做出了大幅改进，光波导本身材料的选择与加工成为扩展 FOV 的决定性因素。由几何光学知识可知，光波导的折射率越高，光线发生全反射的阈值角越小。通常光波导基底材料的折射率约为 1.5[28]，目前已有折射率为 1.7~1.8 的玻璃材料可应用于光波导制造[29]。目前市场上最新的 AR、VR 设备，如 HoloLens 2、Magic Leap One 等都应用了高折射率玻璃，对角线 FOV 可以达到 50°[30]。要实现 FOV 大于 90° 的理想情况，光波导衬底的折射率应达到 1.9 以上[7]。

3. 直视系统

前面提及的波导系统、Birdbath 系统等光机系统均采用了将显示屏移出视线的方法，需要使用额外的光学器件，使得头戴式显示器的外形较大或有附加结构，且需要光路设计与消像差、消色差设计。此外，这些光机系统对显示屏发出的光有一定损耗。如果有可以直接"透视"的屏幕，便可以简化光学设计，实现更加精简的近眼显示系统。但是，直接透射系统需要某种复用方式实现，如空间复用(空间上分区域显示虚拟图像与真实光线)、时间复用(时间上轮换显示虚拟图像与外界环境)等方式，结构设计较为复杂。阳明交通大学的科研团队设计出了直视 AR HMD 的原型机[31]。此外，直接透视系统依赖于透明显示器，其像素结构中包含小孔，外界光线经过小孔后会发生衍射，对最终图像的质量有较大的影响，这是在光学直视系统、屏下相机等透明显示器研究中亟须解决的问题。

最后，对以上的 VR、AR 光机结构进行总结。对于 VR 显示，无需透视系统，直接使用目镜系统即可。在多种应用于 AR 显示的光学透视系统中，波导系统的眼盒尺寸较大，体积较小，但视场角一般。Birdbath 系统的视场角适中，但眼盒体积相比波导系统较小，且占用的体积较大。直视系统尚不成熟，目前没有已经商业化的产品，是未来更高质量 AR、MR 显示的发展方向。此外，目前多种光学透视系统很难完美体现虚拟图像与现实物体的遮挡关系，即虚拟图像存在透明度，无法阻挡背景光线的传播，显示时会漂浮在真实物体上，让使用者的沉浸感下降。解决遮挡问题是 AR、MR 光机系统研究的另一个重要方向。亚利桑那大学的研究团队提出了一种处理遮挡问题的方法：使用视频透视系统，通过取虚拟图像的掩模，使用空间光调制器(SLM)将现实视野中对应的位置进行遮挡调制，再与虚拟图像相结合[32]。这种方式得到的遮挡效果较为粗糙。基于光学透视原理的、效果更好的光机系统设计与图像生成算法仍需进一步优化。

8.3 多焦面头戴显示

使用传统平板显示技术只能提供双目视差一种深度线索，辐辏-调节冲突(VAC)问题无法避免。要实现更高质量的 AR 显示，仅靠平面显示技术远远不够。将真立体显示技术与 VR、AR 相结合，可以解决使用者观察 HMD 设备时产生的 VAC 问题，提供更加准确的图像深度信息与更佳的沉浸感。目前的主流真 3D 显示技术有多焦面融合技术、自适应变焦技术、光场显示技术、全息显示技术、视网膜投影技术等，下面几节会对上述真3D 显示技术作进一步的介绍。

8.3.1 基本原理

从信号与系统的角度分析，普通的平面显示屏仅能提供空间中某一深度附近的信息，即对空间光场中的某一平面进行采样。若要使用传统平面显示器实现立体画面的显示，则要对空间中的多个平面进行采样，从而恢复原始空间光场的信息，这便是多焦面显示技术的基本原理。

在技术方面，日本电信电话株式会社和神奈川工科大学的 Suyama 等[33]用实验证实了，人眼可以将两个位于不同深度的图像进行混合，而混合后图像的位置取决于前后画面的亮度比例，这为多焦面显示技术奠定了理论基础。此后，对于多焦面显示系统的设计研究开始蓬勃发展。美国亚利桑那大学的 Liu 等[34]在此基础上对多焦面图像亮度调制与融合图像被感知到的深度做出了研究，提出非线性的图像深度混合曲线，并依此设计了多焦面画面的渲染程序。

多焦面显示技术的理论研究较多，但是目前在技术上仍不成熟。对于多焦面显示中多个屏幕的排列问题，英国班戈大学的 MacKenzie 等[35]通过实验证明，多焦头显中的每个焦平面之间的间隔必须要接近 0.6 的屈光度才能使人眼产生真实的立体感。即对于 3 屈光度单位的空间，需要至少 5 个焦平面才能提供较为完整的立体图像信息。这种多焦面显示系统对于目前的透明显示器制造技术来说较为困难。此外，美国明尼苏达大学和加利福尼亚大学伯克利分校的 Narain 等[36]发现多焦面系统显示的立体图像的横向空间分辨率会受到焦面数量的限制，所以在提供足够立体图像信息的基础上，还需要更多的焦平面来实现高分辨率。

8.3.2 当前国内外进展

目前在多焦面技术中，对于空间图像中若干平面的采样需要通过复用技术实现[37]。对于复用技术的研究主要包括以下四个方向：空间复用、时间复用、偏振复用和波长复用。

空间复用：空间复用多焦面头戴显示器是一种传统的多焦面显示系统，结构上最为简单，基础的结构是由若干个平板显示器堆叠的。由于目前的多种平板显示器制造技术，如液晶显示器(LCD)、有机发光二极管(OLED)显示器等制造技术已较为成熟，可以实现较高的像素密度，通过适当的光学设计便可以实现多焦面显示的效果。但是，使用多个平板显示器会造成头戴显示器整体较为笨重，且图像混合后的清晰度也会受到影响。目前，对于透明平板显示器的研究是解决这一问题的重要方向。目前，学界提出的空间复用式多焦面头戴显示器的原型技术大致包括美国加利福尼亚大学圣塔芭芭拉分校的 Lee 等[38]实现的透明显示器堆栈结构，美国斯坦福大学与加利福尼亚大学伯克利分校的 Akeley 等[39]实现的三焦面显示器结构，中国北京理工大学和清华大学的 Cheng 等[40]提出了使用自由棱镜的空间复用双焦近眼显示器，美国伊利诺伊大学香槟分校的 Cui 和 Gao[41]使用的深度映射方法等。

时间复用：时间复用多焦面显示是指在时间上将一帧的立体图像按深度采样为多张平面图像，再将之以深度顺序依次显示。如果显示器可移动，那么就可以使用时间复用技术，让显示器快速地在不同位置显示对应深度的立体图像的平面采样以实现多焦面显示。基于这一原理，日本国际电气通信基础技术研究所的 Sugihara 等[42]于 1998 年发明了世界上第一款变焦头盔。随后，其他机械扫描式多焦面显示技术被提出，如日本早稻田大学的 Shibata 等[43]利用远心光学系统放大率恒定的性质制作的机械扫描多焦面显示系统[①]。相比于空间复用技术，时间复用技术可以减少平板显示器的数量，整体体积有一定

---

① 远心系统(telecentric optical system)是指主光线平行于物空间或像空间光轴的光学系统。此时入射光瞳、出射光瞳二者的中心至少一个位于无穷远处，所以称为"远心"。通过光路图分析不难证明，远心镜头对于物空间任意一点都具有恒定的放大率。这一性质被广泛地应用于光学测量仪器中的镜头设计中，如显微镜等。

的缩小。然而，时间复用系统对平板显示器的响应性能与刷新率要求较高。只有像素响应速度快、刷新率高的平板显示器才能提供给使用者流畅的、无频闪的使用体验。时间复用技术一般与自适应变焦系统配合使用，将在 8.4 节中进一步介绍这类多焦面显示系统。

偏振复用：这一概念最早由美国中佛罗里达大学的 Lee 等[44]于 2016 年初提出。Lee 等通过使用偏振分束器(polarization beam spliter，PBS)，使相互正交的两束线偏振光分离，从而使两种偏振态的光沿不同方向传播，如图 8-7 所示。一束线偏振光入射 1/4 波片后，经平面镜反射再次被 1/4 波片作用，其偏振方向将偏转 90°，所以经镜面反射后再次入射至 PBS 后可以直线传播。由于反射镜 M1、M2 与 PBS 的距离不同，两束偏振光由此形成了光程差，最终在出瞳形成了多个焦深。液晶面板和 PBS 是这一技术的核心组件。

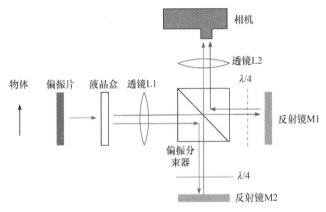

图 8-7　偏振复用

波长复用：波长复用多焦面显示系统由美国中佛罗里达大学的 Zhan 等[45]于 2019 年提出的。该系统使用的核心器件是陷波滤波器，如图 8-8 所示。陷波滤波器是一种特殊的带阻滤波器，只有一定波长的光可以通过，而其他波长的光会被反射。该系统中的光源是两个波长相近的激光投影器，其波长分别为 532nm 和 517nm，陷波滤波器会过滤

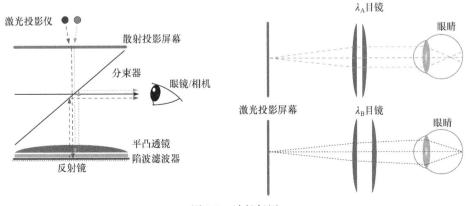

图 8-8　波长复用

掉除 517nm 以外的光。这样，517nm 的光线经过的光程要比 532nm 的光长，在出瞳便会形成两个焦平面。这种系统对显示器的分辨率与刷新率要求不高，但实际应用中由于两个焦面的颜色存在差别，会使看到的图像质量下降。此外，陷波滤波器的转移函数会随入射角的偏移而偏移，整个系统的可视角度较小。

8.4　自适应变焦头戴显示

8.4.1　基本原理

前面介绍的多焦面显示技术的基本原理是创造若干真实焦平面。多焦面显示技术的另一个实现方向是利用可变焦光学元件将图像的焦平面生成在人眼聚焦的位置，或通过快速的焦距扫描实现时分复用的多焦面显示。我们将这类立体显示技术称为自适应变焦显示技术。目前被应用于变焦显示的光学元件主要包括液体透镜、液晶透镜、数字微镜器件(DMD)、Alvarez 透镜等。

8.4.2　当前国内外进展

2008 年，美国亚利桑那大学的 Liu 等[46]设计了一种基于可变焦液体透镜的双焦面头戴显示器，其结构如图 8-9 所示，与 Birdbath 系统类似。由于刷新率的限制，基于时间复用技术的多焦面显示技术受到显示器刷新率的限制，使用者看到的画面会有闪烁发生，影响观看体验。2018 年，美国卡内基·梅隆大学的 Chang 等[47]设计了基于红外线探测的变焦透镜焦距监测系统，与图像生成模块相结合，可以实现即时的、密集的、正确的时分复用多焦面显示。其结构如图 8-10 所示。2019 年，韩国首尔大学的 Lee 等[48]使用液体透镜和数字微镜器件实现了更为密集的焦面扫描(在 0～5.5 屈光度做 80 个焦平面采样)，结构如图 8-11 所示，将图像中的每个像素映射到空间中的任意深度，从而实现了更高质量的时分复用多焦面显示。

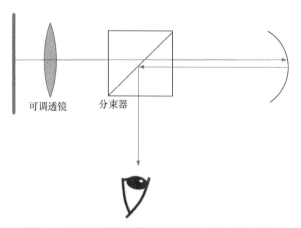

可调透镜　　分束器

图 8-9　基于可变焦液体透镜的双焦面头戴显示器

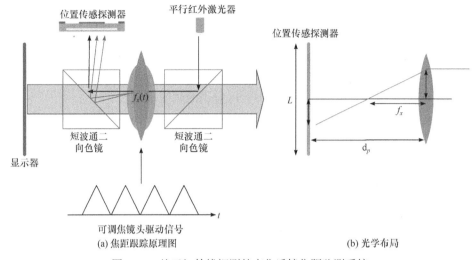

(a) 焦距跟踪原理图　　　　　　　　　　　　　(b) 光学布局

图 8-10　基于红外线探测的变焦透镜焦距监测系统

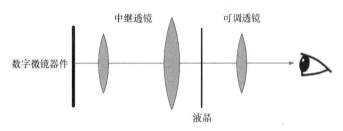

图 8-11　密集的焦面扫描

　　液体透镜、液晶透镜有良好的变焦性能，但它们也存在一些不足，其中之一是变焦速度较慢。1964 年，Alvarez 发明了一种基于自由表面光学的变焦光学器件，并将其命名为 Alvarez 透镜[49]。同时，Lohmann[50]也发明了类似的自由表面透镜。这类变焦透镜由两片完全相同的圆形或方形子透镜组成。如图 8-12所示，Alvarez 透镜处于初始状态时，两片子透镜正对，此时透镜整体相当于平板玻璃。当两片子透镜侧向滑动后，由于相交区域的玻璃厚度发生改变，光线经过 Alvarez 透镜后会被会聚或发散，聚焦的程度由子透镜的侧向位移决定[51]。相比液晶透镜与液体透镜，Alvarez 透镜具有变

图 8-12　Alvarez 透镜原理

焦速度快的特性。目前，基于 Alvarez 透镜的变焦显示技术是真 3D 显示技术的热门研究方向，例如，美国亚利桑那大学的 Wilson 和 Hua[52]设计了基于 Alvarez 透镜的变焦头戴显示器，实现了高对比度、广视角、焦平面扫描速度极快等功能。Alvarez 透镜的缺点是自由表面的加工较为困难，但如今的金刚石车削技术已经可以实现高质量、低成本的自由表面加工[51]。解决自由表面加工问题的另一条途径是将 Alvarez 透镜制成衍射光学元件。通过傅里叶光学理论分析，薄透镜可视为波前相位转换元件。将 Alvarez 透镜自由表面的厚度转换为对应的相位延迟，便可使用 SLM 等设备实现与实际 Alvarez 透镜相同的效果。2017 年，奥地利因斯布鲁克医科大学的 Bawart 等[53]基于此原理，巧妙地利用激光

振镜①折叠光路，使用 SLM 实现了 Alvarez 透镜的功能。Alvarez 透镜的实现原理也为如何使超表面透镜具有变焦功能提供了解决思路。2018 年，美国华盛顿大学的 Colburn 等[54]将超表面透镜的相位分布设计为 Alvarez 透镜的类型，使用两片超透镜侧向位移的方式实现了变焦显示。基于 MEMS 控制的变焦超表面透镜的直径很难做大，而这种依靠 Alvarez 透镜原理的可变焦超表面透镜的口径较大，可应用的领域更广。

变焦显示技术理论上可以还原真实的人眼观察效果，其不能准确地生成视网膜模糊，景深效果需要在图像渲染的过程中引入，这一问题是变焦显示技术中需要解决的重要问题。美国克莱姆森大学的 Duchowski 等[55]发现，在观看带有景深模糊效果的立体图像时，由辐辏调节而引起的视觉不适感有所降低。由于计算与渲染精神效果需要时间，变焦显示的图像时延会进一步增加，这会影响观察者的沉浸感。如何合适地引入正确的景深信息是变焦显示技术在算法方面亟须解决的问题。

8.5　光　场　显　示

8.5.1　光场与光场显示原理

光场(light field)指的是空间中的光线光辐射函数的总体，它可以描述空间任意点、任意方向的光线。采集并显示光场就能在视觉上重现真实世界。如图 8-13 所示，(x, y, z)表示人眼在三维空间中的位置，(θ, Φ)表示进入人眼的光线与水平和垂直夹角。波长 λ 表示进入人眼的不同光线。而光线也并不是固定不变的，它可能会随着时间 t 的改变而出现变化。上述七种参数概

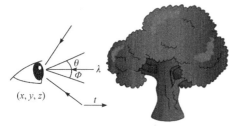

图 8-13　光场的 7 个参数

括真实世界的光线情况，因此，所有三维世界的光线都可以用这七个维度 x、y、z、θ、Φ、λ、t 的一个函数 $P(x, y, z, \theta, \Phi, \lambda, t)$ 来表示，这个函数也被称为 7D 全光函数[56]。

尽管 7D 全光函数能表达所有的光线情况，但是由于其表达式过于复杂，并且有的时候，有些参数并不改变，因此研究人员又提出了一些简化的模型。美国斯坦福大学的 Marc Levoy 又提出来了一种 4D 光场模型[57]。在光线传播方向任意点采集的光线都相同这一前提下，他假设两个平行不共面的(u, v)和(s, t)平面，一条光线如果与这两个平面有交点，那这条光线可以用这两个交点唯一表示。在实际生活中，光线从场景传入人眼的距离很有限，因此光强在空气中的衰减可以忽略。虽然这种表示方法无法表示所有光线，但是却能表示进入人眼的所有光线，因为光线与人眼平行时，无法进入人眼。由于 4D 光场能很好地表示进入人眼的光线，因此后续很多的研究，尤其是近眼显示的研究都是在此基础上展开的。

光场技术本质上是利用矢量光线采样逼近真实 3D 物体发光的显示技术[58]，这些矢量光线从图像源(近眼显示中主要是微显示器)发出，经过光调控器件(主要是微透镜或者针孔阵列)调控，最后进入人眼。这些矢量采样光线的交点所在的平面就是重构深度平面

---

① 一种可沿 x-y 轴旋转的，精确控制入射光反射方向的平面反射镜。

(reconstructed depth plane, RDP),交点在微显示器后呈现的是虚像,交点在人眼和微透镜阵列中间时呈现的是实像。

光场显示主要有以下几种类别。

第一种是多视投影阵列光场显示,它主要通过多个投影仪组成的阵列向空间中一定角度范围内不同方向投射不同图像,位于多个离散的观看区域的多视点图像实现了观看者的双目视差和运动视差,从而实现了三维显示的效果[59,60]。相比于体 3D 技术,多视投影阵列光场显示保留了裸眼等优点,更接近传统显示器,并且可以显示复杂的纹理和彩色三维的内容。但是它制作成本高昂、所占空间大。

第二种是集成成像光场显示。集成成像光场显示利用光路可逆的原理,使用透镜等光调制器件阵列来采集光场并生成元素图像阵列,再利用另一组对应的透镜阵列对元素图像阵列进行三维场景重构。目前,裸眼 3D 电视正是基于集成成像原理。由于采集时的方向与观看者观看的方向相反,集成成像技术存在着深度反转的问题。虽然能通过二次拍摄法来解决深度反转问题,但多次采集又会引起衍射干扰、光能损失等新问题。集成成像的视点分辨率会与角度分辨率相互制约,分辨率、视场角、景深也会相互制约,所以各项性能都比较有限。

第三种是多层液晶张量光场显示。这项技术由美国麻省理工学院的 Gordon Wetzstein 于 2012 年提出[61]。他通过将许多层均匀背光照明的液晶显示面板进行堆叠,控制每层液晶显示面板上像素点发出的光线来利用多层液晶面板实现显示器上每个像素点发出各向异性光线的效果。在这种方法中,将光场表示为一个张量,将高维度的光场分解为多个向量的张量积,最终利用有限层数的液晶显示出完整的光场。多层液晶张量显示技术的成本较低,仅需要使用数层液晶显示面板即可让重建的光线数量呈指数提升;分辨率也不会损失。但这项技术原理复杂度高、运算量庞大,对算法程序和机器算力有较高要求。层叠式光场显示(stacked LCD light field display)属于多层液晶张量光场显示技术的一种,主要利用多层 LCD(或类似的像素化控光元件)堆叠控制光线方向。它的简单原理如图 8-14 所示。

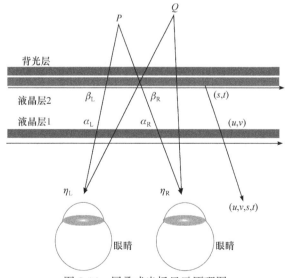

图 8-14　层叠式光场显示原理图

确定 P 点位置的光线 η_L、η_R 可以用液晶层 1 和液晶层 2 的像素 α_L、β_L、α_R、β_R 来表示。假设背光源光强为 I_{BG}，各像素的透过率分别为 $T(\alpha_L)$、$T(\beta_L)$、$T(\alpha_R)$、$T(\beta_R)$，那么进入人眼的两条光线的光强分别为

$$I_L = I_{BG}T(\alpha_L)T(\beta_L) \tag{8-1}$$

$$I_R = I_{BG}T(\alpha_R)T(\beta_R) \tag{8-2}$$

所以，P 点就可以被构造出来，同样地，另一点 Q 也能通过这种方式构造出来。因此，只要根据实际的光强分布，并控制每个像素的透过率，就能进行 3D 显示。上述只是用二层液晶的显示的光场显示作为例子，多层液晶显示的光场显示原理类似。

8.5.2　光场显示研究现状

1. 多视投影阵列光场显示技术研究现状

2018 年，新加坡南洋理工大学的 Xia 等开发了一种新型时间复用多视点三维显示技术。使用投影仪阵列提供图像源和角度控制屏幕模块生成多个高密度水平视图[60]。液晶转向屏幕可以在一个小范围内偏转光束，使用定制的 FPGA 驱动程序与投影仪阵列同步运行，可以为多个观看者生成具有平滑视差的生动彩色三维场景。2019 年，日本 NHK 科技研究所的 Watanabe 等提出了 Aktina Vision 电视，通过使用比微透镜大的透镜来控制多视点图像的投影方向，将具有窄角度间隔的水平视差和垂直视差的多视点图像投影到 3D 屏幕上，重建物体的光学图像，可以获得较高的分辨率和较大的显示面积[62]。

2. 集成成像光场显示研究现状

集成成像技术是光场显示的热门研究方向。2013 年，英伟达(NVIDIA)公司的 Douglas Lanman 和 David Luebke 设计了一个完整的近眼显示集成成像系统原型[63]，从几何光学角度进行分析，探究了系统中视场角、景深、分辨率、眼盒之间的权衡关系。2014 年，以色列本·古里安大学的 Stern 和 Yitzhaky 与美国康涅狄格大学的 Javidi 提出了一种从观察者到显示设备的逆向分析方法，通过确定观看者的可感知光场(PLF，即理想情况下应提供给观看者的最佳可感知光分布)，并将可感知光场传播回显示设备以确定显示器需要生成的光场分布[64]。2014 年，美国亚利桑那大学的 Hua 与康涅狄格大学的 Javidit 提出了一种将微透镜集成成像技术与自由曲面光学技术相结合的 OST-HMD 设计方法[65]。2017 年，美国亚利桑那大学的 Huang 和 Hua 描述了一个通用的框架来模拟现有光场显示方法的图像形成过程，并提出了一种系统的方法来模拟和表征视网膜图像与光场显示的调节反应，研究最佳三维光场显示设计的权衡和准则[66]。2019 年，阳明交通大学的 Qin 等使用惠更斯-菲涅耳原理和亚利桑那眼球模型，开发了一种高精度的近眼显示集成成像模型，并基于该模型对影响成像分辨率的因素和分辨率优化方法进行了研究[67]。2021 年，日本筑波大学的 Yuta Watanabe 和 Hideki Kakeya 采用时分和彩色复用技术实现了具有水平与垂直视差的超多视点光场显示，为每个视点提供全彩色图像[68]。

除传统光学器件外，基于微纳光学原理的超表面透镜等新型光学元件也被应用于集

成成像质量的优化。超表面透镜对入射光的波长较为敏感，这使得超透镜成像存在严重的色散问题。中山大学 Jianwen Dong 团队在超表面光学器件的基础原理与成像研究方面做了大量工作。他们对超表面透镜的相位调控原理进行了详尽的研究[69]，与北京航空航天大学的团队合作设计了应用于可见光波段显示的单层超表面透镜阵列[70]，为将集成成像技术应用于 HMD 等微显示设备做出了重要贡献。

8.6　全　息　显　示

8.6.1　基本原理

全息技术是目前唯一可以完整记录与还原波前的技术。传统光学全息成像使用的底片是光敏材料，如光学乳胶、光刻胶等光敏聚合物，一旦制作成型便无法修改，而且照相与还原的流程较为复杂，无法应用于动态的、实时的头戴显示。如今各种微纳光电调制器件发展迅速，LCoS、DMD 等器件已经可以用于动态地显示全息图像，为数字全息术奠定了基础。另外，由于计算机硬件与图形学算法的发展，全息图像的获取可以通过算法实现，拍摄全息图像的种种限制被打破，计算全息技术(CGH)由此诞生。CGH 与 SLM 相结合，使得将全息技术应用于 AR、VR 显示成为可能。

CGH 技术是全息显示的算法基础[71]。CGH 的计算流程大致包括三个模块：计算物光波前的复振幅分布、计算物光波前传播至全息平面的复振幅分布、计算物光波前与参考波前干涉后的条纹分布。其中，物光波前的计算是重中之重，最为复杂。计算物光波前的方法大致可分为两大类：基于 3D 模型计算与基于图像计算。

对于前者而言，计算物光波前的算法设计取决于模型的表示方法。其中，最简单的方法是扫描模型的表面，获得若干采样点，再将这些采样点视为光源计算全息平面上总的波前分布，这种方法被称为点云法[72]。我们知道，平面波照射圆孔后的菲涅耳衍射图样为若干明亮交替的同心圆环，使用计算机进行计算较为简单。但如果通过此方法计算 3D 模型的物光波前，则需要进行大量且密集的采样，否则再现时观察者会分辨出物体表面的采样点分布，从而使观察者的沉浸感降低，但庞大的计算量会严重影响物光波前计算的速度。

在传统计算机图形学领域，3D 模型通常被表示为若干顶点与多边形的组合。在这种模型描述方法下，可以将每个多边形视为衍射孔计算整个模型的物光波前分布，这种算法被称为面元法。由于简单的模型可以由数量较少的多边形表示，故其计算效率相比点云法有大幅的提高。但是，由于面元法计算时需要使用快速傅里叶变换，在计算高分辨率全息图时需要占用大量内存。

另一种基于 3D 模型的物光波前计算方法是，将物体在不同深度分层，得到图像在若干深度面之间的截面图，之后再将每个截面上的图像看作衍射孔，最终在全息平面计算各个截面物光波前的叠加，这种算法被称为层析法[73]。相比前两种算法，层析法的计算速度只与物体在主光轴方向上的厚度有关，与构成物体的多边形数目无关。对于厚度较小，且多边形数目较多的物体，使用层析法的计算速度高于面元法。层析法的缺点是，使用层析法计算的全息图默认观察方向是正视全息图，其可视角度较小，若从其他角度观察则会看到断层现象。要消除断层现象，则要增加截面数量，这一缺点使得层析法不适合计算较厚的物体或可视角度较大的全息图。此外，由于层析法中计算的截面图是通过传统图形学计算的平面图像，层析法计算的图形难以实现与观察方向相关的光照、遮蔽等图像效果的计算。

以上三种计算方法是基于 3D 模型的物光波前计算方法，它们的计算量都较为庞大。在实际应用中，尤其是 AR 领域，有时只需要在空间中某一深度显示平面图像，无须将其视为 3D 物体计算。这种计算被称为基于图像的 CGH 计算。此类计算中最基础的算法为 Gerchberg-Saxton 算法[74](简称 G-S 算法)。传统的平面图像只包含光强分布信息而不包含相位分布信息，G-S 算法的目标便是通过迭代计算恢复图像的相位。G-S 算法的流程为：①假设入射光的振幅为 1，相位 ϕ_s 随机分布，并将二者合成为入射波前的复振幅 U_s。②计算其经夫琅禾费衍射后的波前，并取其相位分布 ϕ_t。由于我们只关心 ϕ_t 的数值，这里可直接做傅里叶变换。③将得到的相位分布 ϕ_t 与目标图像 I 的振幅分布相乘，得到新的复振幅分布 U_t。④对 U_t 做夫琅禾费衍射的逆运算，得到新的相位分布 ϕ_s。同样地，这里将计算简化为傅里叶逆变换。⑤将 U_s 的相位分布更新为 ϕ_s。⑥重复②～⑤的过程，直至目标光场 U_t 达到设定的评价标准或达到迭代次数上限。通过使用 G-S 算法，可以较为方便地计算位于某一深度的平面图像的初始光场相位信息，从而得到相位全息图。

8.6.2　当前国内外进展

目前限制全息显示发展的因素有硬件和软件两方面。

首先，目前 SLM 的空间带宽积(space-bandwidth product，SBP)较小，无法实现高分辨率 CGH 的显示。空间带宽积是描述光学系统能提供信息量的物理量。对于二维系统，其值为光学系统空间面积与频域面积的乘积。对于平面 SLM，其 SBP 值即为器件的像素总数。要实现高分辨率 CGH 的显示，至少需要十亿数量级的像素数，对于现有的 SLM 来说尚不可实现。目前增加 SLM 空间带宽积的方式有以下几种。

(1) 在现有 SLM 面积不变的前提下通过改进微加工工艺或采用新的材料缩小像素尺寸，增大像素数量。截至作者写作时，LCoS-SLM 芯片的像素尺寸可达到 3μm 量级，例如，Holoeye 公司的 GAEA-2，分辨率可达 4160 × 2464，像素尺寸为 3.74μm，是目前世界上可购买的分辨率最高的 SLM。此外，超表面器件技术的发展使得将 SLM 像素尺寸缩小至光波长量级成为可能，但目前的超表面器件无法兼容现有光电显示器件的寻址方法，应用受到了限制。

(2) 通过时分复用技术增加等效像素数。这种方式对 SLM 的响应速度有较高的要求，目前这条技术路径以使用 DMD 芯片为主。DMD 芯片具有响应速度极快(刷新率可达30 kHz)的特点，目前在投影显示和光学信号处理中应用较多。波兰华沙工业大学的Chlipala 等[75]利用 DMD 和光栅，实现了高分辨率的彩色 CGH 显示，且实现了降噪效果。

(3) 通过拼接多个 SLM 组成阵列等技术增加可供使用的像素数量。要利用 SLM 阵列中的全部像素，需要对 SLM 阵列的驱动和基于 SLM 阵列的 CGH 算法进行进一步的优化，这是目前此方向重点研究的问题。目前已有使用由 24 片 SLM 组成的 SLM 阵列实现高质量全息显示的报道[76]。但是，由于将多个 SLM 拼接会显著增加 SLM 的总面积，此方法不适合用于近眼全息显示。

其次，全息图像显示的光源也存在着一些限制[77]。由全息术的基础原理可知，显示全息图像需要使用相干光。但是，相干光照明会产生散斑噪声，影响图像质量。散斑噪声是由于相干光经表面反射后发生干涉，从而产生的图像噪声。散斑噪声是全息图像噪声的主要来源。

要消除散斑噪声，就要削弱光源的相干性。光的相干性又可以分为时间相干性与空间相干性，通过削弱二者中的一个，便可以在确保通过干涉生成全息图像的同时有效地抑制散斑噪声的产生。使用高空间相干性光源的全息技术称为低相干全息(low-coherent holography)，使用高时间相干性光源的全息技术称为非相干全息(incoherent holography)[78]。其中，较为典型的技术为 1972 年由美国弗吉尼亚理工大学的 Poon 提出的光学扫描全息技术[79](optical scanning holography，OSH)与 2007 年由美国约翰·霍普金斯大学的 Rosen 等提出的菲涅耳非相干互相关全息技术[80](Fresnel incoherent correlation holography，FINCH)。OSH 运用外差法记录与参考波前频率不同的物光波前信号，FINCH 使用偏振光学元件使入射参考波前与物光波前在同一光路内发生干涉，进而记录物光波前信息。对于这一领域的研究有待进一步深入。

此外，计算 CGH 的计算机硬件算力需要提升。CGH 的计算需要大量的算力与存储空间。图像处理单元(GPU)被发明的初始目的是加速图像渲染，由于其较强的并行计算能力，后来被广泛应用于计算加速领域。使用 GPU 或 GPU 集群计算 CGH 是目前渲染 CGH 图像的重要方法之一[81]。此外，为 CGH 图像计算设计专用的计算硬件，如 FPGA 等也可以显著提升计算效率，避免通用计算设备的性能冗余[82]。日本千叶大学的 Ichihashi 等基于 FPGA 设计的 HORN 系列 CGH 计算卡具有极高的计算性能[83]。

在算法方面，基于 3D 模型的三类算法目前都有较大程度的优化[71]。点云法的缺点在于计算形式简单而效率较低。通过预先计算并存储每个深度所在点在全息平面上对应的衍射图样可以大幅提升计算速度，这一方法被称为查表(look-up table，LUT)法。使用 LUT 法在快速计算的同时，会对计算机内存带来极大的压力。针对这一问题，韩国光云大学的 Kim 等提出了 N-LUT 方法[84]，仅存储位于某一深度采样点中心位置在全息平面上对应的衍射图像，通过平移方法得到该深度其他点的衍射图像。在此基础上，清华大学的 Yang 等与中国人民解放军空军工程大学的 Zhang 等根据圆孔衍射图样具有中心对称型的特点提出了 N-LUT 的优化算法——线列扫描方法[85](line-scan method)，大幅减小了使用 LUT 方法所需的内存。此外，新加坡科技研究局的 Pan 等提出了 S-LUT 方法[86]，在傍轴条件下将菲涅耳积分做近似处理后裂项，使得 N-LUT 方法的内存占用由 $DBMN$ 降至 $2DB(M+N)$，其中 D 为深度数量，B 为每个像素保存的复振幅数据，M、N 分别为衍射图样横向和纵向的像素数目。此外，LUT 算法可以较为方便地改为并行计算，并应用于 FPGA 阵列、GPU 阵列等运算设备，从而大幅提高计算速度，乃至达到即时渲染。面元法的缺点在于频繁的 FFT 运算会降低全息图像的计算效率，以及大量的内存占用。德国马克斯-普朗克研究所的 Ahrenberg 等[87]提出了与数值模拟计算方法完全不同的分析计算方法。面元分析计算需要将 3D 模型用三角面表示，首先计算基准三角形的频域图像，之后将基准三角形通过仿射变换映射到模型上需要计算的位置，并将这一变换映射至频域，最终将模型上所有三角形的频谱叠加，得到最终的物光波前。在面元分析计算中，仅需要一次傅里叶变换，且无须对面元采样，精度损失较少，大幅提高了计算效率并减小了内存占用。但分析方法无法实现纹理、实时光照等效果，这些问题仍有待解决。层析法方面，英国剑桥大学的 Chen 等[88]提出了多视角层析计算方法，可以一定程度上解决原始层析法可视角度较窄的问题。Chen 等[89]还将点云法与层析法相结合，缓解了视角偏移时的断层问题。对于提升层析法的计算速度与降低内存占用，韩国科学技术研究院的 Kim 等[90]将稀疏矩阵与稀疏 FFT 算法应用到层析法中，避免层析法截面图中大量 0 值像素带来的性能损耗。除以上三类计算完整全息图像的算法，其他的简化全息图算法，如多视角投影法、基于光线追踪的波前重构法、仅包含横向视差的全息图像算法等虽无法生成完整的原始光场信息，但可以大幅降低算法的复杂度，在特定环境中仍能得到令人满意的效果。针对基于图像的 CGH 计算，原始 G-S 算法的描述较为简单，但计算速度较慢，且得到的图像噪点较多，质量较差。美国北卡罗来纳大学的 Chakravarthula、斯坦福大学的 Peng 等[91]通过 Wirtinger 全息算法大幅度地提升了相位还原的准确度，可以得到高清晰度的 CGH 再现图像。除以上算法，通过机器学习方法也可以大幅提升基于图像的 CGH 的计算速度与图像质量。斯坦福大学的 Peng 等[92]编写的全息计算程序使用物理搭建的 Camera-in-the-Loop 系统采集每次迭代的光场振幅分布，并将其作为数据集训练神经网络，实现了高信噪比、高清晰度的平面图像 CGH 的即时渲染。

尽管目前的数字全息硬件与算法均已有了大幅的发展，目前将数字全息技术实际应用于头戴显示仍存在着许多难以克服的困难，如超高集成度 SLM 的制作、矢量衍射的数值计算等，需要未来进一步的研究。

8.7 视网膜投影头戴显示

8.7.1 基本原理

在前面立体显示技术讨论中，将人眼作为图像的接收端，主要设计成像装置与光路。如果从人眼的视觉机制出发，便可以找到另一条解决 VAC 问题的技术路线。Maxwellian View 是 Westheimer 于 1966 年提出的一种基于几何光学的人眼成像模型[93]。正常情况下，人眼的成像光路与照相机类似，如图 8-15 所示，外界光线经角膜和晶状体作用，最终在视网膜上会聚成像。Maxwellian View 的成像光路如图 8-16 所示，它利用了经过光学系统主点的光线传播方向不变的性质，将图像通过一系列光学元件处理后聚焦在瞳孔，之后在视网膜上成像。这个过程中没有晶状体的作用，从而避免了 VAC 的产生。基于 Maxwellian View 设计的近眼显示技术被称为视网膜投影技术。通过此技术，投射到观察者视网膜上的像在眼睛变焦的过程中可以一直保持清晰，且不会产生生理不适，从而实现高质量的近眼显示。

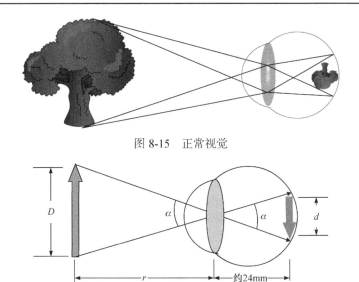

图 8-15　正常视觉

图 8-16　视网膜投影

8.7.2　当前国内外进展

视网膜投影技术目前存在一些问题。例如：①由于视网膜投影系统需要将图像聚焦于瞳孔处，必然会造成眼盒尺寸较小。②使用者佩戴头戴式显示器时头部的晃动会带动显示器，使眼盒区域不稳定。此外，人眼注视点的跳动也会使瞳孔移出视网膜投影系统的眼盒区域。③不同使用者的瞳孔间距、瞳孔大小与出瞳距不同，无法为每名使用者量身定制视网膜投影系统的参数。目前，这一系列问题使得视网膜投影技术难以实用化。增大视网膜投影的眼盒尺寸与适用范围是其重要的研究方向。

针对以上几种非理想情况，目前学界提出了多种解决方案。在这些方案中，瞳孔追踪技术是关键的一环。较为简单的瞳孔追踪技术是使用照相机对眼球图像进行实时捕捉，之后使用图像处理方法寻找虹膜的位置，其圆心便是瞳孔的位置。使用瞳孔追踪技术，加之对图像位置的调整，便可以实现视网膜投影设备眼盒尺寸的扩展。2017 年，首尔大学的 Jang 等[94]通过瞳孔追踪相机与配套的光场计算模块实现了高质量的视网膜投影立体显示。

2018 年，韩国科学技术院的 Lee 等使用了 HOE 和液体变焦透镜的组合，通过液体镜头的变焦改变入射至 HOE 后再现的图像，大幅减少了光学系统整体的尺寸与重量[95]。2019年，土耳其克奇大学的 Hedili 等设计了一种基于 LED 背光源阵列的时分复用视网膜投影显示器[96]。这种显示器的时分复用原理是，当背光源不同位置的 LED 灯珠发光时，光线的聚焦点会发生改变。加以瞳孔追踪相机的辅助，这套系统可以以更高的效率运行。这种方式对显示器件的刷新率与瞳孔追踪的速度提出了较高的要求。2020 年，美国中佛罗里达大学与中国湖南大学的 Lin 等[97]使用了液晶层与 PB 相位致偏器①。通过调节图像光

---

① 在描述普通波片的性质时使用的是两个线偏振态组成的正交基，而描述 PB 相位时需要使用两个圆偏振态组成的正交基。这种正交基的转换可以利用琼斯矩阵以线性代数理论描述，此类偏振器件被称为 PB 光学器件(PBOE)。本书对此不作过多展开，详细的内容可参考文献[98]。

波的偏振态调节其偏转角度，从而实现图像投影的偏移。总而言之，目前视网膜投影系统的关键难题是如何在增大眼盒尺寸的同时使光学系统更加紧凑且轻量化。

参 考 文 献

[1] SUTHERLAND I E. A head-mounted three dimensional display[C]. Proceedings of the december 9-11, 1968, fall joint computer conference, part I. San Francisco, 1968: 757-764.

[2] WHEELWRIGHT B, SULAI Y, GENG Y, et al. Field of view: not just a number[C]. SPIE photonics Europe. Strasbourg, 2018, 10676: 1067604.

[3] CHEN F, CHEN J, HUANG F. Precise evaluation of LCD gray-to-gray response time based on a reference pattern synchronous measurement using high speed charge-coupled device camera [J]. Journal of the society for information display, 2014, 22(8): 429-436.

[4] IGARASHI Y, YAMAMOTO T, TANAKA Y, et al. 43.3: summary of moving picture response time (MPRT)and futures [J]. Journal of the society for information display, 2004, 35(1): 1262.

[5] LEE Y H, HE Z, WU S T. Optical properties of reflective liquid crystal polarization volume gratings [J]. Journal of the optical society of america B, 2019, 36(5): D9.

[6] LEE Y H, ZHAN T, WU S T. Prospects and challenges in augmented reality displays [J]. Virtual reality & intelligent hardware, 2019, 1(1): 10-20.

[7] ZHAN T, YIN K, XIONG J, et al. Augmented reality and virtual reality displays: perspectives and challenges [J]. iScience, 2020, 23(8): 101397.

[8] HAAS G. Microdisplays for augmented and virtual reality[J]. Journal of the society for information display, 2018, 49(1): 506-509.

[9] QUESNEL E, LAGRANGE A, VIGIER M, et al. Dimensioning a full color LED microdisplay for augmented reality headset in a very bright environment [J]. Journal of the society for information display, 2020, 29(1): 3-16.

[10] LIN J Y, JIANG H X. Development of microLED [J]. Applied physics letters, 2020, 116(10): 100502.

[11] GAO K, MCGINTY C, PAYSON H, et al. High-efficiency large-angle Pancharatnam phase deflector based on dual-twist design [J]. Optics express, 2017, 25(6): 6283-6293.

[12] KRESS B C, CUMMINGS W J. Towards the ultimate mixed reality experience: holoLens display architecture choices [J]. Journal of the society for information display, 2017, 48(1): 127-131.

[13] KRESS B, SHIN M. Diffractive and holographic optics as optical combiners in head mounted displays [C]. Proceedings of the 2013 ACM conference on pervasive and ubiquitous computing adjunct publication. Zurich, 2013: 1479-1482.

[14] GENG Y, GOLLIER J, WHEELWRIGHT B, et al. Viewing optics for immersive near-eye displays: pupil swim/size and weight/stray light[C]. SPIE photonics Europe. Strasbourg, 2018: 1067606.

[15] WONG T, YUN Z, AMBUR G, et al. Folded optics with birefringent reflective polarizers[C]. SPIE digital optical technologies. Munich, 2017, 10335: 84-90.

[16] RUSSA L, ANTHONY J. Image-forming apparatus: US 3940203 [P]. 1976-02-24.

[17] CAKMAKCI O, QIN Y, BOSEL P, et al. Holographic pancake optics for thin and lightweight optical see-through augmented reality [J]. Optics express, 2021, 29(22): 35206-35215.

[18] WEI L, LI Y, JING J, et al. Design and fabrication of a compact off-axis see-through head-mounted display using a freeform surface [J]. Optics express, 2018, 26(7): 8550-8565.

[19] PARK S G. Augmented and mixed reality optical see-through combiners based on plastic optics[J]. Information display, 2021, 37(4): 6-11.

[20] MOHARAM M G, GAYLORD T K, POMMET D A, et al. Stable implementation of the rigorous coupled-wave analysis for surface-relief gratings: enhanced transmittance matrix approach [J]. Journal of the optical society of America A, 1995, 12(5): 1077.

[21] WALDERN J D, GRANT A J, POPOVICH M M. DigiLens AR HUD waveguide technology [J]. Journal of the society for information display, 2018, 49(1): 204-207.

[22] BROWN R D, GRANT A J, HENDRICK W L, et al. Transparent waveguide display: US 9933684 B2 [P]. 2018-04-03.

[23] SARAYEDDINE K, MIRZA K. Key challenges to affordable see-through wearable displays: the missing link for mobile AR mass deployment [C]. SPIE defense, security, and sensing. Baltimore, 2013: 87200D.

[24] WANG Q, CHENG D, HOU Q, et al. Stray light and tolerance analysis of an ultrathin waveguide display [J]. Applied optics, 2015, 54(28): 8354-8362.

[25] CHENG D, WANG Y, XU C, et al. Design of an ultra-thin near-eye display with geometrical waveguide and freeform optics [J]. Optics express, 2014, 22(17): 20705-20719.

[26] FROMMER A. Lumus optical technology for AR [J]. Journal of the society for information display, 2017, 48(1): 134-135.

[27] RYU J, MURAVEV N, PISKUNOV D, et al. Lightguide with stair micromirror structure for augmented reality glasses[J]. Journal of the society for information display, 2017, 48(1): 771-774.

[28] SPRENGARD R, SJOGREN B, NASS P, et al. 10-3: high refractive index glass wafers for augmented reality devices using waveguide technology: recent advances in control of quality parameters and their correlation with device properties [J]. Journal of the society for information display, 2019, 50(1): 116-120.

[29] MASUNO A, IWATA T, YANABA Y, et al. High refractive index La-rich lanthanum borate glasses composed of isolated BO_3 units [J]. Dalton transactions, 2019, 48(29): 10804-10811.

[30] KRESS B C. Optical architectures for augmented-, virtual-, and mixed-reality headsets[M]. Bellingham: SPIE PRESS, 2020.

[31] CHEN Y T, CHOU P Y, QIN Z, et al. Directly see-through AR HMD based on light field technology with LC MLA [J]. Journal of the society for information display, 2019, 50: 1034-1037.

[32] WILSON A, HUA H. Design and prototype of an augmented reality display with per-pixel mutual occlusion capability[J]. Optics express, 2017, 25(24): 30539-30549.

[33] SUYAMA S, OHTSUKA S, TAKADA H, et al. Apparent 3-D image perceived from luminance-modulated two 2-D images displayed at different depths [J]. Vision research, 2004, 44(8): 785-793.

[34] LIU S, HUA H. A systematic method for designing depth-fused multi-focal plane three-dimensional displays [J]. Optics express, 2010, 18(11): 11562-11573.

[35] MACKENZIE K, DICKSON R A, WATT S J. Vergence and accommodation to multiple-image-plane stereoscopic displays: 'Real world' responses with practical image-plane separations? [J]. IS&T/SPIE electronic imaging stereoscopic displays and applications XXII, 2011-01-23, San Francisco airport. California, 2011: 786315.

[36] NARAIN R, ALBERT R A, BULBUL A, et al. Optimal presentation of imagery with focus cues on multi-plane displays [J]. ACM transactions on graphics, 2015, 34(4): 1-12.

[37] WINZER P J. Modulation and multiplexing in optical communications[C]. Conference on lasers and electro-optics/international quantum electronics conference. Baltimore, 2009: CTuL3.

[38] LEE C, DIVERDI S, HOLLERER T. Depth-fused 3D imagery on an immaterial display [J]. IEEE transactions on visualization and computer graphics, 2009, 15(1): 20-33.

[39] AKELEY K, WATT S J, GIRSHICK A R, et al. A stereo display prototype with multiple focal distances [J]. ACM transactions on graphics, 2004, 23(3): 804-813.

[40] CHENG D, WANG Q, WANG Y, et al. Lightweight spatial-multiplexed dual focal-plane head-mounted display using two freeformprisms [J]. Chinese optics letters, 2013, 11(3): 031201.

[41] CUI W, GAO L. Optical mapping near-eye three-dimensional display with correct focus cues [J]. Optics letters, 2017, 42(13): 2475-2478.

[42] SUGIHARA T, MIYASATO T. System development of fatigue-less HMD system 3DDAC(3D display with accommodative compensation): system implementation of Mk.4 in light-weight HMD [J]. ITE technical report, 1998, 22: 33-36.

[43] SHIBATA T, KAWAI T, OHTA K, et al. Stereoscopic 3-D display with optical correction for the reduction of the discrepancy between accommodation and convergence [J]. Journal of the society for information display-J SOC INF DISP, 2005, 13: 665-671.

[44] LEE Y H, PENG F, WU S T. Fast-response switchable lens for 3D and wearable displays [J]. Optics express, 2016, 24(2): 1668-1675.

[45] ZHAN T, ZOU J, LU M, et al. Wavelength-multiplexed multi-focal-plane seethrough near-eye displays [J]. Optics express, 2019, 27(20): 27507-27513.

[46] LIU S, CHENG D, HUA H. An optical see-through head mounted display with addressable focal planes [C]. Proceedings of the 7th IEEE/ACM international symposium on mixed and augmented reality. 2008: 33-42.

[47] CHANG J H R, KUMAR B V K V, SANKARANARAYANAN A C. Towards multifocal displays with dense focal stacks [J]. ACM transactions on graphics, 2019, 37(6): 1-13.

[48] LEE S, JO Y, YOO D, et al. Tomographic near-eye displays [J]. Nature communication, 2019, 10(1): 2497.

[49] ALVAREZ L W. Two-element variable-power spherical lens: US 3305294 [P]. 1967-02-21.

[50] LOHMANN A W. A new class of varifocal lenses [J]. Applied optics, 1970, 9(7): 1669-1671.

[51] BARBERO S. The alvarez and lohmann refractive lenses revisited [J]. Optics express, 2009, 17(11): 9376-9390.

[52] WILSON A, HUA H. Design and demonstration of a vari-focal optical see-through head-mounted display using freeform Alvarez lenses [J]. Optics express, 2019, 27(11): 15627-15637.

[53] BAWART M, JESACHER A, ZELGER P, et al. Modified Alvarez lens for high-speed focusing [J]. Optics express, 2017, 25(24): 29847-29855.

[54] COLBURN S, ZHAN A, MAJUMDAR A. Varifocal zoom imaging with large area focal length adjustable metalenses [J]. Optica, 2018, 5(7): 825.

[55] DUCHOWSKI A T, HOUSE D H, GESTRING J, et al. Reducing visual discomfort of 3D stereoscopic displays with gaze-contingent depth-of-field [C]. Proceedings of the ACM symposium on applied perception. Vancouver, 2014: 39-46.

[56] ADELSON E H, BERGEN J R. The plenoptic function and the elements of early vision [M]// Computational models of visual processing. Cambridge: MIT Press, 1991: 3-20.

[57] LEVOY M, HANRAHAN P. Light field rendering [C]. Proceedings of the 23rd annual conference on computer graphics and interactive techniques. New York, 1996: 31-42.

[58] QIN Z, ZHANG Y, YANG B R. Interaction between sampled rays'defocusing and number on accommodative response in integral imaging near-eye light field displays [J]. Optics express, 2021, 29(5): 7342-7360.

[59] LANMAN D, HIRSCH M, KIM Y, et al. Content-adaptive parallax barriers: optimizing dual-layer 3D displays using low-rank light field factorization [J]. ACM transactions on graphics, 2010, 29(6): 163.

[60] XIA X, ZHANG X, ZHANG L, et al. Time-multiplexed multi-view three-dimensional display with projector array and steering screen [J]. Optics express, 2018, 26(12): 15528-15538.

[61] WETZSTEIN G, LANMAN D, HIRSCH M, et al. Tensor displays [J]. ACM transactions on graphics, 2012, 31(4): 1-11.

[62] WATANABE H, OKAICHI N, OMURA T, et al. Aktina vision: full-parallax three-dimensional display with 100 million light rays [J]. Scientific reports, 2019, 9(1): 17688.

[63] LANMAN D, LUEBKE D. Near-eye light field displays [J]. ACM transactions on graphics, 2013, 32(6): 1-10.

[64] STERN A, YITZHAKY Y, JAVIDI B. Perceivable light fields: matching the requirements between the human visual system and autostereoscopic 3-D displays [J]. Proceedings of the IEEE, 2014, 102(10): 1571-1587.

[65] HUA H, JAVIDI B. A 3D integral imaging optical see-through head-mounted display [J]. Optics express, 2014, 22: 13484-13491.

[66] HUANG H, HUA H. Systematic characterization and optimization of 3D light field displays [J]. Optics express, 2017, 25(16): 18508-18525.

[67] QIN Z, CHOU P Y, WU J Y, et al. Image formation modeling and analysis of near‐eye light field displays [J]. Journal of the society for information display, 2019, 27: 238-250.

[68] WATANABE Y, KAKEYA H. Time-division and color multiplexing light-field display using liquid-crystal display panels to induce focal accommodation [J]. Applied optics, 2021, 60(7): 1966-1972.

[69] ZHAO M, CHEN M K, ZHUANG Z P, et al. Phase characterisation of metalenses [J]. Light: science & applications, 2021, 10(1): 52.

[70] FAN Z B, QIU H Y, ZHANG H L, et al. A broadband achromatic metalens array for integral imaging in the visible [J]. Light: science & applications, 2019, 8(1): 67.

[71] SAHIN E, STOYKOVA E, MÄKINEN J, et al. Computer-generated holograms for 3D imaging [J]. ACM computing surveys, 2020, 53(2): 1-35.

[72] TSANG P W M, POON T C, WU Y M. Review of fast methods for point-based computer-generated holography [Invited] [J]. Photonics research, 2018, 6(9): 837.

[73] BAYRAKTAR M, OZCAN M. Method to calculate the far field of three-dimensional objects for computer-generated holography [J]. Applied optics, 2010, 49(24): 4647-4654.

[74] GERCHBERG R W, SAXTON W O. A practical algorithm for the determination of phase from image and diffraction plane pictures [J]. Optik, 1972, 35: 237-246.

[75] CHLIPALA M, KOZACKI T. Color LED DMD holographic display with high resolution across large depth [J]. Optics letters, 2019, 44(17): 4255-4258.

[76] LUM Z M, LIANG X, PAN Y, et al. Increasing pixel count of holograms for three-dimensional holographic display by optical scan-tiling [J]. Optical engineering, 2013, 52(1): 015802.

[77] DENG Y, CHU D. Coherence properties of different light sources and their effect on the image sharpness and speckle of holographic displays [J]. Scientific reports, 2017, 7(1): 5893.

[78] LIU J P, TAHARA T, HAYASAKI Y, et al. Incoherent digital holography: a review [J]. Applied sciences, 2018, 8(1): 143.

[79] POON T C. Optical scanning holography with MATLAB[M]. New York: Springer, 2007.

[80] ROSEN J, BROOKER G. Digital spatially incoherent Fresnel holography [J]. Optics letters, 2007, 32(8): 912-914.

[81] BABA T, WATANABE S, JACKIN B J, et al. Data distribution method for fast giga-scale hologram generation on a multi-GPU cluster [C]. Proceedings of the 2018 workshop on advanced tools, programming languages, and platforms for implementing and evaluating algorithms for distributed systems. Egham, 2018: 37-40.

[82] SEO Y H, CHOI H J, KIM D W. High-performance CGH processor for real-time digital holography [C]. Digital holography and three-dimensional imaging. St. Petersburg, 2008: JMA9.

[83] ICHIHASHI Y, NAKAYAMA H, ITO T, et al. HORN-6 special-purpose clustered computing system for electroholography [J]. Optics express, 2009, 17(16): 13895-13903.

[84] KIM S C, KIM E S. Effective generation of digital holograms of three-dimensional objects using a novel look-up table method [J]. Applied optics, 2008, 47(19): D55-D62.

[85] YANG Z, FAN Q, ZHANG Y, et al. A new method for producing computer generated holograms [J]. Journal of optics, 2012, 14(9): 095702.

[86] PAN Y, XU X, SOLANKI S, et al. Fast CGH computation using S-LUT on GPU [J]. Optics express, 2009, 17(21): 18543-18555.

[87] AHRENBERG L, BENZIE P, MAGNOR M, et al. Computer generated holograms from three dimensional meshes using an analytic light transport model [J]. Applied optics, 2008, 47(10): 1567-1574.

[88] CHEN J S, CHU D P, SMITHWICK Q. Rapid hologram generation utilizing layer-based approach and graphic rendering for realistic three-dimensional image reconstruction by angular tiling [J]. Journal of electronic imaging, 2014, 23(2): 023016.

[89] CHEN J S, CHU D P. Improved layer-based method for rapid hologram generation and real-time interactive holographic display applications [J]. Optics express, 2015, 23(14): 18143-18155.

[90] KIM H G, MAN R Y. Ultrafast layer based computer-generated hologram calculation with sparse template holographic fringe pattern for 3-D object [J]. Optics express, 2017, 25(24): 30418-30427.

[91] CHAKRAVARTHULA P, PENG Y, KOLLIN J, et al. Wirtinger holography for near-eye displays [J]. ACM transactions on graphics, 2019, 38(6): 1-13.

[92] PENG Y, CHOI S, PADMANABAN N, et al. Neural holography with camera-in-the-loop training [J]. ACM transactions on graphics, 2020, 39(6): 185.

[93] WESTHEIMER G. The maxwellian view [J]. Vision research, 1966, 6(11-12): 669-682.

[94] JANG C, BANG K, MOON S, et al. Retinal 3D: augmented reality near-eye display via pupil-tracked light field projection on retina [J]. ACM transactions on graphics, 2017, 36(6): 1-13.

[95] LEE J S, KIM Y K, WON Y H. See-through display combined with holographic display and Maxwellian display using switchable holographic optical element based on liquid lens [J]. Optics express, 2018, 26(15): 19341-19355.

[96] HEDILI M K, SONER B, ULUSOY E, et al. Light-efficient augmented reality display with steerable eyebox [J]. Optics express, 2019, 27(9): 12572-12581.

[97] LIN T, ZHAN T, ZOU J, et al. Maxwellian near-eye display with an expanded eyebox [J]. Optics express, 2020, 28(26): 38616-38625.

[98] ZHENG S Q, LI Y, LIN Q G, et al. Experimental realization to efficiently sort vector beams by polarization topological charge via Pancharatnam-Berry phase modulation [J]. Photonics research, 2018, 6(5): 385-389.

第9章 可穿戴光电显示的新材料与应用

可穿戴电子/光子学对人们日常生活各个方面产生重大的变革性影响，例如，元宇宙空间、智能医疗监测、环境感知、假肢操控、直觉式人机交互等。下一代可穿戴电子和光子学正快速地向更无感、更直觉的人机交互模式推进。在第8章介绍了可穿"戴"显示器件——头戴式显示器件，本章将介绍可"穿"戴显示器件，包含可拉伸显示、织物显示以及适合大量且低成本制造的印刷显示工艺等的最新进展。

9.1 可拉伸显示

9.1.1 可拉伸显示技术的发展现状和相关应用

为了真正地实现解放双手，可穿戴显示需要把大量电子与光电子器件整合在穿着的衣服上，因此需要更注重穿戴的舒适性，并且可拉伸的特性变成了显示屏可以穿戴舒适的重要因素。但传统的刚性显示器以及柔性显示器要能进化到可拉伸，仍有许多的困难需要克服。现有的可弯曲/可折叠显示器在特殊表面的贴附性表现欠佳：可弯曲/可折叠显示器能够适应贴附表面发生一定的形变，但仍不能承受长期形变中贴附面积变化导致的应力老化与器件失效。

可穿戴设备要求良好的人体兼容性、贴附性，也对柔性显示技术所使用的材料、结构及工艺提出了新的要求和挑战：一是显示屏能紧密贴附人体皮肤且舒适无害；二是显示屏能贴附于人体关节等活动部位，并随着部位活动而调节自身的显示效果。而目前柔性显示中的可弯折/卷曲显示器都无法满足这些需求。为了使显示器能适应复杂多变的表面并实现更好的贴附，柔性显示器还需要具备可拉伸的性质：通过显示器的相对拉伸来适应曲面或是形变表面，保持贴附面积一致，从而缓解应力给显示器件带来的影响。

"可拉伸"将是未来显示的主流。根据LG公司与三星公司在SID显示年会所公开的资料，可拉伸屏幕如同橡皮筋一样，具有弹性，形态自由，伸缩时画面不发生变形或扭曲。与已商用的可弯曲、可折叠等柔性显示屏相比，可拉伸屏幕的应用将具有更大的自由度和发挥空间，如用于智能设备、飞机和汽车显示，可穿戴电子产品等领域。据了解，目前除了LG公司外，苹果公司、三星公司已经申请多项拉伸显示的专利，国内企业京东方、TCL、天马、华为等公司也在积极研究可拉伸显示。本节将从可拉伸显示技术的进展开始介绍，并进一步讨论关键部件如可拉伸电极、各部件间的可拉伸互联结构以及TFT的可拉伸显示实现方法。

9.1.2 可拉伸电极材料

拉伸对刚性材料结构的破坏主要是因为材料自身无法承受拉伸带来的巨大应力而发

生断裂。刚性材料比弹性体材料的杨氏模量低几个数量级，这意味着拉伸刚性材料会产生巨大的内部应力，易发生断裂。

在显示领域，传统的透明导电材料为 ITO，其具有高导电性和透光性，能够满足刚性基板的透明导电薄膜需求。但是 ITO 的发展存在局限性，铟是自然界中存储量最低的稀有金属之一，成本较高。ITO 材料使用蒸镀工艺，存在材料浪费多，大尺寸成本压力大等一系列问题，因此目前有许多种替代材料正在被研究。替代材料不仅需要具有类似 ITO 的高导电性和高透光性，而且需要兼容柔性基底，才能制备柔性透明导电薄膜。如表 9-1 所示，现今最有潜力的替代材料除了已进入实用化阶段的纳米银线，还包括石墨烯、碳纳米管和导电聚合物等。其中，碳基材料石墨烯、碳纳米管具备良好的电学性能，与其他替代者相比，其拥有突出的化学稳定性、良好的基底贴合性、优异的机械柔性。导电聚合物能够应用溶液态印刷制程，生产成本低，兼容卷对卷制程，但是其电导率低，较难应用到实际显示产品当中。

表 9-1 几种导电材料的对比

项目	ITO	纳米银线	石墨烯	碳纳米管	导电聚合物
导电性	中	高	较低	较低	较低
透光性	中	高	中	高	中
弯曲性	低	高	高	高	高
生产成本	中	低	高	高	低
稳定性	中	较高	高	高	中
加工要求	真空高温	液态印刷制程	真空有毒	真空有毒	液态印刷制程

以纳米银线为代表的一维金属纳米材料因为能沿着特定方向定向运输电子而被看作理想的材料，其具有极高的导电性、柔韧性，并且具有纳米材料的小尺寸效应，能够承受在可拉伸电子学领域的大变形，如弯曲、扭转和折叠，诸多优异性质使得纳米银线在柔性和可拉伸电极的制备中得到了广泛的应用。它可以应用溶液态印刷制程来制备，生产效率高，并且可兼容卷对卷制程。而且纳米银原材料来源广泛、原料价格低廉，适合大规模工业化生产。不过纳米银线薄膜存在雾度大的问题，这意味着纳米银线的薄膜透明度和成像度较低，在室外场景光线照射的情况下会看不清屏幕。但随着工艺的改进，纳米银线的直径已下降至 30nm 以下，雾度问题已显著降低，性能已经接近 ITO 材料。总的来说，纳米银线相对于其他柔性材料，其性能更为全面，是制备柔性透明导电薄膜的理想材料，也是目前最有希望应用于可拉伸显示的材料之一。

导电性聚合物是一种可以自行导电或相互掺杂的聚合物材料，它结合了传统聚合物的物理特性和金属或半导体材料的独特电子特性，在能量转换和存储、传感器和生物医学器件方面具有广阔的应用前景。特别是许多导电聚合物及其复合材料被用于为下一代柔性器件制备可拉伸电极。导电聚合物通常由许多小的共价键和共价键连接形成共轭结构。当施加电压时，导电聚合物中的载流子的自由电子或空穴在分子内部定向流动以产生电流。常见的导电聚合物有 P3HT(一种 3-己基噻吩的聚合物)、PANI(聚苯胺)、

PEDOT:PSS(一种高分子聚合物水溶液，其中 PEDOT 是 EDOT 的聚合物、PSS 是聚苯乙烯磺酸盐)，PPy(聚吡咯)以及它们的衍生物。

9.1.3　可拉伸互联结构

近年来，可拉伸材料技术发展迅速，在前人不断的研究中，一些材料的拉伸率不断提高并且已经能应用在现实产品中，但是其电学性能仍然不及无机半导体所制的器件，这成为它暂时难以攻破的难题。因此，科学家致力于使传统无机显示器件具备柔性和可拉伸性，基于结构设计，通过制造特殊的互联结构以及采用柔性基底来实现可拉伸。这不仅保留了无机半导体材料器件的优越物理性质，同时在生产中可以采用传统的加工工艺从而降低生产成本。本节主要介绍的是目前的重点研究方向：预拉伸结构和岛桥结构。

1. 预拉伸结构

为了避免拉伸导致的材料断裂，预拉伸结构是常用的方式之一：先对衬底进行预拉伸，保持拉伸状态，在衬底上制备需要的材料与结构，制备完成后释放拉伸的衬底。此时，拉伸衬底上的材料会因为衬底收缩而形成褶皱结构。如图 9-1(a)所示，当衬底再次被拉伸时，可伸展的褶皱结构能避免材料断裂。本质上，预拉伸结构通过褶皱中堆积的过量材料来覆盖因拉伸而增加的衬底面积，从而减小材料的实际拉伸比例，避免材料发生断裂。预拉伸结构简单易行，能保护材料或结构在预拉伸范围内基本不受影响。但其不足也比较明显：图 9-1(b)显示出该方法对于预拉伸范围外的大拉伸几乎没有保护效果。然而，更大程度的预拉伸会导致材料褶皱程度变大，同样不利于材料的稳定性；此外，褶皱使得材料表面起伏较大，不利于后续制备各类平面器件和结构。

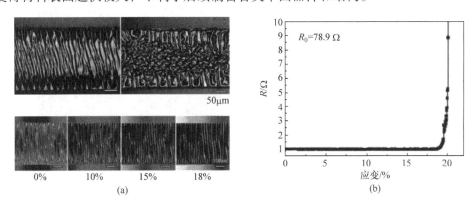

图 9-1　预拉伸银浆走线电极形貌及其互联电阻随拉伸的变化[1]

韩国首尔大学的 Lee 等[1]使用的褶皱银浆走线电极就是典型的预拉伸结构。文献中预先将 PDMS 弹性衬底拉伸至 20%，再通过喷墨打印的方式将银浆在预拉伸衬底上形成走线电极，待银浆干燥固化后释放拉伸衬底，银浆会由于衬底收缩形成褶皱结构。PDMS 衬底再次拉伸时，褶皱的银浆层将会伸展并保持走线电极整体电阻基本不变。从文献数据来看，预拉伸结构能在预拉伸范围内保持电阻基本不变，但对于超过预拉伸程度的耐受度较差。由于预拉伸结构最大应变只能达到 20%左右，为了获得比它更大的柔性以及可拉伸性，科学家研究得出新的岛桥结构。

2. 岛桥结构

可拉伸显示中，显示器件包括发光器件以及驱动器件，结构复杂，因此极容易在拉伸中被应力破坏。从目前来看，本征可拉伸器件所需要的各种可拉伸材料的研究进展不甚理想，因此如何避免关键的显示器件结构被破坏是相关研究中的重点。在这一思路指导下，岛桥结构被提出，其核心在于软硬结合：硬质的岛结构上制备关键显示器件结构，各个岛之间用可拉伸的桥结构来连接。在软硬结合的岛桥结构中，材料的拉伸及其产生的应力倾向于集中在较软的桥结构上，硬质岛结构所承受的应力很小。通过这个原理，岛桥结构能很好地保护关键显示器件，成为目前最为主流的拉伸显示方案。但另一方面，因为软质桥结构承受了更大的应力，也需要其他方式来保护连接器件的走线结构。以蛇形图案为代表的分形结构也可以减少外界拉伸对材料的破坏。其原理与预拉伸相似，也是通过增加材料的实际面积来减小材料的实际拉伸比例。在实际应用中，岛桥结构通常与其他技术相结合使用，例如，预拉伸和分形结构等。

2019 年，Feng 等[2]制备的可拉伸 LED 显示阵列就是典型的利用岛桥结构制备可拉伸显示器件的例子：通过光刻铝箔获得图案化的蛇形电极，以聚二甲基硅氧烷(PDMS)作为器件和走线的承接衬底，在贴合 LED 器件后，用具有本征拉伸性的 PDMS 整体封装，形成软硬结合的 PDMS-弹性体岛桥结构，如图 9-2 所示，该结构有效降低了 LED 显示器件及驱动走线受到的外界应力影响。另外，使用设计过的弯曲的分形桥结构来连接各个放置器件的方形岛，进一步降低了拉伸对驱动走线部分的影响，可适应 20%的拉伸变形。

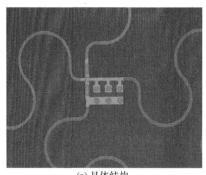 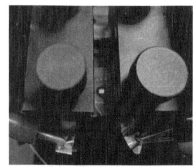

(a) 具体结构　　　　　　　　　　　　　　　　(b) 效果图

图 9-2　基于岛桥结构的 LED 显示器件[2]

德国根特大学的 Verplancke 等[3]制备了基于岛桥结构的可拉伸无源 LED 阵列，其结构图如图 9-3 所示，利用蛇形设计的聚酰亚胺薄膜桥结构来承受外界的拉伸应变，从而使不可拉伸岛结构上的 LED 结构免受拉伸应力破坏。

该工作的亮点在于使用多层的超薄聚酰亚胺薄膜来分层封装 RGB 三色 LED 的驱动电极，既能利用电极分层封装简化布线设计，又能控制聚酰亚胺薄膜桥的总体厚度，保持一定的柔性。为了增强桥结构上的驱动电极在拉伸中的稳定性，该工作中使用了钨钛合金层作为过渡层，增强了聚酰亚胺与驱动电极之间的黏附性。最后使用激光钻刻垂直

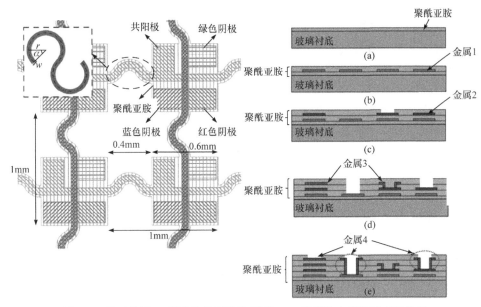

图 9-3 基于分层 PI 封装的岛桥结构无源 LED 阵列的水平和垂直结构[3]

通孔，并用各向异性导电胶实现 LED 互联。据测试，该显示阵列样品驱动电压为 10V，能实现 700cd/m² 的高亮度显示。但该工作中过于复杂的工艺必然导致较低的良率。图 9-4 展示了该团队将 64 × 45 RGB-LED 阵列与普通织物结合用于可穿戴显示。

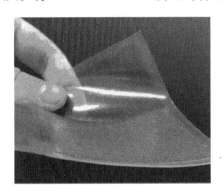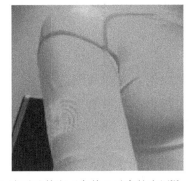

图 9-4 基于岛桥结构的 64 × 45 RGB-LED 阵列及其在可穿戴显示中的应用[3]

　　一般而言，基于图案化的岛桥结构需要复杂的图案化流程，增大了制备难度，增加了成本。因此，如何兼顾简易的岛桥结构制备方式也是推进可拉伸显示实际应用的其中一个方向。总体来说，岛桥结构是目前研究中应用较多的可拉伸显示的实现方案，能较好地兼顾后续器件的制备难度和对器件的拉伸保护。其不足之处在于工艺通常较为复杂烦琐。此外，基于岛桥结构的可拉伸显示器的像素密度一般较低：岛桥结构本质是通过具有较好拉伸性的桥结构代替岛结构承担应力。因此，桥结构面积的占比对器件能承受的拉伸程度有很大影响，这就使得桥结构必须占据一定的面积，像素密度受到限制。当然，可拉伸显示技术还处于研究阶段，存在的问题较多，有待后续进一步的研究突破来解决。

9.1.4　可拉伸 TFT 与显示器件

晶体管是几乎所有现代电子产品中的关键有源元件，通常用作开关，用于打开和关闭集成电路与放大器中的电源和逻辑门的信号。通常，TFT 背板在 LCD 和 LED 显示器、传感器和射频识别标签中起着重要作用。OTFT 由于有机半导体材料具有低成本、柔韧性、材料种类繁多、易于制造和沉积温度低等优点，因此已经得到了深入研究。相比之下，传统的硅技术涉及高温、高真空沉积工艺和复杂的光刻图案化方法，并且还存在脆性问题。可拉伸 OTFT 是灵活和可拉伸应用的理想选择，不过 OTFT 的缺点是比较低的迁移率，因此，作为显示屏的驱动阵列，其影像呈现的性能还需要加强。

对于大多数 OTFT 来说，基板不是拉伸性的瓶颈，而是构成晶体管本身的材料，即通道材料、电介质和电极。已讨论的可拉伸结构也可以用于制造可拉伸的通道材料和电介质。可拉伸电介质特别具有挑战性，因为常用的介电材料通常是刚性的、不可变形的。用于柔性和可拉伸晶体管的常用电介质层是离子凝胶，它可以在各种应变下或多或少地连续变形，掺入离子凝胶电介质层的 TFT 已被用于研究获得可拉伸通道和电极材料的方法。

韩国电子通信研究院的 Ahn 等[4]基于预拉伸结构，成功制备了可拉伸超薄 OTFT 和有源矩阵 OLED 显示器件。如图 9-5 所示，首先在超薄 PI 膜上制备 OLED 器件及 TFT，并通过激光剥离技术将器件与 PI 膜剥离。随后，带有 OLED 器件与 TFT 结构的 PI 膜被贴附至 30%预拉伸状态下的衬底，贴合完成后，释放衬底拉伸制得器件。从 TFT 的转移特性来看，对于 30%以内的较小拉伸，PI 膜能够通过预拉伸形成的褶皱保持 OLED 器件与 TFT 的功能基本不受影响，但 PI 膜本质上是不可拉伸材料，一旦外界的拉伸程度超

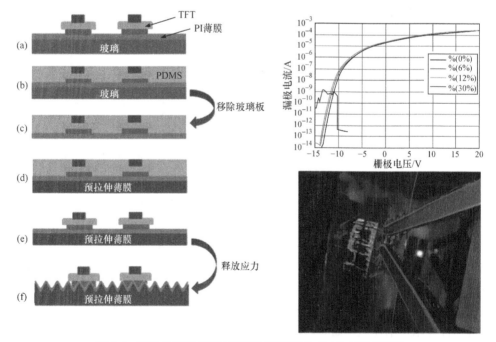

彩图9

图 9-5　可拉伸超薄 OTFT 结构和有源矩阵 OLED 显示器件[4]

过预拉伸范围，PI 膜与器件必然会因为拉伸被不可逆地破坏。此外，预拉伸释放时的褶皱对层间黏附也是巨大的挑战，大的预拉伸下的应力很容易造成层间脱离，导致器件结构失效和破坏。

Lee 等[5]在聚酰亚胺(PI)衬底上构建了氧化物薄膜晶体管(TFT)并转移到聚二甲基硅氧烷(PDMS)衬底上，用于可拉伸电子器件。将 NP 氧化物 TFT 简单地集成到选择性修饰的 PDMS 衬底上。PDMS 基底经 UV/O$_3$ 选择性处理，处理区域表面形成坚硬的类二氧化硅层，而未经处理的区域保持高度可拉伸性。如图 9-6 所示，刚性岛上的 OTFT 可以承受 50%的机械拉伸形变，反复拉伸和释放后性能表现良好。这项工作为使用氧化物 TFT 背板的可穿戴电子设备提供了一种可行的方法。

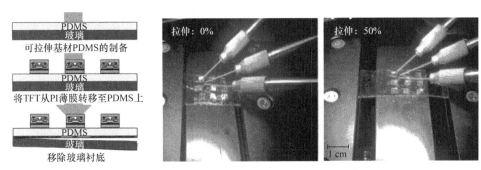

图 9-6　在 PI/PDMS 衬底上制造可拉伸 OTFT 的工艺流程和拉伸 50%的 TFT[5]

可拉伸 TFT 器件性能与所采用的半导体和介电材料的机械与电气性能高度相关，基于 CNT 的可拉伸 TFT 通常具有与介电材料相关的良好机械和电气性能，并且通过引入 CNT 的屈曲结构，很容易获得 2D 可拉伸 TFT。基于聚合物半导体的可拉伸 TFT 表现出相对良好的机械性能，但电迁移率性能较低，而石墨烯、MoS$_2$、硅纳米材料制备的可拉伸 TFT 往往表现出优异的电学性能，但在高应变下会产生裂纹而具有低拉伸性。

显示器件从刚性到柔性再到可伸缩，实现了从无到有的突破，但要使消费者接受，还需要很长的时间来提升显示效果。目前可拉伸 OLED 还远远达不到量产的要求。首先，OLED 显示屏的制作过程本身已经十分困难，如果再将其做成可拉伸显示屏，需要将其划分为数个平方厘米甚至平方毫米的"像素岛"，工作量和困难程度很大。其次，OLED 器件制作完成后必须进行封装，为达到阻水阻氧的效果，对封装技术要求非常高。而如果要实现屏幕可拉伸，则需要将每个"像素岛"独立封装，工作量和困难程度更大。从应用角度来看，可拉伸产品存在诸多挑战。第一，屏拉伸次数如果超过一定限度，有可能出现器件老化问题，导致亮度下降、产生黑点与暗线等损伤；第二，由于显示区域做成岛状结构，相当于增加非显示区域的面积，在一定程度上影响了分辨率；第三，拉伸显示产品的落地还需要上下游产业链的密切配合，全生态都要"柔"起来。例如，柔性电池、OTFT 驱动等新材料的导入和开发，对于拉伸显示的进化至关重要。拉伸性能越好，对于整体器件的优化需求就越高，制造难度也越大，包括材料、结构设计等方面都要反复验证，不可能一蹴而就，还有很多发展的空间。

9.2 印刷显示

9.2.1 印刷显示技术

印刷显示技术最初用于图形艺术行业，在织物和纸张等上面利用墨水绘制图案。数百年来，精密的印刷机和功能性墨水逐渐发展，现在可在数米宽的超大面积目标上以高速度生产印刷图案。这推动了大批量、低成本生产，在生产线中占有突出地位。而印刷电子产品在图案化过程中应用了增材制造技术，通过溶液工艺制造，并通过低温处理方法来划分基板，无需任何真空辅助沉积。在过去的几十年里，印刷显示技术已被广泛地使用在柔性薄膜器件中，包括晶体管、发光器件、传感器、微机电系统、能量收集和存储器件以及射频识别(RFID)天线等的制造。特别地，在温度低于 200℃时，增材印刷使用有机或纳米颗粒型功能性油墨在柔性基板上制备由导电层、绝缘层和半导体层组成的堆叠结构 TFT 具有很大优势。

印刷显示技术大致可分为基于喷嘴的数字喷墨印刷和非数字丝网印刷、胶印、柔版和凹版印刷。由于丝网印刷和柔版印刷的分辨率相对较差且加工复杂，在不同的印刷技术中，凹版印刷和喷墨印刷已被广泛用作实现薄膜器件的合适的加工方法。具体而言，凹版印刷可以实现高分辨率、高通量和良好的图案保真度。但是，凹版印刷的固有接触性质和使用高黏度油墨与黏合剂分别会导致污染/残留问题和印刷材料降解问题。此外，凹版印刷对于垂直堆叠的印刷层的配准精度较低。与凹版印刷相比，喷墨印刷分辨率较低、沉积速度较慢，这完全取决于喷嘴的直径以及运动台和打印头的速度。若使用非接触性喷墨打印和低黏合剂墨水可以实现高质量的打印特征，而不会出现不需要的残留图案或额外的冲洗过程。此外，喷墨打印具有更高的配准精度，允许制造具有复杂堆叠结构的设备而无需掩模。

目前 OLED 显示中，最成熟的加工方法是真空蒸镀法。真空蒸镀是将材料蒸发，气态分子直接沉积到基材上形成功能层或发光层。用于制备显示屏时，需使用高精度金属镂空掩模版辅助蒸镀来制备红绿蓝(RGB)全彩显示像素。蒸镀技术无选择性地沉积材料，导致材料利用率仅有 5%~20%。且制备过程受限于真空环境，需要高精度的温控电源控制蒸发温度，对设备的要求很高，使得 OLED 显示屏的制造成本大大增加。

印刷显示技术是指通过旋涂、喷墨打印或丝网印刷等印刷方式，将金属、无机材料、有机材料转移到基板上，制成发光显示器件。现今最常用的显示技术为有源矩阵有机发光二极管(AMOLED)，AMOLED 由 OLED 发光单元和薄膜晶体管 TFT 构成，下面将分别介绍 OLED 发光单元和 TFT 通过印刷工艺制备的原理与方法。

9.2.2 印刷制造 OLED

目前印刷显示技术中，OLED 印刷显示是主流且较为成熟的技术。对比真空蒸镀制造 OLED 显示屏工艺，印刷显示技术仅在需要的地方喷涂有机发光材料，材料利用率大大提高。无需真空蒸镀腔或精细的金属掩模版，可有效降低成本。另外，印刷工艺不受设备和掩模版尺寸的限制，可制备大尺寸显示面板。未来要降低制造成本，采用印刷技术是必然趋势。目前制作 OLED 相关的印刷方法有旋涂或狭缝涂布、喷墨打印、丝网印刷、气溶胶印刷、凹版印刷、柔版印刷等。

与旋涂相比，喷墨打印技术大大减少了材料的浪费，并能实现图案化、全彩打印，适用于制备大面积器件。例如，卷对卷(roll-to-roll, R2R)喷墨印刷设备可以不受基片尺寸的限制，实现大面积器件的制备。喷墨打印是一种非接触、无压力、无印版的印刷技术，预先将各种不同的功能材料制成墨水并灌装到墨盒，通过计算机将图文信息转化为数字脉冲信号，然后控制喷嘴移动和墨滴形成，并利用外力将墨滴挤出，墨滴喷射沉积到相应位置形成所需图案，实现精确、定量、定位沉积，完成最终的印制品。喷墨打印技术的关键有墨水的研制、打印头与打印系统的设计、溶剂挥发控制等。在过去的几十年中，可印刷半导体材料以有机半导体材料为主，包括可溶性小分子和聚合物；如今金属氧化物半导体、单壁碳纳米管和二维半导体凭借着高载流子迁移率、低温和大面积可加工性引起了研究者的注意。喷出液滴的均匀性主要取决于墨水的物理特性(如合适的黏性和表面张力)。因此，墨水的研制至关重要。喷墨打印技术在器件制备上具有强劲的竞争优势，但打印的墨滴在挥发过程中通常存在"咖啡环"效应，即打印的墨水在干燥过程中会呈现四周高、中间低的现象，功能薄膜均匀性受到影响，如图 9-7 所示[6]。"咖啡环"产生的原因有很多种，其中最经典的解释是 1997 年 Deegan 等提出的。他们认为"咖啡环"效应的产生是液滴干燥过程中，由于边缘线被钉在原地无法移动，且液滴边缘蒸发速度大于中心蒸发速度，而边缘蒸发损失的溶剂只能抽取液滴中心溶剂和溶质来代替。液滴内部将产生向外的毛细流动，将悬浮的粒子携带至液滴边缘，并在边缘沉积成环状。此外，液滴尺寸也能影响"咖啡环"的形成[7]。溶剂挥发速率随液滴尺寸减小而增大，而液滴内部粒子的移动速度却变化不大。当液滴尺寸减小到一定程度时，溶剂的挥发速度远大于粒子迁移速度，溶剂来不及移动到边缘就沉积干燥了。

图 9-7　"咖啡环"现象示意图[6]

基于"咖啡环"形成机理的研究，可以找到抑制或减少该现象发生的方法。例如，降低衬底温度、增加打印环境湿度来减小溶剂挥发速度而减弱液滴内部由内向外的毛细流，或增加溶液黏度来减缓粒子向边缘移动的迁移速率。Hua Hu 等提出增大马兰戈尼对流以抑制"咖啡环"效应。马兰戈尼对流是在液体干燥过程中，由液滴中心和边缘温度、浓度差等引起表面张力梯度，导致溶液从低表面张力处向高表面张力处流动的现象。与"咖啡环"形成过程溶质由内部向外部的毛细流动相反，马兰戈尼对流是从外部向内部的毛细流(图 9-8)[8]。因此可采用高低沸点溶剂共混或引入溶剂蒸汽环境制造表面张力梯度或添加表面活性剂等方法来增强马兰戈尼对流，抑制"咖啡环"的形成。

韩国首尔大学的 Hong 等[9]利用喷墨打印的方式，制备了图 9-9 所示的 PMMA-PDMS 岛桥结构。该方法通过喷墨打印将硬质 PMMA 岛结构直接打印在软质 PDMS 衬底上，经过仿真与实验验证，在

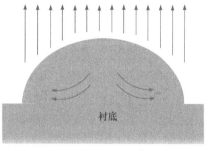

图 9-8　马兰戈尼对流现象示意图[8]

30%的整体拉伸下，硬质 PMMA 岛结构受到的拉伸仅不到 3%。此外，Hong 及其团队还结合了过往工作，使用预拉伸来进一步减少桥结构上的走线受到的拉伸影响。喷墨打印技术为可拉伸的 OLED 显示阵列提供了一种无需复杂图案化工艺的方式制备岛桥结构的思路。

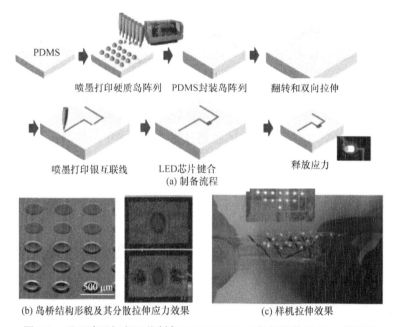

图 9-9　基于喷墨打印工艺制备 PMMA-PDMS 岛桥结构的 LED 阵列[9]

在 2018 年 11 月，京东方推出了一款基于 RGB 全打印技术的显示器——全球首款55 英寸 4 K 主动矩阵量子点发光二极管(AMQLED)显示屏，如图 9-10 所示，其分辨率为 3840 × 2160，色域高达 96.8% NTSC，对比度可达 1000000∶1。在 AMQLED 领域，京东方电致发光量子点技术处于国际领先水平，早在 2013 年就成功研制了 30 英寸 FHD喷墨打印 AMQLED 显示屏；2017 年，京东方就推出了 5 英寸、14 英寸 QHD 分辨率喷墨打印工艺的 AMQLED 产品样机，并获得国际信息显示学会(SID)Best in Show 奖的高度评价。

样机具有良好的显示质量，可以用于各种应用场景。图 9-11 展示了世界上第一款采用喷墨打印和激光剥离技术制作的可卷曲 AMOLED 显示屏。实践证明，喷墨打印技术

图 9-10　2018 年京东方推出的 55 英寸全彩柔性 AMQLED 显示器样机[10]

是一种非常有前途的制造大型柔性 AMOLED 显示器的技术。该样机由"国家印刷及柔性显示创新中心"(依托单位为广东聚华印刷显示技术有限公司)、TCL、华星光电等企业联合开发。

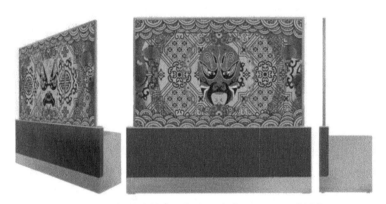

图 9-11　全球首款喷墨打印可卷曲 AMOLED 屏[11]

9.2.3　印刷制造 TFT

作为可穿戴电子设备的关键驱动/开关元件，TFT 的实现能力为目标基板提供了很大的自由度。因此，各种以半导体为主的功能材料，如传统的硅、有机物、氧化物、碳纳米管和新兴的二维材料已被广泛用于 TFT。与印刷制造 OLED 相同，TFT 也可以通过喷墨印刷、喷印、凹版印刷、柔版印刷和丝网印刷等技术制备。然而，迄今为止，基于全印刷薄膜晶体管的电子设备还未商业化，TFT 器件仍然以硅基为主。印刷 TFT 起步时间较晚，发展不及印刷 OLED。对于超出实验室规模应用的工业化喷墨打印 TFT，在电气性能和设备产量方面仍然存在许多问题。喷墨打印的分辨率相对较差，不适合制造可以通过高成本硅制造的高度集成系统，是工业化的关键瓶颈之一。为了解决这个问题，应该从使用成熟硅加工制造的亚微米级喷嘴开发更可靠的喷墨工艺；还应研究更稳定的电子油墨，并考虑其流变性以实现工业化。

为解决分辨率问题，Sowade 等[12]分析了喷墨打印过程中影响器件良率的关键参数，通过优化打印分辨率，制备的 OTFT 阵列显示出高达 82%的高工艺良率。Kwon 等[13]报道了基于通过通孔共享栅电极连接的 OTFT 的 3D 集成电路，并且以 100%的良率实现了 NAND 门。通过垂直堆叠具有底栅和顶栅的 p 型和 n 型 OTFT 分别实现了 4.4TR/mm 的高晶体管密度，这为分辨率相对较差而导致的低集成密度提供了一个可行的解决方案，因此他们提出了实现有机数字的关键途径集成电路。与垂直堆叠策略相反，Mahajan 等[14]还提供了一种通过横向利用毛细力来提高印刷分辨率的解决方案。通过使用自对准毛细管辅助光刻的方法，实现了侧栅 OTFT 中通道层的亚微米图案化和自对准。

为了使全喷墨印刷 OTFT 在载流子迁移率、环境稳定性、亚阈值摆幅和开/关比等广泛应用中获得更好的电学性能，必须解决两个关键问题：一个是有机半导体的均匀沉积，另一个是 S/D 电极和有机沟道层之间的载流子注入势垒较低。为了满足这些要求，应保证半导体油墨与底层电介质和 S/D 电极的表面能匹配，以在整个底层上沉积喷墨印刷的有机通道层。栅极电介质或底部电极部分可通过表面活性剂处理衬底，在其表面形成自组装单层膜(self assembled monolayers，SAMs)，喷墨打印相比这种方法更快速、可选择和可大面积加工。

Min 等[15]研究了溶剂对喷墨印刷 OTFT 性能一致性的影响。如图 9-12 所示，在印刷过程中，TIPS 并五苯溶液的黏度会影响 TFT 沟道区的印刷液滴和半导体薄膜的形成。为了提高印刷 TIPS 并五苯层的均匀性，使用混合溶剂并改变基板温度。制备的 OTFT 在饱和区表现出约 10^6 的开/关电流比、$-0.2V$ 的阈值电压、0.6V/decade 的栅极电压摆幅和 $0.015cm^2/(V \cdot s)$)的场效应迁移率。TIPS 并五苯 TFT 的性能一致性大大提高。

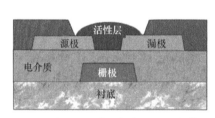

图 9-12　喷墨打印 OTFT 的横截面图和 TFT 的光学图像[15]

随着印刷技术的成熟，其在显示器、逻辑电路、生物传感器和在内的柔性基板上有着广泛应用。有机电子器件优异的柔韧性、低温加工性和轻量化特性为实现智能传感器系统提供了一条有希望的途径，例如，爆炸剂量计和包括温度与湿度传感器在内的智能标签，以及基于印刷的集成柔性电路、印刷电子产品将成为引领物联网一代的重要参与者。

9.2.4　印刷柔性显示

批量生产大尺寸的柔性 TFT 和 OLED 器件很难使用当前适用于硅基的光刻或真空沉积技术实现，如将印刷显示与柔性显示相结合，通过卷对卷(R2R)印刷工艺可高速、连续、大批量制造柔性显示器件。R2R 工艺是指在柔性或者弹性薄膜上，通过连续成卷的方式，生产柔性电子设备的工艺技术(图 9-13)。在高度集成化的系统中，独立的元器件被安装在印刷电子薄片上，然后薄片可以通过热塑性塑料或者热塑性弹性体，使用注塑成型工艺进行成型。

制备过程中，显示器的尺寸只受到一个维度的限制，使得柔性、低成本、大屏显示成为可能。

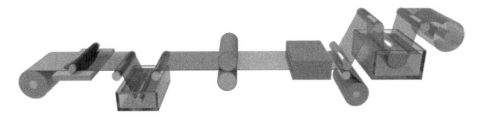

图 9-13　R2R 柔性印刷

　　Sun 等[16]将市售的四种有机半导体(P3HT、TIPS 并五苯、PQT-12 和 PBTTT)分别配制成凹版油墨(用于印刷栅极和漏源电极的银油墨及用于印刷介电层的 BaTiO₃ 油墨)，利用 R2R 凹版印刷系统在聚对苯二甲酸乙二醇酯上以每英寸 10 像素的分辨率印刷 20 × 20TFT 有源矩阵。最后对使用有机半导体油墨制造的 R2R 凹版印刷 20 × 20TFT 有源矩阵的电特性(迁移率、开关电流比、阈值电压和跨导)进行了统计分析，结果显示器件良率超过 98%，并且 R2R 凹版印刷 TFT 有源矩阵沿 PET 卷材有 50%的电学性能变化。芬兰国家技术研究中心的研究者[17]利用 R2R 工艺制造出柔性 LED(图 9-14)，展示的卷轴 OLED 经过了 R2R 工艺和印刷混合系统的各个关键制造流程——导体印刷、半导体 LED 组装和包覆成型。首先使用 R2R 蚀刻工艺将 ITO-PET 基板图案化为所需的图案。再使用凹版印刷工艺在其顶部沉积 40～50nm 厚的空穴传输层(HTL)。最常见的 PEDOT:PSS 被用作 HTL 材料；在 HTL 上，继续使用凹版印刷工艺印刷发光聚合物(LEP)，最后封装 OLED 器件。R2R 工艺将电子产品印刷在塑料或弹性箔上，具有薄、轻、弹性和透明多种优点。该技术适用于制造印刷电子产品的柔性 LED 显示器等产品。

图 9-14　芬兰技术研究中心研制的 R2R 印刷卷式 OLED[17]

9.3　织　物　显　示

9.3.1　织物显示概述

　　织物显示可以随着人体的运动而变形，在实现显示的功能化之外还具有更高的美学价值，例如，在智能服饰、家具窗帘、桌布、汽车内饰等织物应用场景均有可能得到推广应用。随着时代的发展，特别是集成电路、互联网的普及和无线传感等高精尖科技等的出现，制造工艺水平的更新换代，越来越多的功能器件，如便携式能源和发光器件均可集成到织物纺织品上，最终可穿戴织物显示的形式也变得越来越多，由此进入了第二代的织物显示阶段。当前属于第三代织物显示阶段，多种功能与织物显示集成起来乃至直接把功能与织物一体化，实现不止信息光显示功能，还可兼具如人体健康监测、野外应急救援、体外温度调节等功能。

目前，硅基发光二极管(Si-LED)的相关产品，如夹克、舞台服装等已经出现，但基于这类固态无机物的器件不适于人体穿戴，有科研人员把发光二极管工艺应用到纤维材料中，并且编织成特定的形状来实现人体可穿戴的可行性。例如，韩国 KAIST 的研究人员在织物上结合了太阳能电池，并得到了可水洗的织物显示[18]；中国复旦大学研究人员更是在织物上实现了导航地图的动态显示[19]。由此可见，织物显示的多功能集成具有无限可能，并且随着发展能不断契合人们各类的生活需求。

9.3.2 制备方法

可穿戴织物显示按照结构分类，一般可分为：①显示元器件贴附在衣物上；②制备具有发光能力的纤维并且直接编织成衣物；③将功能化集成的织物作为显示器。实现以上三种形式的方法多种多样，由于各种方法的工艺成熟度不同，且每种方法优劣势均有，以下是对具有代表性的工艺方法的概述，对其优劣以及后续的改进方向做出了指引。

现如今的织物电子器件结构主要有扭曲、同轴和相互交错三种(图 9-15)。

(1) 扭曲型结构是把两个电极拧在一起，并且扭曲成不同的角度，但该结构在应力应变下会出现界面接触的不稳定，当应力过大时还会出现滑脱现象[20]。

(2) 同轴结构是把两电极分别制备成内芯和外鞘，做出类似于鸡蛋的核壳结构，这能极大地缩小电子或者离子的传输路径，而且还能保持良好的弯曲性[21]。

(3) 交错结构是把两个纤维电极以相互交叉形式编织在一起，形成单层织物。在外部辐射刺激下，界面的活性物质会产电子和空穴，分别向着阴极和阳极移动，形成回路[22]。

图 9-15　织物电子结构：扭曲、同轴和相互交错结构

为了规模化生产，商业上开发了同步沉积法、多道旋压法和热拉伸等制备工艺。同步沉积将多重生产流程规整到一套可连续生产的设备中，并且成功地量产了纤维衬底的超级电容器。多重旋压法通过旋转使接触的受力点实现由点到线，再由线到面的方法，对材料给予阻力，使材料定向变形和流动，通过该工艺可制备纤维基电容式应变传感器。热拉伸工艺最早是用于制备光学纤维的，后来拓展到了有机聚合物、导电材料和半导体

等的制造领域。

9.3.3 织物有机发光二极管

1. 概述

发光二极管按照材料可划分为无机发光二极管(LED)和有机发光二极管(OLED)。传统的无机发光二极管具有稳定性和功率发光效率均优于其他发光照明类设备的优点,但是传统无机材料固有的刚性属性极大地限制了其在未来可穿戴领域的应用,特别是织物显示中需要大应变、生物兼容等要求。相比之下,有机发光二极管不仅具有传统二极管的优点,并且具有弹性体有机材料能有效地赋予其柔性特性、能最大限度地降低与人体接触所带来的不舒适性等优点,因此,近年来有机发光二极管在可穿戴显示领域得到了广泛的关注。由此衍生在织物可穿戴设备中的应用被称为织物有机发光二极管(织物OLED)。

织物有机发光二极管的总体结构与发光机理与常规的有机发光二极管是一样的,分别为阴极、电子传输层、空穴阻挡层、发光层、电子阻挡层、空穴传输层和阳极,不同之处在于织物有机发光二极管采用了聚合物衬底材料,如聚甲基丙烯酸甲酯、聚苯乙烯、聚碳酸酯、环烯烃共聚物和硅酮等。两者的发光原理则完全相同,即在电压驱动下,阴、阳极分别发射电子、空穴,载流子在电子、空穴传输层漂移运动,并且在相邻的空穴和电子阻挡层的帮助下,最终在发光层进行复合,辐射发光。

2. 织物 OLED

织物 OLED 面临的最重要的问题是如何在高度弯曲或者崎岖不平的织物衬底上构建均一平整的功能层。两个相交的导电纤维与接合区域中的电致发光材料的接合处可形成亚像素。Kiryuschev 等[23]以多个亚像素点为一个整体作为显示单元,多个显示单元矩阵像瓷砖一样平铺形成显示屏,其结构如图 9-16 所示。每个显示单元可以是主动或被动显示矩阵。每个显示单元可承受的最小弯曲半径小于 3mm,非常灵活,尺寸不受限制。也有研究者[24]通过在真空蒸发室中旋转纤维基材的方法,在纤维表面沉积各个功能层,最终在 PI 基材上制备了织物OLED,所得的织物OLED的电学性能和发光效率与平板型的有机发光二极管相当,其电致发光光谱与可视角无关。但这类方法的缺点是旋转真空蒸发的成本过高,不适合量产。

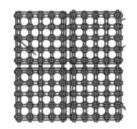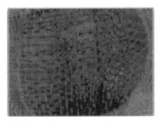

图 9-16 显示单元矩阵结构图和实物图[23]

Hwang 等[25]报道了一种溶液加工制备纤维 OLED 器件的方法,其工艺流程为:通过浸涂的方法,在纤维衬底上依次沉积 PEDOT:PSS 电极、氧化锌电子传输层、聚乙烯亚胺

(PEI)电子阻挡层和 SY 发光层，最后在最外层热沉积 MoO$_3$/Al 电极，如图 9-17 所示。通过多次浸涂工艺的 PEDOT:PSS 既作为电极，也作为平坦化层，降低了纤维丝的粗糙度。氧化锌纳米颗粒则起到了降低电极的功函数的作用。该器件获得了高亮度(10000cd/m^2)、高效率(10V，11cd/A)的发光性能，实现了具有独特图形分辨角度的电致发光发射强度，使用 50 nm 厚的氧化铝薄膜封装的器件，在恒电流驱动下，寿命达到了 80 h。纤维 OLED 的直径可变区间是 90~300μm，半径越小，纤维 OLED 的可弯曲度越高。论文中所得的器件可以承受 3.5mm 的弯曲半径，可编织成衣物。

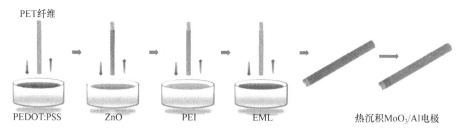

图 9-17　提拉工艺以及热沉积制备纤维聚合物发光二极管[25]

Wang 等[26]报告了通过气体喷射纺丝或静电纺丝制造的液晶功能化智能织物，如图 9-18 所示。这些织物保留了液晶的所有刺激响应特性。由于它们灵活、自支撑且具有较大的表面积与体积比，因此这些织物非常适合一系列传感应用。

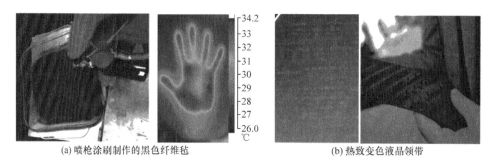

(a) 喷枪涂刷制作的黑色纤维毡　　　　　　　　(b) 热致变色液晶领带

图 9-18　喷枪涂刷制作的黑色纤维毡和热致变色液晶领带[26]

3. 交流电致发光光纤

交流电致发光(ACEL)器件通常由简单的夹层结构组成(由一个位于两个电极之间的发射层和电极组成)，包括底部电极、顶部电极、绝缘层和磷光体层(发光层)。ACEL 器件的发光原理为：当两侧电极把电荷注入荧光层后，这些电荷(电子和空穴)会在高电场下加速。接着，高速的电子与空穴和荧光颗粒的发光中心碰撞产生激发态的电子-空穴对。而当这些产生的电子-空穴对发生辐射复合时，能量就会以光的形式辐射出去。

对于 ZnS 基的 ACEL，磷光体层由 ZnS 颗粒组成，其中掺杂有不同的元素，如 Mn、Cu 和 Al 等，通过改变掺杂元素种类或其比例，可以控制器件的发射光谱。

1) 制备方法

基于梁等[27]于 2017 年提出的可穿戴彩色光纤柔性器件的研究，ACEL 的制作方法可以概括如下：在光纤基底上依次生长电极和高纵横比的氮化银薄膜，接着继续浸涂硫化锌活性磷光体，然后在外部继续生长电极和氮化银薄膜，形成两侧电极夹着发射荧光层的夹层结构。最后使用硅弹性体作为内部绝缘隔离层，起到保护和封装器件、隔绝湿气和氧化气体侵入，防止器件性能衰退的作用。

孙等[28]发明了一种易溶解于水且高度柔韧的 ACEL 的全溶液制造方法。这种方法使用了一种可溶于水的环保聚乙烯醇纤维，并通过浸涂法在纤维上生长 ZnS:Cu 的发射层，并涂覆银纳米粒子作为内电极和外电极。这种发光纤维易于降解，这种方法有助于减轻大量电子废物对环境的污染。

2) 工作机制

在过去的几年中，基于过渡金属掺杂的硫化锌(如 ZnS:Cu)电致发光器件的交流电致发光机制已在许多研究中得到广泛研究。Fischer 的双极场发射模型被认为是最流行的理论之一[29]。以 ZnS:Cu、Cl 荧光粉为例，Cu 激活剂充当受体并负责发射颜色，而 Cl 充当电子供体并负责将电荷注入磷光体层[30]。在 ZnS 粉末电致发光器件加工过程中，产生的晶格缺陷有利于在 ZnS 晶体基体中形成导电的 $Cu_{2-x}S$ 针状结构。当对荧光粉粒子施加电场时，高电场将集中在导电的 $Cu_{2-x}S$ 针的尖端。电场足够高以在针的两端引起空穴和电子的隧穿，并且这样就产生了电子-空穴对。然后电子被困在 Cl 供体位点，空穴被铜接受位点捕获。当场反转时，电子被辐射并与空穴复合以发射光。由于磷光体颗粒在电介质中均匀分散，整个发射层都可以发射光子。

ACEL 纤维是基于平面夹层器件开发的。平面电极被柔性纤维电极取代，ZnS 荧光粉层通过浸渍或挤压工艺涂覆在纤维电极上。在这里，根据组装几何形状，ACEL 纤维分为加捻扭曲、同轴、并联结构。

(1) 加捻扭曲结构的 ACEL 纤维

ACEL 纤维是通过将电极和第二个电极扭绞而成的，底电极由镀银尼龙纱线构成，其上一层一层地涂覆有含钛酸钡的电介质糊绝缘层、含 ZnS 荧光粉的 ACEL 层和保护器件免受湿气和磨损的透明封装层。第二个电极是细铜线。为了驱动这种 ACEL 纤维，需要 $300V_{rms}$ 以上的高工作电压，$370V_{rms}$ 时的最大照度为 0.065lx。然而，因为铜线的不透明性阻碍了光的发射，单线扭合的 ACEL 光纤的照度很差。此外，扭曲结构的接触面积非常有限，导致纤维发光不均匀。

(2) 同轴结构的 ACEL 纤维

为了解决上述问题，有研究[27]通过沉积纳米银线(AgNWs)作为具有高导电性和透明度的内外电极，将 ZnS 磷光体/有机硅弹性体层夹在同轴结构中开发了同轴结构的 ACEL 纤维。同轴结构的 ACEL 纤维的发光在 30 V 时开始，发光均匀且角度独立，在 195 V 时达到最高值 $202cd/m^2$。由于有机硅弹性体和 AgNWs 电极的柔韧性，典型的 ACEL 纤维在以 1Hz 的频率、2mm 的弯曲半径循环 500 次后，亮度仅下降了 9.1%。此外，封装有机硅层的设计抑制了环境水氧侵蚀引起的电致发光性能下降，工作 6h 后亮度仅下降 13.3%，而未封装的亮度则下降了 30.5%。

拉伸性是 ACEL 纤维穿着更舒适的理想特性。有研究通过将弹性发光管与两个对齐的 CNT 片状电极夹在中间，制成了可拉伸的同轴结构的 ACEL 纤维[31]。制备流程为先将对齐的 CNT 片以固定角度缠绕在预拉伸的弹性纤维上以制备内电极，然后涂覆一层薄薄的有机硅保护层，随后将内电极插入由起皱的 CNT 片包裹的发光管中以生产同轴结构的 ACEL 纤维。这类报道的可拉伸同轴结构的 ACEL 纤维在驱动频率为 1500Hz、6.4V/μm 的电场中，发射强度可达到 14.48cd/m^2。

(3) 并联结构的 ACEL 纤维

ACEL 纤维能否高效连续地制造对于进一步在编织和展示方面的应用至关重要。而上述预拉伸、插入等工序使可拉伸 ACEL 纤维的直径较粗(～3mm)、长度较短(～5cm)。因此，受挤压纺丝工艺的启发，有研究通过同时平行挤压电致发光层和水凝胶电极制备了超拉伸 ACEL 纤维[32]。纤维直径可根据挤出机直径从微米到毫米可调，长度可扩展到米级。由于水凝胶的高透明度和优化的 ZnS 磷光体含量，该纤维在 7.7V/μm 的电场下达到 200cd/m^2 以上的亮度，由于光向各个方向发射，在透明水凝胶电极重叠的角度可测量更高的亮度。水凝胶电极的弹性允许 ACEL 纤维最佳拉伸至 800%。当应变从 0 增加到 800%时，亮度增加到 2.9 倍，这是由电场增加而电致发光层厚度减小所致。

纤维发光器件近年来发展迅速，在物联网、通信、医疗设备等领域显示出广阔的应用前景。直流驱动的纤维 OLED 和 PLEC 具有较高的发光效率和亮度，可以在低驱动电压下满足显示要求(100～300cd/m^2)。然而，纤维 OLED 的多层结构需要复杂的制备工艺，已有的解决方案也面临着薄膜厚度和质量难以准确控制的问题。PLEC 纤维的电极材料受限于较低的导电性和透光率，器件的最大工作长度和亮度难以满足要求。此外，一个关键问题是，有机发光材料对水和氧气敏感，而针对光纤器件的密封技术还处于起步阶段。

基于 ZnS 荧光粉的力致发光光纤不需要电源，它通过固有的重复变形工作。然而，力致发光光纤由于亮度差、发光持续时间短等原因，目前仍处于概念研究阶段。而基于 ZnS 荧光粉的 ACEL 光纤制备工艺更简单，精度要求更低。设备的柔性和稳定性显著高于现有的纤维有机发光器件，目前已经实现了连续制造和动态显示，这使得 AECL 纤维成为实际应用中的一个有竞争力的候选者。然而，ACEL 器件的驱动电压高、亮度低，而且缺乏全彩显示所必需的高效率的红绿发光材料。此外，还需要具有高隔离度的密封材料来提高 ACEL 光纤的寿命。

综上，尽管纤维发光器件在织物显示领域具有巨大的应用潜力，但仍然需要更多的研究来弥补各类器件的缺陷，此外，考虑到与人体的接触问题，应尽可能使用具有生物相容性、无毒材料完成制造。我们相信，无数的努力将使我们在最先进的纤维电子技术和古老的纺织工业之间实现革命性的融合。

9.4　展　　望

下一代可穿戴电子学和光子学将继续向多功能、自供电和高智能系统发展。机械柔性/可拉伸传感器的发展提高了可穿戴设备的功能集成度。用其制备的电子皮肤或机械电子触觉可模拟人体皮肤体感系统，检测并量化多种外部刺激，如压力、应变、温度、湿度、光线等。将多种传感矩阵 3D 集成，还可同时检测多刺激响应，在机器人、假肢、医疗保健监测和 HMI 等交互技术中，十分重要。此外，可穿戴光电显示和光子通信/传感模块可以进一步集成，以实现可视化、高数据传输率和无 EMI 无线通信的完整监控系统。

除了向多功能发展之外，能源始终是可穿戴电子系统中不可忽视的瓶颈之一。传统电池难以长期为系统提供电能，如今能量收集和存储技术的快速发展提供了一种替代且有前景的解决方案——自供电系统。通过在可穿戴系统中集成混合能量收集器和存储单元，可以通过不同的转换机制有效地收集周围环境中的触碰、振动、热量和光等可用能量。收集的环境能量进一步转化为有用的电能(压电、摩擦电、热电、光伏效应等)，并存储在集成存储单元中，以供可穿戴系统持续运行。即使使用混合能量收集机制，目前大多数能量收集器的实际平均功率仍然较低。目前大部分自供应系统的常见情况是能量采集单元需要工作较长时间才能在短时间内支持整个系统的运行。要实现真正具有实时性和连续性功能的可自我维持的可穿戴系统，各种机制的能量收集性能和效率还需要不断提高。此外，人工智能和可穿戴电子/光子学的蓬勃发展促进了一个全新的研究领域的出现，即智能可穿戴系统与 VR/AR 在各种环境下的智能交互广泛应用于个性化医疗监测与治疗、身份识别、智能家居等。在数据分析过程中，借助新颖的机器学习算法，智能系统能够从复杂多样的感官信号中自动提取具有内部关系的关键特征。通过将特定的功能系统与适当的机器学习模型相匹配，可以提取更全面的信息，用于后期的身份识别和决策，从而形成高智能、高集成度的可穿戴系统。

参 考 文 献

[1] LEE B, BYUN J, OH E, et al. 49-4L: late-news paper : all-Ink-jet-printed wearable information display directly fabricated onto an elastomeric substrate [J]. Journal of the society for information display, 2016, 47(1): 672-675.

[2] FENG Z, YANG G, FEI H, et al. The fabrication and characterization of stretchable metal wires [J]. Journal of the society for information display, 2019, 50(S1): 899-901.

[3] VERPLANCKE R, CAUWE M, VAN PUT S, et al. Stretchable passive matrix LED display with thin-film based interconnects [J]. Journal of the society for information display, 2016, 47(1): 664-667.

[4] AHN S D, KANG S Y, CHO S H, et al. Ultrathin stretchable oxide thin film transistor and active matrix organic light-emitting diode displays [J]. Journal of the society for information display, 2017, 48(1): 33-35.

[5] LEE S H, Li X L, PARK C J, et al. Stretchable oxide TFTs with PI/PDMS substrate [J]. Journal of the society for information display, 2018, 49(1): 479-482.

[6] WANG J, MU L, SONG C, et al. P-224L: late-news poster: inkjet-printed hyperbranched polymer and temperature control of the dewetting phenomenon [J]. Journal of the society for information display, 2017, 48(1): 1562-1564.

[7] SOLTMAN D, SUBRAMANIAN V. Inkjet-printed line morphologies and temperature control of the coffee ring effect [J]. Langmuir, 2008, 24(5): 2224-2231.

[8] NING H, ZHOU S, XU Z, et al. 48.1: invited paper: inkjet printing of homogeneous and green cellulose nanofibrils dielectric for high performance IGZO TFTs [J]. Journal of the society for information display, 2021, 52(S2): 580-581.

[9] HONG Y, LEE B, BYUN J, et al. 19-3: invited paper: key enabling technology for stretchable LED display and electronic system [J]. Journal of the society for information display, 2017, 48(1): 253-256.

[10] SHIH H T, MIAO K, HSU M H, et al. 20.4: invited paper: the introduction of ink-jet printing technology progress in BOE [J]. Journal of the society for information display, 2021, 52(S2): 277.

[11] GAO Z, YU L, LI Z, et al. 47.2: invited paper: 31 inch rollable OLED display fabricated by inkjet printing

technology [J]. Journal of the society for information display, 2021, 52(S1): 312-314.

[12] SOWADE E, RAMON E, MITRA K Y, et al. All-inkjet-printed thin-film transistors: manufacturing process reliability by root cause analysis [J]. Scientific reports, 2016, 6: 33490.

[13] KWON J, KYUNG S, YOON S, et al. Solution-processed vertically stacked complementary organic circuits with inkjet-printed routing [J]. Advanced science, 2016, 3(5): 1500439.

[14] MAHAJAN A, HYUN W J, WALKER S B, et al. A self-aligned strategy for printed electronics: exploiting capillary flow on microstructured plastic surfaces [J]. Advanced electronic materials, 2015, 1(9): 1500137.

[15] MIN H C, SUN H L, HAN S H, et al. 31.4: solvent effect on uniformity of the performance of inkjet printed organic thin-film transistors for flexible display [J]. Journal of the society for information display, 2008, 39(1): 440-443.

[16] SUN J, PARK H, JUNG Y, et al. Proving scalability of an organic semiconductor to print a TFT-active matrix using a roll-to-roll gravure [J]. ACS omega, 2017, 2(9): 5766-5774.

[17] HAST J, TUOMIKOSKI M, SUHONEN R, et al. 18.1: invited paper: roll-to-roll manufacturing of printed OLEDs [J]. Journal of the society for information display, 2013, 44(1): 192-195.

[18] KWON S, KIM H, CHOI S, et al. Weavable and highly efficient organic light-emitting fibers for wearable electronics: a scalable, low-temperature process [J]. Nano letters, 2018, 18(1): 347-356.

[19] SHI X, ZUO Y, ZHAI P, et al. Large-area display textiles integrated with functional systems [J]. Nature, 2021, 591(7849): 240.

[20] CHEN T, QIU L, KIA H G, et al. Designing aligned inorganic nanotubes at the electrode interface: towards highly efficient photovoltaic wires [J]. Advanced materials, 2012, 24(34): 4623-4628.

[21] SUN H, LI H, YOU X, et al. Quasi-solid-state, coaxial, fiber-shaped dye-sensitized solar cells [J]. Journal of materials chemistry A, 2014, 2(2): 345-349.

[22] LIU P, GAO Z, XU L, et al. Polymer solar cell textiles with interlaced cathode and anode fibers [J]. Journal of materials chemistry A, 2018, 6(41): 19947-19953.

[23] KIRYUSCHEV I, KONSTEIN S. P-123: tiled display on a textile base [J]. Journal of the society for information display, 2020, 51(1): 1833-1835.

[24] O'CONNOR B, AN K H, ZHAO Y, et al. Fiber shaped organic light emitting device [J]. Advanced materials, 2007, 19(22): 3897.

[25] HWANG Y H, KWON S, KIM H, et al. High-efficiency flexible fiber-based light-emitting devices processed by phosphorescent solution [J]. Journal of the society for information display, 2020, 51(1): 1152-1154.

[26] WANG J, KOLACZ J, CHEN Y, et al. 12-3: smart fabrics functionalized by liquid crystals [J]. Journal of the society for information display, 2017, 48(1): 147-149.

[27] LIANG G, YI M, HU H, et al. Coaxial-structured weavable and wearable electroluminescent fibers [J]. Advanced electronic materials, 2017, 3(12): 1700401.

[28] SUN T, XIU F, ZHOU Z, et al. Transient fiber-shaped flexible electronics comprising dissolvable polymer composites toward multicolor lighting [J]. Journal of materials chemistry C, 2019, 7(6): 1472-1476.

[29] FISCHER A G. Electroluminescent lines in ZnS powder particles. 2. models and comparison with experience [J]. Journal of the electrochemical society, 1962, 109(7): 733-748.

[30] BIGGS M M, NTWAEABORWA O M, SWART H C, et al. Luminescent mechanism of bulk and nano ZnS:Mn^{2+} phosphors [J]. NST1-Nanotelh, 2010, (1): 543-546.

[31] ZHANG Z, SHI X, LOU H, et al. A one-dimensional soft and color-programmable light-emitting device [J]. Journal of materials chemistry C, 2018, 6(6): 1328-1333.

[32] ZHANG Z, CUI L, SHI X, et al. Textile display for electronic and brain-interfaced communications [J]. Advanced materials, 2018, 30(18): 1800323.